21 世纪高职高专规划教材·计算机系列

大学计算机基础应用教程

高晓梅　主编

北京交通大学出版社

·北京·

内 容 简 介

本书以训练学生的计算机应用与操作能力为出发点，按照循序渐进的原则，由浅入深地介绍了计算机应用基础知识、计算机基本操作、中文 Windows XP 操作系统、文字处理软件 Word 2007、电子表格软件 Excel 2007、演示文稿制作软件 PowerPoint 2007、计算机网络应用基础等内容，便于学生在短时间内学会使用计算机。

本书语言通俗，内容丰富，图文并茂，以实际应用为出发点，理论部分简单明了，应用部分详细实用，便于学生在对应用实例的制作过程中掌握计算机的操作技能。

本书适合作高等职业院校计算机公共基础课的教材，各校可根据专业和使用要求选取相关的内容，同时也可作为办公人员及其他人员的自学教材。

图书在版编目（CIP）数据

大学计算机基础应用教程/高晓梅主编. —北京：北京交通大学出版社，2016.9
（21 世纪高职高专规划教材·计算机系列）
ISBN 978 -7 -5121 -3053 -1

Ⅰ. ① 大…　Ⅱ. ① 高…　Ⅲ. ① 电子计算机 – 高等学校 – 教材　Ⅳ. ① TP3

中国版本图书馆 CIP 数据核字（2016）第 222581 号

大学计算机基础应用教程
DAXUE JISUANJI JICHU YINGYONG JIAOCHENG

责任编辑：郭东青
出版发行：北京交通大学出版社　　电话：010 -51686414
地　　址：北京市海淀区高梁桥斜街 44 号　　邮编：100044
印　刷　者：北京艺堂印刷有限公司
经　　销：全国新华书店
开　　本：185 mm×260 mm　　印张：21. 75　　字数：548 千字
版　　次：2016 年 9 月第 1 版　　2016 年 9 月第 1 次印刷
书　　号：ISBN 978 -7 -5121 -3053 -1/TP · 836
印　　数：1 ~3 000 册　　定价：42. 00 元

本书如有质量问题，请向北京交通大学出版社质监组反映。对您的意见和批评，我们表示欢迎和感谢。
投诉电话：010 -51686043，51686008；传真：010 -62225406；E -mail：press@ bjtu. edu. cn。

前 言

PREFACE

　　计算机技术的应用已经渗透到人们工作、生活的方方面面，运用计算机进行信息处理已成为人们的必备技能。本书旨在培养当代大学生使用计算机解决实际问题的能力，严格依据教育部提出的"以应用为目的，以必要、够用为度"的原则，以实际应用为出发点，尽量减少枯燥的概念与理论，加强应用性和可操作性的内容，让学生能够学以致用。本书结构合理，内容丰富，由浅入深，条理清晰，便于教师备课和学生自学。

　　学习软件的最佳方法是实践，本书以大量的实例介绍常用办公软件的使用方法，经过对高职各专业岗位教学要求的综合分析，在编写方式上有明显改进，主要表现在以下几个方面。

　　●取材上，理论少而精，突出介绍日常生活中用得到的技术；突出实践应用，以大量实例来带动知识点的讲解。

　　●内容上，考虑到新入学的学生计算机水平两极化严重，增加了计算机基础操作部分，重点介绍输入法。

　　●在 Windows 部分和 Excel 部分，分别整合出三大知识点，按实例来讲解，增加学生解决实际问题的能力。

　　●在 Word 部分，打破以往使用各命令或功能的方式，直接按 Word 选项卡来讲解，并配以实例，可增加学生灵活应用知识的能力。

　　●在 PowerPoint 部分，打破以往使用各命令或功能的方式，采用项目教学法，将整个项目中的知识点分散到各小节中，学生学完此部分知识，便可做出一个 PPT 作品。

　　●在网络知识部分，打破以往过多的理论知识，直接以当前学习生活中能得到的案例来进行讲授，提高了学生学习的积极性。

　　●每章配有知识点导读、实例、理论习题、上机实训及答案，便于学生掌握本章内容。

　　本书由高晓梅担任主编，负责组织策划、统稿、修订与编写工作，尹涛、曲凌任副主编，负责主要编写工作。另外参加部分编写工作的还有：赵丽君、刘宇、庞盈盈、于东明、高源、徐辉、王晓琳、袁晓娜、李敬合、张秀娟、董雪莲、张宇、陈友森、孙艳春、刘月凡、刘汉旭、魏彩萍、阎忠吉、刘晶等。

由于时间仓促、作者水平有限，书中难免存在疏漏与不足之处，恳请广大读者批评指正。

编者
2016 年 7 月

目 录

CONTENTS

计算机应用基础知识

◆ 1.1　概述

计算机，全称"电子计算机"，俗称"电脑"，是 20 世纪最伟大的科学技术发明之一。它是一种不需要人工直接干预，能够自动、高速地进行数值运算和信息处理的电子设备。

1.1.1　计算机的诞生及发展

从 1946 年第一台计算机诞生至今，计算机技术得到了飞速的发展，计算机科学在各领域得到广泛应用。对于今天的大多数人来说，它不再神奇，并已成为人类工作生活中不可缺少的工具。

1. 第一台计算机发明以前的历史

人类为了适应社会的发展，发明了各种计算工具。公元前 400 年左右，中国古代伟大的发明算盘，是已知到现在还被广泛使用的人类历史上最早的计算工具。

17 世纪以来，随着社会生产力的不断发展，计算工具也在不断进步。1642 年，法国物理学家帕斯卡（B. Pascal）发明了齿轮式加、减计算器。

1832 年，英国剑桥大学的数学教授巴贝奇（C. Babbage）设计的以蒸汽机为动力的计算机模型，已经具备了输入、存储、处理、控制和输出五个基本部件，但是受当时技术条件和制造工艺所限，未能把所设计的机器制造出来。尽管如此，他的研究成果仍为现代计算机的研制奠定了理论基础。

1937 年，英国科学家艾兰·图灵（Alan Mathison Turing）提出了通用数字计算机的模型——"图灵机"，为日后生产真正的计算机打下了基础。

2. 第一台计算机的诞生

第二次世界大战期间，军事科学技术对高速计算工具的需要尤为迫切。1946 年 2 月，世界上第一台电子计算机在美国的宾夕法尼亚大学莫尔学院诞生，它被命名为 ENIAC（electronic numerical integrator and calculator，电子数值积分计算机），由美国物理学家莫克利和他的学生埃克特等人设计。

ENIAC 占地约 170 平方米，重量达 30 吨，耗电约 150 千瓦，使用了 17 000 多只电子管，每秒可完成 5 000 次加法运算。与现代计算机相比，除了体积大、速度慢、能耗大外，它还有许多不足，如存储容量太小，要用外接线路的方法来设计计算程序等。然而在历史上，ENIAC 是人类伟大的发明之一，是人类进入信息时代的里程碑。

与 ENIAC 计算机研制的同时，美籍匈牙利数学家冯·诺依曼等人还研制了第一台满足"存储程序原理"的计算机 EDVAC（the electronic discrete variable automatic computer，电子离散变量自动计算机），其运算速度是 ENIAC 的 240 倍。

从第一台计算机诞生至今，现代计算机已经发生了重大的改进，在性能、用途和规模上也有所不同，但计算机的基本结构和基本工作原理没有发生本质变化，均采用冯·诺依曼体系结构和冯·诺依曼工作原理。

冯·诺依曼计算机设计思想包括以下三个方面。

（1）计算机包括五大基本部件：运算器、控制器、存储器、输入设备和输出设备。

（2）计算机内部采用二进制数表示数据和指令。

（3）程序和数据存放在计算机的存储器中，并让计算机自动执行。

3. 计算机的发展阶段

自 ENIAC 诞生至今，计算机的发展突飞猛进。根据所采用的元件的不同，电子计算机的发展大致可分为四代，并正在向第五代发展。

（1）第一代：电子管计算机时代（1946—1957 年）。特点：采用电子管作为基本元件；用光屏管或汞延时电路作为存储器；程序设计使用机器语言和汇编语言；主要应用于科学和工程计算；运算速度每秒几千次至几万次。这一代计算机体积大、能耗高、寿命短、速度慢、容量小、价格昂贵、可靠性较差。

（2）第二代：晶体管计算机时代（1958—1964 年）。特点：采用晶体管作为基本元件；以磁芯存储器作为内存，磁盘与磁带作为外存；软件上出现了操作系统；程序设计采用高级语言，如 FORTRAN、COBOL 等；运算速度每秒几万次至几十万次。这一代计算机体积缩小、功耗降低、寿命延长、运算速度提高，价格不断下降，可靠性提高。此外，计算机的应用范围也进一步扩大，除进行传统的科学和工程计算外，还应用于数据处理、工程设计等更广泛的领域。

（3）第三代：集成电路计算机时代（1965—1970 年）。特点：采用中、小规模集成电路（IC）作为基本元件；以半导体存储器代替磁芯存储器作为内存，使存储容量和存储速度有了大幅提高；软件方面，出现了分时操作系统，多用户共享计算机资源；采用结构化程序设计方法；运算速度每秒几十万次至几百万次。这一代计算机体积进一步缩小，功耗、价格等进一步降低，速度和可靠性大幅提高。这时计算机设计思想已逐步走向标准化、模块化和系列化，应用范围更加广泛。

（4）第四代：大规模集成电路计算机时代（1971 年至今）。特点：采用大规模集成电路（LSIC）和超大规模集成电路（VLSIC）作为主要元件，采用集成度更高的半导体芯片作为内存；操作系统不断完善，各种应用软件层出不穷；运算速度每秒几百万次至上亿次。这一代计算机具有高速、高性能、容量大与低成本的优势。从这一时期起，计算机才真正走向了千家万户，开始在世界范围内普及，对人类的日常生产生活产生了极大的影响。

1976 年，两个年仅 20 岁的青年史蒂夫·乔布斯（Steve Jobs）和史蒂夫·沃兹尼亚克（Steve Wozniak）设计出 APPLE 微型计算机。由于价格便宜，使微型计算机迅速走进家庭。这种微型计算机被称为个人计算机，缩写为 PC（personal computer）。1981 年，美国 IBM 公司推出功能更全和更强的个人计算机 IBM PC，它迅速占领了整个计算机市场。正是因为 APPLE 机和 IBM PC 的出现，才使计算机被大众广泛接受并成为大众的信息处理工具。

（5）第五代：新一代计算机。从 1982 年以来，日本及一些发达国家提出了研制第五代计算机的设想。第五代计算机与前四代计算机有着本质区别，它已经脱离了冯·诺依曼提出的"存储过程控制"理论，主要存储器也不再是半导体。有专家推测，生物计算机、光子计算机、量子计算机、超导计算机等新概念的计算机可能成为第五代计算机的候选机。

这一代计算机以大规模和超大规模集成电路或其他新器件作为基本元件，以实现网络计算和智能计算为目标。例如，用人工神经网络结构，可仿造人的大脑，听懂人的语言，看清各种图像，会思考和推理乃至创造性思维。人们已推出各种新的构想并取得多项进展，但是到目前为止，尚未见到取得成功的报道，第五代计算机仍是目前各先进国家竞相研制的计算机。

计算机技术是发展最快的科学技术之一，未来的计算机将朝着巨型化、微型化、网络化、智能化及多媒体化方向发展。

1.1.2　计算机的特点

计算机是一种能自动、高速进行科学计算和信息处理的工具，它不仅具有计算功能，还具有记忆和逻辑推理功能，可以模仿人的思维活动，代替人的某些脑力劳动，故又称为电脑。它的工作特点是以往任何计算工具所无法比拟的。

1. 运算速度快

计算机最初的研制目的就是为了进行快速、高效、大批量的数值运算，目前也依然继承着这一特点。一般计算机每秒可完成数百万次甚至数亿次的指令操作，可进行大量复杂的科学计算。如用计算方法预报 24 小时的天气变化，人工计算需一周时间，而用计算机计算几分钟即可完成。

2. 运算准确度高

计算机由程序控制其操作过程，根据编制的程序自动、连续地工作，完成预定的计算任务。可避免人工计算时可能因疲劳、粗心等所导致的各种错误，而且机器和算法的设计可以保证达到所要求的计算精确度。

3. 记忆能力和通用性强

现代计算机的存储容量非常大，记忆能力和通用性非常强，只要装入不同的程序，它就能完成不同的功能。

4. 逻辑判断能力强

计算机具有逻辑判断的基本功能，它不仅可以进行数值计算，还可以对非数值信息进行处理，如信息检索、图形图像处理、文字和语言处理等。

5. 自动化程度高

计算机是自动化电子装置，在工作中无须人工干预，能自动执行存放在存储器中的程序。人们根据事先规划好的程序，向计算机发出指令，计算机即可帮助人类去完成那些枯燥乏味的重复性计算。

正由于计算机所具有的快速、准确、通用和逻辑判断等功能，决定了它能解决任何复杂的、大运算量的数学问题和逻辑问题。

1.1.3 计算机的分类

由于侧重点不同，因此，计算机的分类方法很多，常见如下四种分类方法。

1. 按功能和用途分类

按功能和用途，计算机可分为通用计算机（general purpose computer）和专用计算机（special purpose computer）两类。通用计算机是最多见的计算机，如商用机、家用机等。专用计算机是为专门的用途而设计的，如银行的 ATM 自动取款机。

2. 按工作原理分类

按工作原理，计算机可分为数字计算机（digital computer）和模拟计算机（analog computer）两大类。目前我们见到的都是数字电子计算机，模拟计算机已被淘汰，几乎不用了。

3. 按人们日常生活、学习、工作中所使用的计算机进行分类

按这种分类方式，计算机可分为服务器、工作站、台式计算机、笔记本计算机、手持式计算机五大类。

（1）服务器（server）。服务器是网络环境中的高性能计算机，有容量很大的存储器、功能强大的处理能力，以及快速的输入输出信道和联网功能。

（2）工作站（workstation）。工作站是一种高档的微型计算机，它与微机的区别在于通常有一个大的显示器，便于进行设计，具有强大的图形图像处理能力，通常用于三维动画制作、计算机制图等领域。

（3）台式机（personal computer）。台式机即微型机，人们通常说的个人计算机（PC），根据市场定位不同，又分为商用机、家用机，其区别仅仅是性能有所差异，没有什么本质的区别。

（4）笔记本。笔记本也称便携机，功能与台式机相同，体积小，便于携带。

（5）手持机。手持机又称掌上电脑，是目前发展很快的一种机型，体积只有成人手掌大小，被广泛应用于移动办公领域。

4. 按性能规模分类

现在国际上沿用的分类方法是美国电气和电子工程师协会（IEEE）于 1989 年 11 月提出的标准，按大小规模把计算机划分为巨型机、小巨型机、大型主机、小型机、工作站和个人计算机六大类，其中应用最广泛的是个人计算机。

（1）巨型机（supercomputer）。巨型机又称超级计算机。在所有计算机类型中占地最大、价格最贵、功能最强、运算速度最快。目前多用于战略武器（如核武器、反导弹武器等）的设计、天气预报、石油勘探等尖端科技，宏观经济分析等领域。巨型机的研制，从某种程度可以说是标志着一个国家的经济实力和科研水平，目前，世界上有能力制造巨型机的只有美国、中国、日本等少数几个国家。如我国研制成功的"银河""曙光""神威"等计算机都属于巨型机。

（2）小巨型机（minisupercomputer）。小巨型机又称小型超级计算机或桌上型超级计算机。该机的功能略低于巨型机，而价格只有巨型机的十分之一，可满足一些用户的需求。

（3）大型主机（mainframe）。大型主机又称大型计算机。即通常所说的大、中型机。主要用于大银行、大公司、规模较大的高校和科研院所。

（4）小型机（minicomputer 或 minis）。小型机结构简单，可靠性高，成本较低，更适用于广大中、小用户。

（5）工作站（workstation）。工作站是介于 PC 与小型机之间的一种高档微机。主要用于特殊的专业领域，如图像处理、计算机辅助设计等。

（6）个人计算机（personal computer）。即平常所说的微机，又称 PC。因其设计先进、软件丰富、功能齐全、价格较低，而拥有广大的用户。PC 除了台式的，还有笔记本、掌上型等。

1.1.4　计算机的应用

当前计算机的应用已渗透到人类社会的各个领域，尽管如此，计算机的应用仍可归纳为以下几个主要的方面。

1. 科学计算

科学计算又称数值计算，这是计算机从诞生之日起就开始的主要工作，时至今日，依然是它的主要应用领域之一。现代科学技术中计算量庞大、公式烦琐，由于计算机能够快速而准确地计算出结果，也大大加快了科学研究前进的步伐。如天气预报、地震分析、导弹拦截、石油勘探、航空航天等领域都要求计算机有快速的计算能力。

2. 数据和信息处理

它是指对数字、字符、文字、声音、图形和图像等各种数据进行收集、存储、加工、传送的全过程，从简单的数据录入、文字处理、填写报表，到数据库管理，各行各业日常工作都离不开这样的数据处理，虽然没有涉及太复杂的问题，但由于数据量大，实时性强，信息处理也成为计算机的主要应用领域之一。据统计，世界上的计算机 80% 以上用于数据和信息处理。它在办公自动化、企业管理、财务处理系统、情报检索等领域得到广泛应用。

3. 过程控制

过程控制又称实时控制或自动控制，它是生产自动化的重要技术内容和手段。它是由计算机对所采集到的数据按一定方法经过计算，然后输出到指定的执行机构去控制生产的过程。计算机的控制对象可以是机床、生产线和车间，甚至是整个工厂。它在机械制造、冶金、飞行控制、加工控制、卫星测控等诸多领域得到了广泛应用。

4. 计算机辅助工作

许多工作只用计算机是做不了的，必须以人为主，以计算机为辅，计算机作为辅助工具发挥作用，这就是计算机辅助工作的应用领域。

按照工作的内容可以将计算机辅助工作分为计算机辅助设计、计算机辅助制造、计算机辅助教学、计算机辅助测试等一系列计算机辅助技术。

（1）计算机辅助设计（computer aided design，CAD），是指利用计算机来辅助设计工作，并绘制设计蓝图，设计完成之后，便可以利用程序软件模拟产品的测试，使得设计成果更加完美。这种技术目前已在飞机、车船、桥梁、建筑、机械、服装等设计中得到广泛的应用。

（2）计算机辅助制造（computer aided manufacturing，CAM），是指利用机器人、机器手臂、自动传输系统等设备来生产，使产品在生产过程中不会受到人为因素的影响，不但能有效地控制产品的质量，也能提高产量。

（3）计算机辅助教学（computer aided instruction，CAI），是指利用计算机、网络用多媒体等现代科技进行辅助教学工作，针对学生不同的学习能力设计教学软件，因材施教，提高教学效率和质量，让学生和计算机能以一对一的方式进行教学活动，通过不断地讲解和反复练习，以达到教学的目的。

（4）计算机辅助测试（computer aided testing，CAT），是指利用计算机来辅助进行大量复杂、枯燥或恶劣环境的检测工作。

5. 人工智能

人工智能（aritificial intelligence，AI），又称"智能模拟"，是指利用计算机来模拟人的思维过程，并利用计算机程序来实现这些过程。如辅助疾病诊断、实现人机对弈、密码破译、智能机器人等均是人工智能的应用成果。

6. 网络应用

Internet 的出现几乎使全世界的计算机都连网在一起，计算机网络使全球电子商务成为可能，还使信息全球检索和网上远程教育方便实现。网络技术应用已成为计算机最热门的应用领域之一。

7. 娱乐

人们可以利用计算机播放碟片、听音乐；在网上可以聊天、游戏和在线观影视；可以利用计算机制作电影特效，使得电影效果更好。如电影《侏罗纪公园》中的角色和动画都是由计算机制作的。

◆ 1.2 微型计算机的基本组成及工作原理

微型计算机是计算机系统中应用最普及、最广泛的一类。下面以微型计算机为例来讲述计算机系统的基本组成。

一个完整的计算机系统由硬件系统和软件系统两大部分组成。如图 1-1 所示。

硬件（hardware）是指实际的物理设备，它看得见、摸得着，由各种电子器件、线路组成。

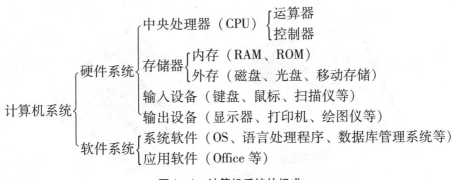

图 1 - 1　计算机系统的组成

软件（software）是指程序和相关文档（如使用手册、用户指南、说明书等）。程序由计算机最基本的操作指令组成。

硬件和软件相互依存，不可分割，共同组成整个计算机系统。硬件是计算机的躯体，而软件是计算机的灵魂。没有配备软件的计算机称为"裸机"，裸机是无法工作的；而没有了硬件，软件的功能则无法发挥，失去了存在的意义。只有硬件配置合理，软件丰富实用，才能充分发挥整个计算机系统的作用。

1.2.1　硬件系统

以存储程序原理为基础的冯·诺依曼结构计算机，硬件系统由运算器、控制器、存储器、输入设备和输出设备（I/O 设备）五部分组成，而其中又包括各个零部件，如主板、CPU、硬盘、内存、显卡、声卡、显示器、鼠标、键盘等。

1. 运算器

运算器是可以对数据进行算术运算和逻辑运算的部件，算术运算包括加、减、乘、除等运算，逻辑运算包括逻辑判断和逻辑比较，如比较、移位、逻辑加、逻辑乘、逻辑反等操作。

运算器由算术逻辑部件（arithmetic logic unit，ALU）和一系列寄存器构成。主要工作是进行数据处理和暂存运算数据，计算机中绝大多数的运算都是由运算器完成的。运算器是计算机对数据的加工中心。

2. 控制器

控制器（control unit）是计算机的控制部件，它控制计算机各部分自动协调地工作，它完成对指令的解释和执行。

控制器主要由指令寄存器（instruction register，IR）、指令译码器（instruction decoder，ID）、程序计数器（program counter，PC）、时序电路等组成，主要工作是不断地读取指令、分析指令和执行指令。它从存储器中取出指令，分析指令的意义，根据指令的要求发出控制信号，进而使计算机各部件协调工作。控制器是计算机的指挥中心。

运算器和控制器合在一起，做在一块半导体集成电路中，称为中央处理器（central processing unit，CPU），如图 1 - 2 所示。它是计算机的核心部件，承担计算机的运算和控制任务，决定计算机的性能和档次。计算机进行的全部活动都受 CPU 的控制，CPU 主要的功能是按照指令的要求控制数据的加工处理并使计算机各部件自动协调地工作。

图 1 - 2 CPU 芯片的正面和反面

自从 1971 年美国 Intel 公司研制出第一块微处理器芯片（中央处理器，CPU）Intel 4004 以来，其发展速度十分迅速。用微处理器装配的计算机称为微型计算机，简称微机。微处理器的发展代表了微机的发展，其发展大致经历了六代。

第一代：4 位或准 8 位微处理器（1971—1973 年），CPU 的代表是 Intel 4004、Intel 8008 等。

第二代：8 位微处理器（1974—1977 年），CPU 的代表是 Intel 8080 等。

第三代：16 位微处理器（1978—1984 年），CPU 的代表是 Intel 8086、Intel 80286 等。

第四代：32 位微处理器（1985—1992 年），CPU 的代表是 Intel 80386、Intel 80486 等。

第五代：64 位微处理器（1993—2005 年），CPU 的代表是 Pentium（奔腾）系列等。

第六代：64 位微处理器（2006—至今），CPU 的代表是 Core（酷睿）系列等。

芯片位数越多，其处理能力就越强。

3. 存储器

存储器的主要功能是存放程序和数据，是计算机的记忆部件。执行程序时，由控制器将程序从存储器中逐条取出，执行指令。存储器分为内存储器和外存储器两种。通常把运算器、控制器和内存储器称为"主机"，而外存储器属于"外部设备"。

（1）几个重要概念。在计算机内部，一切数据都是用二进制数（由"0"和"1"组成）的编码来表示的。

①存储单元。存储器一般被划分成许多单元，即存储单元。一个存储单元可存放 8 个二进制的位，即 1 个字节。

②存储单元地址。每个存储单元都有一个唯一的编号（用二进制表示），称为存储单元地址。单元地址编号是唯一且固定不变的，而存储在该单元中的内容是可变的。CPU 通过地址可以找到所需的存储单元。

③位（bit）。一个二进制位为 1bit（比特），简写为 b，它是二进制所表示的数据的最小单位。

④字节（Byte）。8 个二进制位组成 1Byte（字节），简写为 B，它是计算机中的最小存储单元。字节经常使用的单位还有 KB（千字节）、MB（兆字节）、GB（吉字节）和 TB（太字节）。

⑤各个存储数据单位之间的转换。

$1B = 8b$

$1KB = 1024B = 2^{10}B$

$1MB = 1024KB = 2^{10}KB = 2^{20}B$

$1GB = 1024MB = 2^{10}MB = 2^{20}KB = 2^{30}B$

$1TB = 1024GB = 2^{10}GB = 2^{20}MB = 2^{30}KB = 2^{40}B$

⑥存储容量。存储器所能容纳的信息量称为存储容量，其单位是"字节"。目前常用的内存容量大多在 2GB 以上。

⑦访问存储器。向存储单元中存入（写）或从存储单元中取出（读）信息称为"访问存储器"。

（2）内存储器（内存）。内存储器又称主存储器（主存），通常由半导体的集成电路存储芯片构成。速度较快，容量较小，它直接与 CPU 相连，可直接向 CPU 提供数据和指令，用于存放正在运行的程序和数据。计算机工作时，所执行的指令及操作数都是从主存中取出的，处理的结果也存放于主存中。

内存按照其性能和特点可分为随机读写存储器（random access memory，RAM）和只读存储器（read only memory，ROM）两大类。

①随机读写存储器（RAM）。随机读写存储器既能读取数据，又能写入数据，主要用来存放用户当前使用的程序和数据。开机时，系统程序将被装入其中，在计算机运行时，要执行的程序和用户数据都临时存放在 RAM 中。在计算机断电后或机器重新启动后，RAM 中的信息就会丢失，因此，在进行数据处理、文字编辑和程序设计时要及时将数据存入硬盘。

通常所说的内存即指系统中的 RAM，内存条是插在主板的扩展槽内的，如图 1-3 所示。

图 1-3　内存条

②只读存储器（ROM）。其内容一旦写入就只能读出，而不能改写，所存储的信息不会由于断电而丢失。因此，在微型计算机中常用 ROM 来存放系统服务程序，如启动程序、检测程序和监控程序等。

一般在主板上都装有只读存储器 ROM，在它里面固化了一个基本输入/输出系统程序，称为 BIOS（基本输入输出系统）。其主要作用是完成对系统的加电自检、系统中各功能模块的初始化、系统的基本输入/输出的驱动程序及引导操作系统。由于它的制作材料是 CMOS（互补金属氧化物），所以通常开机时按 Delete 键设置的 CMOS 实际上就是 BIOS，一般情况下容易把二者的概念混淆。

（3）外存储器（外存）。外存储器又称辅助存储器（辅存），属于微型计算机的外部设备。与内存相比，外存的速度相对较低，容量较大，价格较低，在停电时能永久地保存信息。外存作为内存的后备和补充，用于存放暂时不用的大量程序和数据，当需要用到时才将其从外存调入内存中进行执行和处理。因此，外存中的信息不能直接被 CPU 所访问；但它可与内存交换信息，即外存中的程序和数据必须先调入内存，方可被 CPU 访问。因此，通常将数据保存在外存中，使用时再调入内存。

常用的外存有：软盘、硬盘、光盘和移动存储器。

①软盘。软盘是一种个人计算机中最早使用的可移动存储介质，软盘的读写是通过软盘驱动器完成的。通常使用的是 3.5 英寸的软盘，容量为 1.44MB，随着计算机的不断升级，软盘的容量已经不能满足存储需要，已退出市场。软盘如图 1 - 4 所示。

②硬盘。硬盘具有容量大、存取速度快、可靠性高等优点，是微型计算机的主要外部存储设备。目前常用的硬盘容量可达 500GB 以上。硬盘如图 1 - 5 所示。

图 1 - 4　3.5 英寸软盘

图 1 - 5　硬盘

硬盘使用注意事项：防震、防潮、防高温，保持清洁，避免接近强力磁场；避免频繁开关计算机，关机后不能马上开机，以防止电容充放电时产生的高压击穿器件；注意防止静电；注意经常备份重要程序和数据等。

③光盘。光盘具有存储容量大、读取速度快、可靠性高、价格低、携带方便等特点。一张普通 CD - ROM 盘片容量达 650MB 以上，一张单面单层的 DVD - ROM 盘片容量可达 5GB 以上。光盘的读写是通过光盘驱动器（简称光驱）来实现的，如图 1 - 6 所示。

光盘使用注意事项：避免重压、划伤、保持盘片清洁等。

④移动存储器。移动存储器具有容量大、速度快、体积小、抗震强、功耗低、寿命长、易携带、即插即用等特点，给用户带来极大的方便，使得其迅速取代了软盘。常用的移动存

光盘　　　　光驱

图 1 - 6　光驱与光盘

储器有 USB 闪存盘（见图 1 - 7）、移动硬盘（见图 1 - 8）等。

　　USB 闪存盘是一种新型的移动存储设备，俗称 U 盘。它可用于较大数据文件的交换。U 盘使用 USB 接口与计算机相连，支持热插拔，在 Windows XP 操作系统下不需要安装专门的驱动程序，实现了即插即用，其存储容量和速度大于软盘，可靠性也比软盘高，有利于保障数据的安全性。常见 U 盘的容量有 8GB、16GB、32GB、64GB 等，其外形大小不一，功能有多有少。

　　移动硬盘实际上就是硬盘采用了 USB 接口或 IEEE - 1394 接口。容量方面，现在一般的移动硬盘都已经达到 500GB 以上。相对 U 盘而言，移动硬盘体积大，存取速度快，容量大，价格高。

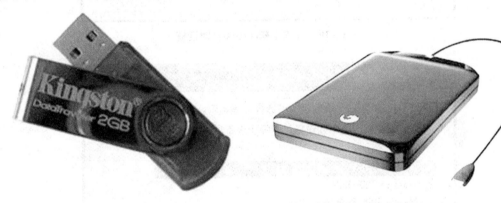

图 1 - 7　U 盘　　　　　　　　　　　　　　　**图 1 - 8　移动硬盘**

！　注　意

　　拔下 U 盘或移动硬盘前，必须完成关闭 USB 设备的指令操作，否则容易使数据丢失。操作方法：在桌面任务栏右侧的通知区域（计算机屏幕右下角）有个"安全删除硬件"按钮，用鼠标右击，弹出快捷菜单，再用鼠标选择"安全删除硬件"命令，如图 1 - 9 所示，出现如图 1 - 10 所示的"安全删除硬件"对话框。选中要关闭的 USB 设备，单击对话框上的"停止"按钮，出现如图 1 - 11 所示的"停用硬件设备"对话框，确认被停止的设备，单击对话框上的"确定"按钮，出现如图 1 - 12 所示的提示信息，此时可将 U 盘沿插入的方向轻轻拔出即可。

图 1 - 9　安全删除硬件

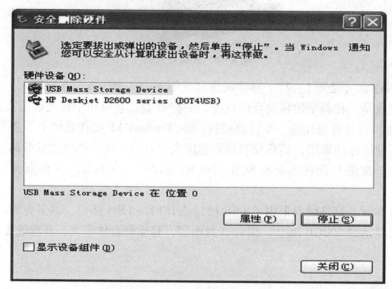

图 1 - 10　【安全删除硬件】对话框

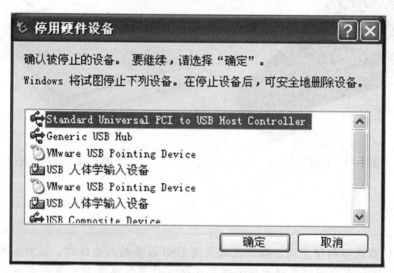

图 1 - 11　【停用硬件设备】对话框

图 1 - 12　"安全地移除硬件"提示信息

4. 输入设备

输入设备的功能是把程序和数据输入到存储器。常用的输入设备有键盘、鼠标、扫描仪、光笔、麦克风、数码相机、数码摄像机等。

（1）键盘。键盘是最常用、最基本的输入设备，如图 1 – 13 所示。它是通过键盘连线插入主板上的键盘接口与主机连接的。用户通过键盘向计算机输入各种命令和数据，键盘在人和计算机之间起着桥梁和纽带的作用。

图 1 – 13　键盘

在键盘内部有专门的控制电路，当用户按下键盘上任意一个键时，键盘内部的控制电路就会产生一个相应的二进制代码，然后将这个代码送到主机中。关于键盘的布局与使用，将在第 2 章介绍。

（2）鼠标。鼠标也是微机不可缺少的部件之一，如图 1 – 14 所示。它用来控制屏幕光标移动和选定对象等。鼠标的种类很多，按其工作原理，可分为机械式、光电式、无线遥控式鼠标等；按接口类型，可分为 PS/2 接口、串行接口、USB 接口鼠标等。

（3）扫描仪。扫描仪是一种光电一体化的高科技产品，利用它可以迅速地将图形、图像、文本从外部环境输入到计算机中，如图 1 – 15 所示。它内部有一套光电转换系统，通过扫描，可以把各种图片信息转换成计算机图像数据，并传送给计算机，再由计算机进行图像处理、编辑、存储、打印输出或传送给其他设备。

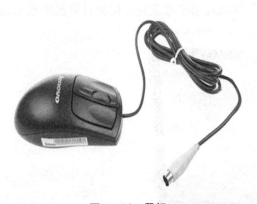

图 1 – 14　鼠标

图 1 – 15　扫描仪

！注 意

如果是文本文件，扫描后还需用文字识别软件（optical character recognition，OCR软件）进行识别，识别后的文字以 .txt 文件格式进行保存。目前，文字识别软件主要有清华紫光 OCR、尚书 OCR、汉王 OCR 等。

（4）光笔。文字输入主要是通过键盘完成的，随着现代电子技术的发展，人们已经研制出了手写输入方法，代表产品就是光笔。其原理是用一支与笔相似的定位笔（光笔），在一块与计算机相连的书写板上写字，根据压敏特性或电磁感应原理将笔在运动中的坐标位置不断传入计算机，使得计算机中的识别软件通过采集到的笔的轨迹来识别所写的字，然后再把得到的标准代码作为结果存储起来，因此手写输入的核心内容是识别技术。

（5）麦克风（话筒）。利用麦克风也可以进行语音输入，这项技术实现了人们长期以来所追求的让计算机"听懂"人类语言的理想。

（6）数码相机。数码相机是一种摄影输入设备。它是一种无胶片相机，是集光、电、机于一体的电子产品。数码相机集成了影像信息的转换、存储、传输等部件，具有数字化存取功能，能够与计算机进行数字信息的交互处理。

（7）其他输入设备。人们根据不同要求研制开发出了许多输入设备。例如，在许多公共场所经常见到查询系统使用的触摸屏；在商场购物交款时，营业员使用的条码阅读器；用于 PC 游戏的游戏手柄；对标准化答卷进行评分的光电阅读仪等，均为输入设备。

5. 输出设备

输出设备是指将计算机运算或处理后所得到的结果，以字符、数字、图形等人们能够识别的形式输出的设备。常见的输出设备有显示器、打印机、绘图仪、声音输出设备、投影仪等。

（1）显示器。显示器又称监视器，液晶显示器如图 1-16 所示，它是人机交互的重要工具，是最基本、必备的输出设备。用户通过显示器能及时了解到计算机工作的状态，看到信息处理的过程和结果，及时纠正错误，从而使计算机能够正常工作。微型计算机的显示部件由监视器（Monitor）和显示适配器（Adapter，显卡）构成。

图 1-16　液晶显示器

①监视器。通常所说的显示器是指监视器。显示器的种类很多，按显示的颜色，可以分为黑白显示器和彩色显示器；按其采用的显示器件，可分为阴极射线管显示器（CRT）、液晶显示器（LCD）、等离子体显示器（PDP）等。

②显卡。如图 1-17 所示，它是显示器与计算机主机之间连接需要的接口设备，一般被插在主板的扩展槽内，用于主板和显示器之间的通信。在使用时，CPU 首先要将显示的数据传送到显卡的显示缓冲区，然后显卡再将数据传送到显示器上。不同类型的显示器需要配置不同的显卡，所有的显卡只有配上相应的显示器和显示软件，才能发挥它们的最高性能。

!注　意

> 开、关机的顺序如下：开机时先打开显示器等外部设备，再打开主机电源；关机时先关闭主机电源，再关闭外部设备。

图 1-17　显卡

（2）打印机。打印机用来打印文字资料、图形和程序结果等。它利用色带、墨水或炭粉，将计算机中的数据直接在打印纸上输出，方便人们的阅读，同时也便于携带。打印机的种类和型号很多，按印字方式可分为击打式和非击打式两大类，击打式打印机的打印分辨率低，速度慢，其代表是针式打印机；非击打式打印机的打印分辨率高，速度快，其代表是喷墨打印机和激光打印机。

针式打印机，又称点阵打印机，它利用机械钢针击打色带和纸而打印出字符和图形。针式打印机价格便宜、能连续打印，但噪声大、字迹质量不高、打印针头易损坏、打印速度慢。针式打印机按钢针数量分为 9 针、16 针和 24 针。一般说来，打印针越多，打印的质量越高，如图 1-18 所示。

喷墨打印机是利用墨水通过精细的喷头喷到纸面上而产生字符和图像。它的特点是体积小、重量轻、噪声小、打印质量高，但对打印纸要求高、墨水的消耗量大，适于办公室、家庭使用。其性能与价格均介于针式打印机和激光打印机之间，如图 1-19 所示。

图 1-18　针式打印机　　　　　　　图 1-19　喷墨打印机

激光打印机是激光扫描技术与电子照相技术相结合的产物，由激光扫描系统、电子照相系统和控制系统三大部分组成。激光扫描系统利用激光束的扫描形成静电潜像，电子照相系统将静电潜像转变成可见图像输出。其特点是速度快、精度高、噪声低；但价格高、对打印纸的要求高，如图 1-20 所示。

（3）绘图仪。绘图仪是一种能输出图形的硬拷贝设备，如图 1-21 所示。绘图仪在绘图软件控制下可以绘制出复杂、精确的图形，是计算机辅助设计（CAD）中不可缺少的工具。绘图仪主要运用于建筑、服装、机械、电子等行业中。

图 1-20　激光打印机

图 1-21　绘图仪

（4）声卡。声卡又称音频卡，插在主板的插槽上，主要用于声音的录制、播放和修改。它把来自话筒、光盘等的原始声音信号加以转换，输出到耳机、扬声器、扩音机、录音机等声响设备，或通过音乐设备数字接口（MIDI）使乐器发出美妙的声音。

（5）投影仪。投影仪主要用于电化教学、培训、会议等公共场合，它通过与计算机连接，可以把计算机屏幕显示的内容全部投影到银幕上。随着技术的进步，高清晰、高亮度的液晶投影仪的价格迅速下降，正在不断进入机关、公司、学校。

6. 其他设备

微型计算机是由主机和外设构成的，CPU 与内存统称为主机，而外存、输入设备、输出设备则统称为外部设备。主机安装在主机箱内，在主机箱内有主板、硬盘驱动器、CD-ROM 驱动器、显卡、电源等。

（1）主板。主板又称系统板或母板，如图 1-22 所示。主机由 CPU 和内存组成，用来执行程序、处理数据，主机芯片安装在一块电路板上，这块电路板称为主板。主板是计算机系统中最大的一块印制电路板，它是由印制电路板、控制芯片、CPU 插座、键盘插座、CMOS 只读存储器、Cache、各种扩展插槽、各种连接插座、各种开关及跳线组成的。在主板上，可以看到密密麻麻的印制线路，这些线路就是计算机内部的数据传输信道，此外，在主板上还有各式各样的插槽，用来连接其他设备。

计算机中的各种设备，都必须与主板相互合作，才能发挥完整的功能。不同档次的 CPU 需用不同档次的主板，主板的质量直接影响 PC 的性能和价格。市面上流行的主板生产厂家有华硕、技嘉等。

（2）总线。所谓"总线"，是指微型计算机各部件之间传送信息的通道。总线的分类方法很多，按照总结连接部件的不同，可分为内部总线、系统总线和扩展总线。内部总线是指同一部件内的连接，如 CPU 内部的连接；系统总线也叫外部总线，是连接系统各部件的总线，如 CPU、内存、输入输出设备（I/O 设备）等接口之间的连接；扩展总线负责 CPU 与外部设备之间的连接。按照总线上传输信息的不同，可分为数据总线、地址总线和控制总线，分别用于传输数据信息、地址信息和控制信息。

（3）接口。主板上的主要接口如下。

①总线接口：主板上的扩展槽，它们用来连接显卡、声卡、网卡等。

②串行接口：COM1、COM2，常用来连接鼠标、调制解调器等。

③并行接口：LPT1、LPT2，常用来连接打印机。

④USB 接口：负责连接某些外部设备，如扫描仪、U 盘等。

主机箱后面的主要接口如图 1-23 所示。

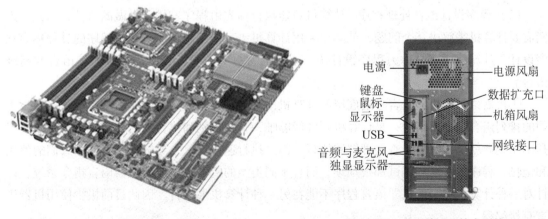

图 1-22　主板　　　　　　　　　图 1-23　主机箱后面的主要接口

1.2.2 软件系统

计算机进行工作，必须先安装计算机软件。所谓软件是指计算机程序及有关程序的技术文档资料。软件的作用是指挥计算机硬件进行工作，它通常安装在外存设备上。软件和硬件有密切的联系，没有软件的硬件称为"裸机"，没有任何用处；同样的硬件配置不同的软件，其功能也大不一样。

随着计算机的发展，人们根据不同的需要设计相应的软件，软件的种类多不胜数，通常分为两大类：系统软件和应用软件。

1. 系统软件

系统软件是计算机系统必备的软件，它负责管理、监控和维护、开发计算机的各种软、硬件资源，提供用户操作界面和编制应用软件的资源环境。

系统软件主要包括：操作系统（如 DOS、Windows 95/98/NT/ME/2000/XP，Windows 7/8，UNIX 等）、程序设计语言处理程序、系统服务性程序、数据库管理系统等。其中操作系统是系统软件的核心，它也是人和计算机操作的交互界面。没有操作系统，其他软件不能在计算机上运行。

（1）操作系统（operating system，OS）。为了使计算机系统的所有资源协调一致、有条不紊地工作，必须有一个软件来进行统一管理和统一调度，这种软件称为操作系统。操作系统的主要工作包括：将应用程序送入主存储器、监督应用程序的执行、管理输入输出操作及控制计算机软、硬件资源的有效运作等。操作系统直接与硬件联系在一起，用户要使用计算机，首先要进入操作系统，在其控制、管理下与计算机打交道。

根据用途、主要功能和使用环境，操作系统可分为以下几类：批处理操作系统、分时操作系统、实时操作系统、网络操作系统（如 UNIX、NetWare、Windows NT）、多用户多任务操作系统（如 Windows 2000/XP）、单用户单任务操作系统（如 DOS）及单用户多任务操作系统（如 Windows 95/98）等。

（2）程序设计语言处理程序。计算机只能执行预先由程序安排它去做的事情，因此，人们需要计算机来解决某个问题，就必须采用计算机语言来编制程序。编制程序的过程称为程序设计，计算机语言又称为程序设计语言。它通常分为三类：机器语言、汇编语言和高级语言。

①机器语言。机器语言是最底层的计算机语言，它以二进制代码作为基本符号，通过不同的排列组合来表示指令，是计算机硬件能够唯一直接识别和执行的语言。机器语言的优点是不用翻译就能被计算机直接理解和执行，因此执行速度快；主要缺点是不便于人们的使用和记忆，程序的编写和调试都很烦琐，而且不同类型的机器有不同的机器语言指令系统，即针对一种计算机编写的机器语言程序不能在另一种计算机上运行。因此目前极少使用机器语言直接编程。

②汇编语言。为解决机器语言难认、难记、难修改的缺点，20 世纪 50 年代初，出现了汇编语言。它使用人们非常熟悉的英文助记符和十进制数代替二进制代码，所以汇编语言又

称符号语言。它比机器语言更易于修改、编写、阅读。计算机不能直接执行，使用汇编语言编写的程序（称汇编语言源程序），必须使用汇编程序将其翻译成机器语言（即目标程序）后，才能被计算机理解、执行，这个编译过程称为汇编，而汇编程序就是语言处理程序，如图 1-24（a）所示。

汇编语言在实质上和机器语言没有什么明显的不同，它们都离不开具体机器的指令系统，都是面向机器的语言。一条汇编指令对应一条机器指令，编程效率不高，因此一般人很难使用。

③高级语言。用机器语言或汇编语言编写程序，受机型限制，费工费时，并且通用性差，为了解决这个问题，人们开发出了高级语言。高级语言的表达接近于人们日常生活中使用的自然语言和数学表达式，它最主要的特点就是不依赖于计算机的指令系统。因此，使用者可以不必过问计算机硬件的逻辑结构，只需考虑程序算法和步骤，直接使用便于人们理解的英文、运算符号和十进制数来编写程序，所以高级语言又称算法语言。用高级语言设计的程序比相应低级语言程序简短，易修改，编程效率高；但是，计算机不能直接识别和运行高级语言，必须经过"翻译"。所谓"翻译"就是用一种特殊程序把源程序转换成机器语言，这种特殊程序就是语言处理程序。高级语言的翻译方式有两种：一种是"编译方式"，即通过编译程序将整个高级语言源程序翻译成目标程序（.obj），再经过连接程序生成可以运行的程序（.exe），如图 1-24（b）所示；另一种是"解释方式"，即通过解释程序边解释边执行，不产生可执行程序，如图 1-24（c）所示。

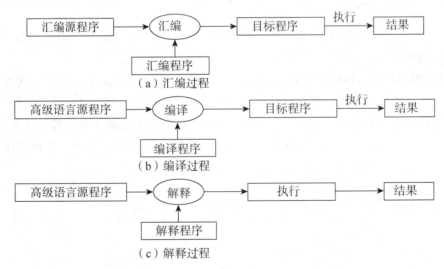

图 1-24 汇编、编译、解释、连接程序执行过程

目前，世界上有数百种高级语言，但广泛应用的却仅有十几种。高级语言又可分两大类：面向过程的高级语言和面向对象的高级语言。前者主要用于 DOS 平台，而后者主要用于 Windows 平台。使用普遍的面向过程的高级语言有 C、BASIC、PASCAL、FORTRAN 等；面向对象的高级语言有 Visual C++、Visual Basic、Visual Foxpro、Delphi、Java 等。

（3）系统服务性程序。系统服务性程序是指用户在使用和维护计算机时使用的程序。

主要有以下几种：工具软件、系统编辑程序、系统调试程序、装配连接程序及系统诊断程序等。

（4）数据库管理系统（database management system，DBMS）。数据库管理系统是对计算机中所存放的大量数据进行组织、管理、查询并提供一定处理功能的大型系统软件。它是目前计算机科学中发展最快的领域之一，主要解决数据处理的非数值计算问题，用于档案、财务、图书资料等方面的数据库管理，数据处理的主要内容包括：数据的存储、查询、修改、排序、分类和统计等。常见的数据库管理系统有：Visual FoxPro、Microsoft Access、SQL Server、MySQL、Oracle、Sybase、DB2 等。

2. 应用软件

应用软件是指用户为了解决实际问题而编制的各种程序。应用软件因其应用领域的不同而丰富多彩，按照应用软件的开发方式和适用范围，应用软件可再分为两类：定制软件和通用应用软件。

（1）定制软件。这类软件是完全按照用户自己的特定需求而专门进行开发的，应用面较窄，运行效率高，开发代价与成本相对较高，如财务软件、学籍管理系统等。

（2）通用应用软件。这类软件在许多行业和部门中都可以广泛使用，如文字处理软件（Word、WPS 等）、电子表格软件（Excel 等）、绘图软件（Photoshop、AutoCAD、3D MAX 等）等。

1.2.3　计算机的硬件配置

不同类型的计算机其硬件配置不同，这里仅以应用广泛的多媒体计算机为例，讲述如何选择配置一台适合自己使用的计算机。

多媒体计算机（multimedia – PC，MPC）是指能够综合处理文字、声音、图形、图像、动画和视频等多媒体信息的计算机。多媒体计算机是在普通计算机上增配了多媒体的各种外围设备而组成的计算机系统，因此，多媒体计算机除了需要较高配置的计算机主机硬件设备之外，还需要高质量的音频/视频/图像处理设备、大容量存储器、光驱、各种媒体输入/输出设备等。图 1 – 25 所示为多媒体计算机的基本配置。

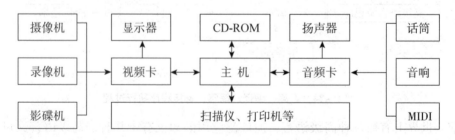

图 1 – 25　多媒体计算机的基本配置

1.2.4　计算机的工作原理

计算机的工作过程就是执行程序的过程，程序是由指令序列组成的，将程序装入计算机后，计算机便能自动地执行指令。一条指令的执行过程可以分为 3 个阶段：取出指令、分析指令、执行指令。这是 1946 年由美籍匈牙利数学家冯·诺依曼提出的，所以又称"冯·诺依曼原理"，如图 1-26 所示。

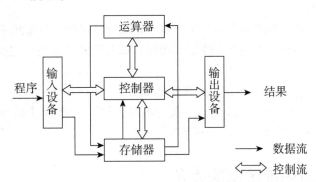

图 1-26　计算机的工作原理

计算机工作时，由 CPU 控制，将数据由输入设备传送到存储器存储，再将要参与运算的数据从存储器中取出送往 CPU 处理，最后将计算机处理的结果由输出设备输出。

◆ 1.3　微型计算机的性能指标

计算机功能的强弱或性能的好坏，不是由某项指标决定的，而是由它的系统结构、指令系统、硬件组成、软件配置等多方面的因素综合决定的。对于大多数用户来说，可以从以下几个指标来大体评价计算机的性能。

1. **字长**

字长是指 CPU 一次能同时处理的二进制位数。字长不仅标志着计算机处理信息的精度，也反映了计算机的处理能力。字长越长，计算机的性能越好，处理速度越快，能够一次处理的信息就越多，当然价格也就越贵。就常见的有 32 位、64 位等。

2. **主频**

主频是指 CPU 内部的时钟频率，即 CPU 在单位时间（秒）内发出的脉冲数。它在很大程度上决定了计算机的运算速度。主频越高，计算机的运算速度就越快。主频的单位是赫兹（Hz），目前酷睿级的计算机 CPU 芯片已经到了几吉赫兹以上。它是影响计算机性能最重要的指标之一。

3. **存储容量**

存储容量包括内存和外存的容量，但主要指内存的容量。

（1）内存容量。内存容量是指内存储器能够存储的总字节数。内存容量的大小不仅影响存放程序和数据的多少，也影响运行这些程序的速度。容量越大，运行速度越快。

目前常用的内存容量大多在 2GB 以上。

（2）外存容量。外存容量主要是指硬盘所能存储的总字节数。目前硬盘的容量大多在500GB 以上。

4. 运算速度

运算速度是指计算机每秒钟能执行的指令条数。单位是百万次/秒（1 秒内可以执行 100 万条指令，又称为 MIPS）。决定运算速度的主要因素有：CPU 主频、字长、指令系统的合理性等。

5. 外部设备的配置

主机所配置的外部设备的多少与好坏，也是衡量计算机综合性能的重要指标。

此外，还有一些评价计算机综合性能的指标，如系统的兼容性、完整性、联网速度及性价比等。

【例 1 - 1】 查看并记录你所使用计算机的属性。

可以按照如下步骤进行：右击桌面【我的电脑】图标，选择【属性】命令，可以查看计算机的属性，如 CPU 型号、主频、内存等。

◆ 1.4 计算机内部数据的表示

根据冯·诺依曼计算机的设计思想，在计算机中所有的数据都是以二进制的形式表示的，那么其他进制的数据如何在计算机中表示呢？

1.4.1 数制基础

在日常生活中，人们最习惯使用十进制数，实际上存在着多种进位制数。例如，钟表计时以 60 秒为 1 分，以 60 分为 1 小时，这是六十位进制；铅笔包装以 12 支为 1 打，这是十二位进制，还有八进制数、十六进制数等，而在计算机中主要使用二进制数，因此，需要进行数制转换。

1. 数制的定义

数的表示规则称为数制。常见的数制有二进制、八进制、十进制、十六进制。

2. 数制的特点

（1）使用一组固定的单一数字符号来表示数值的大小。如十进制有 0 ~ 9 十个数字；而二进制仅有 0 和 1 两个数字。

（2）有统一的规则：以 N 为基数，逢 N 进一。

• 基数：一个数制所包含的数字符号的个数。如十进制以 10 为基数，逢 10 进 1，表示为 $(109)_{10}$；二进制以 2 为基数，逢 2 进 1，表示为 $(1101)_2$。

• 权：数制中每一固定的位置对应的单位值称为位权，简称"权"。每一位上的数字乘以权即是该位数的数值。如 $(109)_{10}$ 可以表示为 $1 \times 10^2 + 0 \times 10^1 + 9 \times 10^0$，而其中的 10^2，10^1，10^0 称为权；而 $(1101)_2$ 可以表示为 $1 \times 2^3 + 1 \times 2^2 + 0 \times 2^1 + 1 \times 2^0$，而其中的 2^3，2^2，2^1，2^0 称为权。

3. 常见数制（见表 1 – 1）

表 1 – 1 常见数制

	十进制	二进制	八进制	十六进制
数码	0 ~ 9	0，1	0 ~ 7	0 ~ 9，A，B，C，D，E，F
基数	10	2	8	16
进位规则	逢十进一，借一当十	逢二进一，借一当二	逢八进一，借一当八	逢十六进一，借一当十六

! 注 意

　　书写时，为了区别不同的数制，表示时可以把"数"用括号定界，然后在数的右下角标上数制。如 $(1101)_2$，$(31D)_{16}$ 等；也可以用字母注明：用"B"（Binary）表示二进制，"O"（Octal，为了避免字母 O 与数字 0 混淆，有时用"Q"表示）表示八进制，"D"（Decimal，通常可以省略）表示十进制，"H"（Hexadecimal）表示十六进制，如 1101B，31D 等。

4. 计算机中为什么要使用二进制

　　虽然二进制并不符合人们的使用习惯，但是在计算机内部，数据的计算和处理都采用二进制，主要原因如下。

　　（1）技术实现简单。计算机是由逻辑电路组成的，逻辑电路通常只有"开"和"关"两种状态，而二进制数只有 0 和 1 两个数码，因此可以很容易地用电子元件的导通和截止来表示这两个数码。

　　（2）可靠性强。二进制数只有两个状态，数字转移和处理不易出错。

　　（3）简化运算。二进制数运算法则简单。

加法：$0 + 0 = 0$　$0 + 1 = 1$　$1 + 0 = 1$　$1 + 1 = 0$（有进位）

减法：$0 - 0 = 0$　$0 - 1 = 1$（有借位）　　$1 - 0 = 1$　$1 - 1 = 0$

乘法：$0 \times 0 = 0$　$0 \times 1 = 0$　$1 \times 0 = 0$　$1 \times 1 = 1$

除法：$0 \div 1 = 0$　$1 \div 1 = 1$

　　（4）适合逻辑运算。二进制数只有 0 和 1 两个数码，恰好可以代表逻辑代数中的"假"和"真"。

! 注 意

　　使用二进制，在书写和叙述有关技术数据时带来了很多不便。如一个十进制的三位数 123，当用二进制表示时要用 7 位数 1111011。因此，计算机用户常用八进制或十六进制来弥补这个缺点。需要强调的是，八进制和十六进制绝不是计算机内部表示数值的方法，仅仅是书写和叙述时采用的一种形式。

1.4.2 不同数制之间的转换

如果有两个有理数相等，则两个数的整数部分和小数部分一定分别相等。因此，数制之间进行转换时，通常需要对整数部分和小数部分分别进行转换。

1. 十进制数、二进制数、八进制数和十六进制数的对应关系（见表1-2）

表1-2 各种进制数码对照表

十进制	二进制	八进制	十六进制	十进制	二进制	八进制	十六进制
0	0	0	0	9	1001	11	9
1	1	1	1	10	1010	12	A
2	10	2	2	11	1011	13	B
3	11	3	3	12	1100	14	C
4	100	4	4	13	1101	15	D
5	101	5	5	14	1110	16	E
6	110	6	6	15	1111	17	F
7	111	7	7	16	10000	20	10
8	1000	10	8	17	10001	21	11

2. 二、八、十六进制数与十进制数之间的转换

（1）二、八、十六进制数转换成十进制数。转换原则："按权展开求和"，即将二进制、八进制、十六进制数按权展开并相加，即可得到相应的十进制数。

【例1-2】 求 $(11010.101)_2 = ($ $)_{10}$，$(107.1)_8 = ($ $)_{10}$，$(2B)_{16} = ($ $)_{10}$

$(11010.101)_2 = 1 \times 2^4 + 1 \times 2^3 + 0 \times 2^2 + 1 \times 2^1 + 0 \times 2^0 + 1 \times 2^{-1} + 0 \times 2^{-2} + 1 \times 2^{-3} = (26.625)_{10}$

$(107.1)_8 = 1 \times 8^2 + 0 \times 8^1 + 7 \times 8^0 + 1 \times 8^{-1} = (71.125)_{10}$

$(2B)_{16} = 2 \times 16^1 + 11 \times 16^0 = (43)_{10}$

（2）十进制数转换成二、八、十六进制数。转换原则：分两部分进行转换，即整数部分和小数部分。

● 整数部分："除基取余倒序"，即用十进制整数反复除以2、8或16，取其余数，至商为0，将所取得余数按相反方向排列。

● 小数部分："乘基取整顺序"，即用十进制小数反复乘以2、8或16，取其整数，至小数为0，将所取得整数按正常方向排列。

【例1-3】 求 $(59.125)_{10} = ($ $)_2$

对于整数部分，采用除2取余法：　　　对于小数部分，采用乘2取整法：

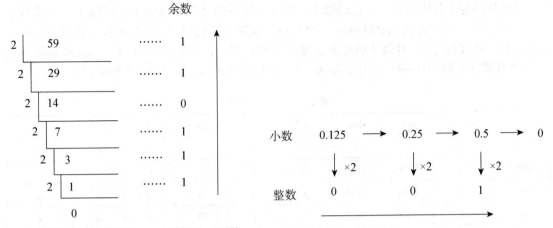

所以：$(59.125)_{10} = (111011.001)_2$

同理，十进制数向八进制数或十六进制数转换时，方法类似，只不过乘以或除以的不再是 2，而是 8 或 16。

3. 二进制数与八进制数或十六进制数之间的转换

（1）二进制数与八进制数之间的转换。转换规则：二进制数转换成八进制数，以小数点为基准，分别向左、右每三位一组划分，将每三位代以八进制数字（前后端不足三位者用零补齐）；反之，八进制数转换成二进制数，每一个八进制数代之以三位二进制数。

【例 1-4】　求 $(11010\ 011.1011)_2 = (\quad)_8$，$(340.56)_8 = (\quad)_2$

$(11010\ 011.1011)_2 = (\underline{0}11\ 010\ 011.101\ 1\underline{00})_2 = (323.54)_8$

$(340.56)_8 = (\underline{0}11\ 100\ 000.101\ 11\underline{0})_2 = (11100000.10111)_2$

（2）二进制数与十六进制数之间的转换。转换规则：二进制数转换成十六进制数，以小数点为基准，分别向左、右每四位一组划分，将每四位代以十六进制数（前后端不足四位者用零补齐）；反之，十六进制数转换成二进制数，每一个十六进制数代之以四位二进制数。

【例 1-5】　求 $(111101010011.10111)_2 = (\quad)_{16}$，$(6BA.C5)_{16} = (\quad)_2$

$(111101010011.10111)_2 = (1111\ 0101\ 0011.1011\ 1\underline{000})_2 = (F53.B8)_{16}$

$(6BA.C5)_{16} = (\underline{0}110\ 1011\ 1010.1100\ 0101)_2 = (11010111010.11000101)_2$

1.4.3　计算机的数据编码

人们使用计算机，主要是通过键盘输入各种命令及数据，与计算机进行交互，但是在计算机中只能识别二进制数字信息，这就需要对符号信息进行编码。人机交互时输入的各种字符由计算机自动转换，以二进制形式存入计算机。所谓数据编码，是指规定用怎样的二进制码来表示字母、数字及符号。

平时使用最多的字符主要有两大类：西文字符和汉字字符。常用的西文字符的编码是 ASCII 码，常用的汉字编码有外码、内码、输出码和交换码。

1. ASCII 码

ASCII 码（American Standard Code for Information Interchange，美国标准信息交换代码）是由美国国家标准学会制定的一种包括数字、字母、通用符号、控制符号在内的字符编码集，是目前微型计算机中使用最普遍的字符编码集。

ASCII 码分 7 位码版本和 8 位码版本，国际上通用的是 7 位码版本，即用 7 位二进制数表示一个字符，表示范围为 0000000 ~ 1111111。实际上我们用一个字节 8 位二进制表示一个 ASCII 码，最高位为 0，其余 7 位二进制编码能表示 128 个字符（$2^7 = 128$），ASCII 码从小到大的排列顺序是数字 0 ~ 9，大写字母 A ~ Z，小写字母 a ~ z，如表 1 - 3 所示。

表 1 - 3　ASCII 码表

	$b_6 b_5 b_4$	000	001	010	011	100	101	110	111
$b_3 b_2 b_1 b_0$	（H）	0	1	2	3	4	5	6	7
0000	0	NUL	DLE	SP	0	@	P	`	p
0001	1	SOH	DC1	!	1	A	Q	a	q
0010	2	STX	DC2	"	2	B	R	b	r
0011	3	ETX	DC3	#	3	C	S	c	s
0100	4	EOT	DC4	$	4	D	T	d	t
0101	5	ENQ	NAK	%	5	E	U	e	u
0110	6	ACK	SYN	&	6	F	V	f	v
0111	7	BEL	ETB	'	7	G	W	g	w
1000	8	BS	CAN	(	8	H	X	h	x
1001	9	HT	EM	)	9	I	Y	i	y
1010	A	LF	SUB	*	:	J	Z	j	z
1011	B	VT	ESC	+	;	K	[	k	{
1100	C	FF	FS	,	<	L	\	l	|
1101	D	CR	GS	—	=	M	]	m	}
1110	E	SO	RS	.	>	N	^	n	~
1111	F	SI	US	/	?	O	_	o	DEL

要确定某个数字、字母或符号的 ASCII 码，可以在 ASCII 码表中先查到它的位置，然后确定它所在位置相应的行和列，再根据行确定低 4 位编码（$b_3 b_2 b_1 b_0$），根据列确定高 4 位编码（$b_6 b_5 b_4$），最后将它们合在一起（$b_6 b_5 b_4 b_3 b_2 b_1 b_0$），就是要查字符的 ASCII 码。如查表得到字母"E"的 ASCII 码为 1000101。同样，也可以由 ASCII 码通过查表得到某个字符。如某字符的 ASCII 码是 1100110，则查表可知，它是小写字母"f"。

! 注　意

　　十进制数字字符的 ASCII 码与它们的二进制数值是不同的。如十进制数 6 的 7 位二进制数是 $(0000110)_2$，而十进制字符"6"的 ASCII 码为 $(0110110)_2$。由此可见，数值 6 与字符"6"在计算机中的表示是不同的。数值 6 可以表示数的大小，并参与数值运算；而数字字符"6"只是一个符号，不能参与数值运算。

ASCII 码常用于输入输出设备，如键盘输入、显示器及打印机输出等。从键盘输入字符信息时，编码电路将字符转换成对应的 ASCII 码输入计算机内，经处理后，再将 ASCII 码表示的数据转换成对应的字符后输出到显示器或打印机上。

2. 汉字编码

汉字也是字符，它与西文字符一样，必须经过编码后转换为二进制的代码才能够被计算机识别。常用的汉字编码有外码、内码、输出码和交换码。

由键盘输入汉字时输入的是汉字的外部码（汉字外码，又称输入码）；而计算机识别汉字时，要把汉字的外部码转换成汉字的内部码（汉字机内码），以便进行处理和存储；为了将汉字以点阵的形式输出，计算机还要将汉字的机内码转换成汉字的字形码（又称汉字输出码），确定汉字的点阵；并且在计算机和其他系统或设备间进行信息、数据交换时，还须采用交换码（国标码）。

（1）外码。由键盘输入汉字时主要是输入汉字的外码，又称输入码。如拼音码、五笔字型码、智能 ABC 码等。

【例 1-6】　用拼音码输入汉字"永"时，它所对应的外码就是"yong"。

（2）内码。内码是在计算机中存储和处理汉字使用的编码。当一个汉字输入到计算机中后就把外码转换为内码，计算机处理汉字，实际上是处理汉字内码。计算机系统中，每个汉字内码通常用两个字节来表示，每个字节最高位为 1，以区别于 ASCII 码。

（3）输出码。将汉字字型经过点阵数字化后形成的一串二进制数，又称字形码。汉字输出码的作用是输出（显示或打印）汉字。

（4）交换码。交换码是计算机与其他系统或设备之间交换信息的汉字代码。目前使用的是国家标准局 1980 年颁布的《信息交换用汉字编码字符集·基本集》，即 GB 2312—1980，简称国标码。国标码 GB 2312—1980 中共收录字符 7 445 个，其中汉字 6 763 个，682 个非汉字图形符号。

在国标码中，每一个汉字或符号都用两个字节表示，每个字节最高位为 0。国标码和内码的关系：将国标码的两个字节中每个字节的最高位置"1"，即为内码。

一个汉字从输入到输出，首先要用外码将汉字输入，其次是用汉字的内码存储并处理汉字，最后为了将汉字以点阵的形式输出，计算机要将内码转换成字形码，将汉字输出。而在计算机和其他系统或设备之间进行数据转换时，必须采用交换码。

!　注　意

> 通常，一个 ASCII 码用 1 个字节表示；一个汉字的国标码用两个字节表示。

◆ 1.5　计算机安全使用

掌握了计算机的安全操作，工作时才会无后顾之忧。

1.5.1　计算机系统维护常识

计算机在使用过程中，常常会因为一些非安全操作而导致使用寿命缩短，甚至会危及人的生命安全。为了使计算机最大限度地发挥作用，用户在平时就应该养成良好的操作习惯，自觉维护和保养计算机。

1. 计算机使用环境

计算机对电源、温度、湿度及周围环境有一定的要求。

（1）对电源的要求。

①要有稳定的电压。一般计算机允许的电压波动范围是 180～230V。若电压不在这个范围内，应使用交流稳压电源。

②工作时不能断电。可以使用 UPS，UPS 是不间断供电系统的简称，可以在停电后继续为计算机供电，还可以在电压波动大的时候保护计算机。

（2）对温度的要求。计算机工作环境的理想温度是 15～35℃。

（3）对湿度的要求。计算机工作环境的理想相对湿度是 20%～80%。

（4）对周围环境的要求。计算机的周围环境应保持清洁，不用时最好用防尘罩盖好，还要经常用中性清洁剂擦拭计算机的各个部分。

（5）防干扰。计算机的工作环境应避免强磁场的干扰。

2. 安全操作与系统维护

对于计算机的安全操作与系统维护工作应当注意做好以下几点。

（1）开关机顺序。

①开机。先打开显示器、打印机等外部设备的电源，再打开主机电源。

②关机。与开机相反。先关闭主机电源，再关闭显示器、打印机等外部设备的电源。

（2）系统维护。

①计算机应经常处于运行状况，避免长期闲置不用。

②不要经常搬动计算机。因为搬动时可能产生振荡，导致主机内的一些设备松动。

③对硬盘中的主要文件和数据要经常备份，以避免出现意外造成不必要的损失。

④及时清除无用的数据，充分有效地利用磁盘空间。不执行来路不明的程序，如使用外来程序，需经过严格检查和测试，确信无病毒后，才允许在系统中运行。

⑤注意通风散热及防尘工作。

⑥显示器不要开得太亮，并应该设置屏幕保护程序。

⑦安装最新杀毒软件，防止病毒攻击。

⑧定期对磁盘进行扫描、磁盘碎片整理、还原修复等，以提高计算机的运行速度。

⑨正常开机与关机，禁止频繁开关机。

1.5.2　计算机病毒

随着计算机及计算机网络的发展，伴随而来的计算机病毒问题越来越引起人们的关注。有些计算机病毒借助网络爆发流行，给广大用户带来极大的损失。所以必须要对计算机病毒引起充分的重视，要时刻注意判断计算机是否中病毒了。

1. 认识计算机病毒

计算机病毒（computer viruses，CV）是一种人为编制的、隐藏在计算机系统中的、能够自我复制并进行传播的、具有破坏性的计算机程序。当计算机病毒程序运行（病毒发作）时，会影响计算机正常运行，甚至可通过网络、移动磁盘、光盘等途径进行传播，使其他计算机系统遭受破坏。

计算机病毒可分为两类：良性病毒和恶性病毒。良性病毒的危害较小，一般不会造成严重破坏。例如，会占用一定的内存和磁盘空间，降低计算机系统的运行速度，干扰显示器的显示等。而恶性病毒会破坏磁盘甚至只读存储器 ROM 芯片里的数据，使计算机系统瘫痪。

2. 计算机病毒的特点

计算机病毒一般具有以下特点。

（1）隐蔽性。病毒程序的代码短小，隐藏在合法程序中，不容易被发现。

（2）潜伏性。计算机系统感染病毒后，一般不会立刻发作，而是进行传播和扩散，可能潜伏几天或者几个月才发作，用户如果不注意，可能会带来很大的危害。

（3）传染性。传染性是所有病毒都具有的共同特性。病毒的传染方式多，传播速度快，一两天内就可能通过网络传遍全球。

（4）可激发性。激发病毒的条件很多，可能是系统内部时钟、系统的日期和用户名、网络中的一次通信等。例如，历史上著名的"黑色星期五"病毒就必须在满足既是星期五又是 13 号这两个条件下才发作。

（5）破坏性。任何病毒只要侵入系统，都会对计算机的软硬件造成不同程度的破坏。轻者占用系统资源，影响工作效率，重者破坏计算机数据、系统甚至硬件。

3. 计算机感染病毒后的症状

当计算机有下述一种或几种状况出现时，计算机就可能感染了病毒，需要进一步确诊。

（1）系统异常。系统不认硬盘，或不能启动系统；计算机启动速度很慢，经常无故死机或重新启动；系统运行速度明显减慢；内存空间变小等。

（2）显示异常。屏幕出现一些异常的显示画面（如字符脱落、雪花、亮点移动等）或问候语等。

（3）扬声器异常。机箱的扬声器发出尖叫声、蜂鸣声或非正常奏乐等。

（4）存储异常。磁盘卷标自动改变；出现固定的坏扇区；可用磁盘空间变小；文件长度发生变化，可执行文件无法运行等。

（5）打印异常。打印机不能打印；打印速度明显降低；打印时出现乱码等。

（6）与因特网的连接异常。网络连接异常；收到来历不明的电子邮件；自动链接到陌生网站；自动发送电子邮件等。

除了用这些直观的方法去判断计算机是否感染病毒外，最好的方法还是使用查杀病毒软件来检测和消除病毒。现在杀毒软件非常多，一些著名的杀毒软件包括金山毒霸（Kingsoft Anti-Virus）、瑞星（Rasing Anti-Virus）、KV3000（Kill-Virus）、卡巴斯基（Kaspersky Anti-Virus）、诺顿（Norton Anti-Virus）、赛门铁克（Symantec Anti-Virus）、360 杀毒、360 安全卫士等。

4. 计算机病毒的防治

抵抗计算机病毒的最好方法是预防为主，防止计算机病毒进入计算机比中毒之后去杀毒要好得多。

（1）防毒措施。

①经常对重要的信息和文件备份，为受病毒破坏后的数据恢复做准备。

②不使用来历不明的软件、磁盘和光盘及网上程序或文件。

③不打开不明的网站。

④不打开陌生的带有附件的电子邮件。

⑤安装杀毒软件并及时更新。

⑥定期使用杀毒软件检查磁盘和文件。

⑦在使用外来的文件和程序时，先查毒、后使用。

（2）杀毒措施。在计算机网络中发现有病毒感染了计算机时，应当设法找出染毒计算机并使计算机脱离网络，以防扩大传染范围，等杀完病毒后再连入网络。

对病毒的清除一般使用杀毒软件来进行。杀毒软件的作用原理与病毒的作用原理正好相反，它可以同时清除多种病毒，但要注意，有时杀毒软件可能对计算机中的正常数据有影响，所以杀毒前应先备份重要数据。有些网络病毒单纯用杀毒软件还无法全部清除，需要同时采用手工删除文件和修改注册表等方法才能完全清除。

◆ 1.6 理论习题

一、单选题

1. 冯·诺依曼计算机的设计思想的要点是（　　）。

A. 程序设计　　　　B. 算法设计　　　　C. 数制转换　　　　D. 程序存储

2. 按计算机的应用领域来划分，专家系统属于（　　）。

A. 人工智能　　　　B. 数据处理　　　　C. 辅助设计　　　　D. 实时控制

3. 办公自动化是计算机的一项应用，按计算机应用的分类，它属于（　　）。

A. 科学计算　　　　B. 实时控制　　　　C. 数据处理　　　　D. 辅助设计

4. 在微型计算机中，控制器的基本功能是（　　）。

A. 存储各种控制信息　　　　　　　　B. 保持各种控制状态

C. 实现算术运算和逻辑运算　　　　　D. 控制机器各个部件协调一致地工作

5. 微型机中央处理器的组成是（　　）。

A. 运算器和控制器　　B. 累加器和控制器　　C. 运算器和寄存器　　D. 寄存器和控制器

6. 英文缩写 RAM 的中文含义是（　　）。

A. 软盘存储器　　　　B. 硬盘存储器　　　　C. 随机存储器　　　　D. 只读存储器

7. 在计算机中，正在运行的程序存放在（　　）。

A. 内存　　　　B. 软盘　　　　C. 光盘　　　　D. 优盘（U 盘）

8. 在下列存储器中，访问速度最快的是（　　）。

A. 硬盘　　　　B. 软盘　　　　C. 随机存储器　　　　D. 光盘

9. 下列叙述正确的是（　　）。

A. 存储器的容量以字节为单位　　　　B. 一个存储单元只能存放一个二进制位

C. 字节用 "bit" 表示　　　　　　　　　　D. 一个二进制位用 "Byte" 表示

10. 目前微型计算机硬盘的存储容量多以 GB 计算，1GB 可以换算为（　　　）。

A. 1 000KB　　　　B. 1 000MB　　　　C. 1 024KB　　　　D. 1 024MB

11. 下列四种设备中，属于计算机输入设备的是（　　　）。

A. UPS　　　　　　B. 服务器　　　　　C. 绘图仪　　　　　D. 鼠标

12. 在以下各项中，均为计算机硬件的是（　　　）。

A. 鼠标、Windows 和 ROM　　　　　　B. ROM、RAM 和 DOS

C. RAM、DOS 和 CPU　　　　　　　　D. 硬盘、U 盘和 CD – ROM

13. 通常所谓的 "主机"，是指微型计算机的（　　　）。

A. 中央处理器、内存和外存　　　　　　B. 中央处理器和内存

C. 安装在主机箱内的全部硬件　　　　　D. 安装在主板上的全部器件

14. 计算机硬件系统一般包括外部设备和（　　　）。

A. 主机　　　　　　B. 存储器　　　　　C. 中央处理器　　　D. 运算器和控制器

15. 下列不属于系统软件的是（　　　）。

A. 汇编程序　　　　　　　　　　　　　B. 电子表格处理软件

C. 解释程序　　　　　　　　　　　　　D. 编译程序

16. 计算机能直接执行的是（　　　）。

A. 高级语言编写的程序　　　　　　　　B. 机器语言编写的程序

C. 数据库语言编写的程序　　　　　　　D. 汇编语言编写的程序

17. 火车票售票系统程序属于（　　　）。

A. 工具软件　　　　B. 应用软件　　　　C. 系统软件　　　　D. 文字处理软件

18. 微型计算机的主频是衡量计算机性能的重要指标，它是指（　　　）。

A. 运算速度　　　　B. 数据传输速度　　C. 存取周期　　　　D. CPU 时钟频率

19. 二进制数 10111101 等于十进制数（　　　）。

A. 187　　　　　　B. 189　　　　　　C. 191　　　　　　D. 193

20. 二进制数 01010101 等于十进制数（　　　）。

A. 85　　　　　　B. 87　　　　　　　C. 89　　　　　　　D. 91

21. 十进制数 121 转换成二进制数是（　　　）。

A. 1111000　　　　B. 1111001　　　　C. 1111010　　　　D. 1111011

22. 与十进制数 254D 等值的二进制数是（　　　）。

A. 11111110B　　　B. 11101111B　　　C. 11101111B　　　D. 11101110B

23. 十进制数 111 等于二进制数（　　　）。

A. 10110111　　　　B. 10110011　　　　C. 01101111　　　　D. 01100111

24. 计算机内部指令的编码形式都是（　　　）。

A. 二进制编码　　　B. 八进制编码　　　C. 十进制编码　　　D. 十六进制编码

25. 英文字母 B 的 ASCII 码值存放在计算机内占用的二进制位的个数是（　　　）。

A. 1　　　　　　　B. 2　　　　　　　C. 4　　　　　　　D. 8

26. 用拼音输入法输入 "北京奥运" 四个汉字，它们的内码占用的存储空间为（　　　）。

A. 2 个字节　　　　B. 4 个字节　　　　C. 6 个字节　　　　D. 8 个字节

27. 下列选项中，不包含汉字编码的是（   ）。

Λ. GB 2312　　　　　B. UCS　　　　　C. ASCII　　　　　D. GB 18030

28. 为了防止计算机硬件的突然故障或病毒入侵对数据的破坏，对于重要的数据文件和工作资料在每天工作结束后通常应（   ）。

A. 直接保存在硬盘之中　　　　　　　B. 用专用设备备份

C. 打印出来　　　　　　　　　　　　D. 压缩后存储到硬盘

29. 下列叙述正确的是（   ）。

A. 经常运行的计算机程序会自动产生计算机病毒

B. 计算机病毒会传染到计算机的使用者

C. 计算机病毒可以把自身复制到计算机的硬盘

D. 计算机病毒不会将自身复制到内存

30. 下列叙述中不正确的是（   ）。

A. 计算机病毒有传染性　　　　　　　B. 计算机病毒有隐蔽性

C. 计算机病毒会影响人的健康　　　　D. 计算机病毒能自我复制

二、填空题

1. 第一代电子计算机主要采用的电子元器件是_____。

2. 自 1946 年世界上第一台计算机诞生以来，电子计算机的发展经历了四个阶段，各阶段的计算机所采用的电子元器件分别是电子管、_____、集成电路和_____。

3. CAD，即_____。

4. 计算机系统由_____系统和_____系统两大部分组成。

5. 计算机由运算器、_____、_____、_____和_____五大部分组成。

6. _____和控制器是计算机中的核心部件，这两部分全称为中央处理单元。

7. 存储器分为主存储器和_____。

8. 计算机的主存储器按照工作方式分为_____存储器和只读存储器。

9. 计算机中的数据是以_____为单位存储在磁盘中的。

10. _____是计算机中表示信息的数据编码中的最小单位。

11. 在描述计算机存储容量时，1TB 等于_____GB。

12. 在微型计算机中，若内存的容量是 512MB，它等于_____GB。

13. 计算机能够直接执行的计算机语言是_____。

14. 在微型计算机中，通过_____将 CPU 和内存及 I/O 设备连接在一起。

15. 主频也称_____，是决定计算机速度的重要指标之一。

16. 习惯上把：B（二进制数），O（八进制数），D（十进制数），_____（十六制数）。

17. 十六进制数 1000 转换成十进制数是_____。

18. 在微型计算机中，应用最普遍的英文字符的编码是_____。

19. GB 2312 规定每个汉字用两个字节表示，每个字节的最高位为_____，其余 7 位用于表示汉字信息。

20. 目前，计算机病毒主要传播途径是通过外存储器和_____。

三、思考题

1. 计算机的发展经历了四个阶段。请写出每个阶段的名称。
2. 计算机系统的五大基本部件是什么？
3. 简述计算机的系统组成。
4. 在微型计算机系统中，地址总线、数据总线和控制总线各起什么作用？
5. 微型计算机的主要性能指标是什么？
6. 如果自己组装一个台式微型计算机，必须选购的计算机组件有哪些？
7. 查看并记录你所使用计算机的 C 盘的总容量及可用空间大小。
8. 简述计算机内部采用二进制的 4 个主要理由。
9. 简述计算机感染病毒后的主要症状。
10. 简述计算机的主要防病毒措施。

第 2 章

计算机基本操作

知 识 点 导 读

◆ 基础知识
　　鼠标的操作
　　指法训练要点
◆ 重点知识
　　键盘的操作
　　中、英文输入法

◆ 2.1 鼠标和键盘的基本操作

在日常的工作中，正确使用和维护计算机，实际上是在保护自己的劳动成果。只有养成良好的使用和维护计算机的习惯，才不会因为这样那样的计算机故障而浪费宝贵的时间，甚至使已经完成的工作或数据丢失。多注意计算机的软硬件维护，不但可以尽量地延长计算机的使用寿命，最主要的是能让计算机工作在正常状态，能让它更好地为我们服务。

2.1.1 鼠标的基本操作

鼠标是微型计算机最基本的输入设备，使用鼠标可以使计算机的操作更加简便。

1. 认识鼠标

常见的鼠标有两键的、三键的，这里以两键的鼠标为例，左边的键称为左键，右边的键称为右键。左键一般用来选定某个对象，有单击、双击和三击的操作，右键单击时弹出某些快捷菜单，以加快操作速度。

2. 正确握住鼠标

手握得不要太紧，就像把手放在自己的膝盖上一样，使鼠标的后半部分恰好在手掌下，食指和中指分别轻放在鼠标左右按键上，拇指和无名指轻夹两侧。

3. 鼠标基本操作

鼠标的基本操作有移动、单击、双击、右击、拖动等。

（1）移动鼠标。移动鼠标，使鼠标指针移到指定位置。

（2）单击（左键）。将鼠标指针移到需要操作的对象上，按一下左键后，立即松开。通过单击可选择某一个对象或是执行某一个菜单命令。如果没有特别说明，单击就表示按一下左键。

（3）双击。将鼠标指针移到需要操作的对象上，快速连续地按两下左键后，立即松开。通过双击可启动一个应用程序或是打开一个文件或文件夹。

（4）右击（用右键单击）。鼠标指向某个对象后，快速地按下右键并立即松开。通过右击可以打开某个对象的快捷菜单。如果没有特别说明，右击就表示按一下右键。

（5）拖动。将鼠标指针移到需要操作的对象上，按住左键，移动到目标位置（鼠标指针及对象跟着移动）后再松开。通过拖动可用来选择文件块、移动或复制对象等。

4. 鼠标指针形状及含义

鼠标在屏幕的不同位置、进行不同的操作时形状会发生改变。指针形状不同，代表的含义也不同。可以通过控制面板来查看鼠标指针的各种形状，"控制面板"知识点将在本书第3 章中介绍。

常见鼠标指针形状及含义如表 2 - 1 所示。

表 2 - 1　常见鼠标指针形状及含义

指针	功能	指针	功能
↖	正常选择	↕	垂直调整
↖?	帮助选择	↔	水平调整
↖▨	后台运行	↘	沿对角线调整
⌛	忙	✛	移动
✛	精确定位	↑	候选
I	选定文本	🖑	超链接
✎	手写	🚫	不可用

2.1.2　键盘的基本操作

和鼠标一样，键盘也是微型计算机最基本的输入设备，可实现多种数据的输入。

1. 常用键盘布局

标准键盘一般分为四个操作区：分别是主键盘区（又称打字键区）、功能键区、编辑键区（又称控制键区）和数字键盘区（又称小键盘区）。键盘布局如图 2 - 1 所示。

图 2 - 1　键盘布局图

（1）主键盘区。主键盘区是平时最常用的键区，主要包括字母键、数字键和符号键。通过它，可实现各种文字和控制信息的录入。其中 Ctrl 键、Alt 键和 Shift 键往往又与其他键结合使用（又称组合键），以完成特定的功能。如 Ctrl + Alt + Del 组合键，意思是三键同时按下才起作用。

（2）功能键区。包括 F1 ~ F12 共 12 个功能键，有的键盘可能有 14 个功能键。它们最大的特点是按下即可完成一定的功能，其功能随使用软件的不同而发生变化。如 F1 键往往被设成所运行程序的帮助键。

（3）编辑键区。顾名思义，编辑键区的键是起编辑控制作用的，如文字的插入、删除，上下左右移动及翻页等。

（4）数字键盘区。数字键盘区的键其实和主键盘区的某些键是重复的，主要是为了方便集中输入数字。因为主键盘区的数字键一字排开，在大量输入数字时很不方便，而数字键盘区可以很好地解决这个问题。该区的某些键具有数字键和光标键的双重功能。当按下Num Lock键时，其上部相应的指示灯会发亮，此时小键盘处于数字输入状态；当再次按下 Num Lock 键时，其上部相应的指示灯会熄灭，此时小键盘上的键就会起到光标控制/编辑键的作用。

2. 常用键位的功能

（1）主键盘区。

● Tab 键：又称制表定位键。按下该键一次光标向右移动若干字符位置。

● CapsLock 键：又称大写字母锁定键。按下这个键可以使 CapsLock 指示灯亮起，此时输入的英文字母都是大写的，再按一下该键，CapsLock 指示灯熄灭，此时输入的英文字母都处于小写状态。

● Shift 键：又称换档键。按住这个键可以输入与当前大小写状态相反的英文字母及上档字符。

● Backspace 键：又称退格键。每按一次，删除光标左边的一个字符或文字。

● Enter 键：又称回车键。通常在输入一个命令后，按下该键表示输入完毕，开始执行命令；在字处理软件中，按下该键表示一行或一段的结束。

● Ctrl 和 Alt 键：又称控制键，在不同的软件中起不同的作用，一般都与其他键位组合使用。

● Space 键：又称空格键。每按一次，在当前的位置上输入一个空格。

● Windows 键田或 Ctrl + Esc 键：打开【开始】菜单。

（2）功能键区。

● Esc：取消或退出。

● F1 ：启动帮助。

● F2 ：重命名。

● F5 ：刷新。

（3）编辑键区。

● Print Screen 键：又称屏幕打印键。按下该键，可将当前屏幕上的内容复制到剪贴板；若按下 Alt + Print Screen 键，可将当前活动窗口的内容复制到剪贴板。

● Pause Break 键：又称暂停键。按下该键，暂停计算机工作的执行；再按一次，恢复执行。

● Insert 或 Ins 键：又称插入键。按下该键，处于插入状态，可以在两个文字或字符中间插入其他内容；再按一次，处于改写状态，此时输入字符或文字，会将其后的内容覆盖。

● Delete 或 Del 键：又称删除键。删除被选择的项目或当前光标右边的文字。如果是文件，将被放入回收站。

● Page Up 和 Page Down 键：又称翻页键。按下该键，可以显示上一屏或下一屏的内容。

● Home 或 End 键：按下该键，可将光标移到行头或行尾。

● ↑：光标上移；↓：光标下移；←：光标左移；→：光标右移。

（4）数字键盘区。

Num Lock：数字键盘锁定键（灯亮）。

3. 组合键操作

在 Windows XP 系统中有很多组合键，利用这些组合键可以方便地执行一些常用的命令，从而省去了很多的菜单操作。组合键又称快捷键，是指在按住某键的同时再按其他键，以实现一些特定的功能。常用的就是 Ctrl + 其他键，Alt + 其他键，Shift + 其他键。

● Windows 键或 Ctrl + Esc 键：打开【开始】菜单。

● Ctrl + Alt + Delete 键：在开机时解锁，或用来打开【任务管理器】窗口，结束某些没有响应的任务。

● Ctrl + Shift：在各种输入法之间进行切换。

● Ctrl + Space（空格键）：在中英文输入法之间进行切换。

● Ctrl + .（句号键）：在中英文标点符号之间进行切换。

● Ctrl + C：复制被选择的项目到剪贴板。

● Ctrl + V：粘贴剪贴板中的内容到当前位置。

● Ctrl + X：剪切被选择的项目到剪贴板。

● Ctrl + S：保存当前文档。

● Ctrl + O：打开文档。

● Ctrl + P：打印当前文档。

● Ctrl + Z：撤销上一步的操作。

● Alt + F4：关闭当前应用程序。

● Alt + Tab：在应用程序之间进行切换。

● Alt + Space：打开当前程序窗口的控制菜单。

● Shift + Space：全角和半角的切换。

● Shift + Delete：删除被选择的项目。如果是文件，将被直接删除而不是放入回收站。

● Alt + Print Screen：复制当前窗口或是对话框。如果只按下 Print Screen 键，则复制整个屏幕。

2.2　指法训练

练习打字时，可以先从基准键位开始练起。基准键是打字时手指所处的基准位置，击打任何其他键，手指都从这里出发，击打完后要立即退回基准键位。

2.2.1　基准键位

左手从小指到食指依次放在主键盘区的"ASDF"键上，右手从食指到小指依次放在"JKL；"键上，双手大拇指放在空格键上。键盘的 F 键和 J 键称为定位键（键上有一凸起的小横杠），用于指定双手食指的位置，以便于盲打时手指能通过触觉定位。基准键位如图 2 - 2 所示。

图 2 - 2　基准键位图

2.2.2　手指分工

掌握了基准键及其指法，就可以进一步掌握主键盘区的其他键位了。主键盘区的手指分工如图 2 - 3 所示。

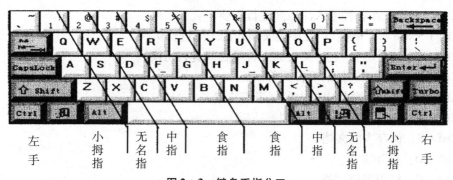

图 2 - 3　键盘手指分工

2.2.3　指法训练要点

按照以下训练要点，从基准键位开始，循序渐进地练习指法。只有姿势正确，才不致引起疲劳和错误。

1. 坐姿

操作者平坐在椅子上，正对计算机键盘，上身坐直，微前倾，双脚自然踏地，椅子高度适中，使双手自然触到最上一行键。

2. 手臂、肘、腕

双臂自然放松，大臂与肘微靠近身躯，小臂与腕略向下倾，手腕不要压住键盘。

3. 手指

手掌与键盘平行，手指略弯，自然下垂，轻放于基准键位，如图 2 - 4 所示。

图2-4　键盘指法

4. 眼睛

双眼专注原稿，尽量不看键盘，不分神，即一定要学会盲打。

5. 击键

用指尖轻快地敲击每一个键。按手指分工击键后，手指要迅速回到基准键位上。

6. 打字要领

打字姿势端正，各手指必须分工明确，击键后要立即回到基准键位，要实现盲打。

！注　意

初学者因记不住键位，往往忍不住要看键盘打字，一定要避免这种情况。实在记不住，可先看一下键盘，然后移开视线，再按指法要求输入。只有这样，才能逐渐做到凭手感而不是凭记忆去体会每一个键的准确位置。

2.3　常用中文输入法

输入汉字的方法主要有键盘输入、手写输入、语音输入、扫描输入和混合输入等。Windows XP 提供了多种语言的键盘输入方法，包括中文输入法。目前较流行的中文输入法有智能ABC 输入法、搜狗拼音输入法和五笔字型输入法等。用户可以下载汉字输入法练习软件进行汉字输入练习，常用的汉字输入法练习软件有金山打字通、打字高手、五笔打字通、Ccit 等。

2.3.1　选用中文输入法

为了在记事本、Word 或其他应用程序中输入中文，要先选用系统已安装的各种中文输入法。有三种选用方法。

（1）单击屏幕底部任务栏右侧的输入法指示器图标▦，显示如图2-5 所示的输入法菜单，单击想要选用的输入法。

（2）按 Ctrl + Space（空格）键，在中文输入法与英文输入法之间切换。

（3）按 Ctrl + Shift 键，在各种输入法之间切换。

2.3.2　中文输入法的状态栏

选定中文输入法之后，屏幕上会出现一个与之相应的中文输入法状态栏。以搜狗拼音输入法为例，如图2-6 所示。

图 2－5　选择输入法

图 2－6　输入法状态栏

- 输入法显示框 $\boxed{S}$：显示当前所选用的输入法名称。

- 中/英文切换按钮 **中**：单击此按钮或按 Caps Lock 键，图标变为 **英**，此时可以输入英文字母。

- 全角/半角切换按钮 ：单击此按钮或按 Shift + Space 组合键，可以在全角/半角之间进行切换。 表示半角， 表示全角。全角和半角对汉字没有影响，对非汉字字符（如英文、数字、标点符号等）有影响。

- 中/英文标点切换按钮 ：单击此按钮或按 Ctrl + .（句点）组合键，可以在中文和英文标点之间进行切换。 表示中文标点状态， 表示英文标点状态。

- 软键盘 ：通常使用软键盘输入标点符号、数字序号、数学符号、制表符和特殊符号等。右击可以出现如图 2 － 7 所示的选项供用户选择。再次单击该按钮，会隐藏软键盘。

1	PC 键盘	asdfghjkl:
2	希腊字母	α β γ δ ε
3	俄文字母	а б в г д
4	注音符号	ㄅㄆㄍㄐㄧ
5	拼音字母	ǎ ā ě è ǒ
6	日文平假名	あ い う え お
7	日文片假名	ア イ ウ ヴ エ
8	标点符号	『 』 々 · 】
9	数字序号	Ⅰ Ⅱ Ⅲ ⑴ ①
0	数学符号	± × ÷ Σ √
A	制表符	┐ ┼ ┠ ┿
B	中文数字	壹贰千万兆
C	特殊符号	▲ ☆ ◆ □ →

关闭软键盘 (L)

图 2 － 7　软键盘

2.3.3　中文输入法的添加与删除

Windows XP 操作系统在安装时，已经安装了几种默认的输入法。用户在使用时可按自己的需要进行添加。

1. 添加输入法

（1）选择【开始】|【设置】|【控制面板】命令，打开【控制面板】窗口。

（2）双击【控制面板】窗口中的【区域和语言选项】图标，出现【区域和语言选项】对话框，如图 2-8 所示。

（3）单击【语言】选项卡中的【详细信息】按钮，弹出如图 2-9 所示的【文字服务和输入语言】对话框。

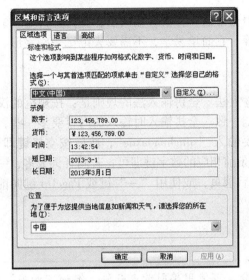

图 2-8 【区域和语言选项】对话框   图 2-9 【文字服务和输入语言】对话框

（4）单击【添加】按钮，出现如图 2-10 所示的【添加输入语言】对话框。

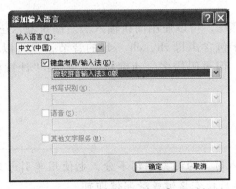

图 2-10 【添加输入语言】对话框

（5）在【键盘布局/输入法】下拉列表中选择要安装的输入法。

（6）单击【确定】按钮。

 小技巧

可以右击任务栏上的输入法图标，从快捷菜单中选择【设置】命令，也能打开如图 2-9 所示的【文字服务与输入语言】对话框。

2. 删除输入法

删除输入法的操作很简单，在图 2 - 9 所示的对话框中，选中要删除的输入法，再单击【删除】按钮即可。

2.3.4 智能 ABC 输入法

智能 ABC 输入法是中文 Windows XP 系统中自带的一种拼音输入法，支持全拼输入、简拼输入、混拼输入、音形混合输入和双打输入等。它简单易学，不需要去记忆一些字形、拆字规则，只要会说普通话，就可以轻松上手。

1. 全拼输入

如果对汉语拼音比较熟练，可以使用全拼输入法。全拼输入法的规则是：按规范的汉语拼音输入，输入过程和书写汉语拼音的过程完全一致。全拼输入时输入的内容要多一些，但重码少，速度比较快。例如"清华大学"，需要输入"qinghuadaxue"，然后按空格键即可。如果输入的词有同音的情况，只需按下需要的词条前相应的数字键即可；若同音词太多，一页显示不完，可以使用"="键或 PageDown 键向后翻页，或使用"-"键或 PageUp 键向前翻页，再使用数字键进行选择。

💡 小技巧

> 在用全拼输入法输入时，为避免字词不分，可使用单引号来分隔。例如"西安"，全拼输入为"xi'an"，然后按空格键或数字键即可。

2. 简拼输入

如果对汉语拼音不太熟练，可以使用简拼输入法。简拼输入法的规则是：取各个音节的第一个字母组成词语，对于包含声母 zh、ch、sh 的音节，也可以取前两个字母输入。简拼输入法虽然输入的内容少，但重码较多，速度较慢。例如"计算机"，全拼输入为"jisuanji"，简拼输入为"jsj"。

💡 小技巧

> 在用简拼输入法输入时，为避免字词不分，也使用单引号来分隔。例如"愕然"，简拼输入为"e'r"，然后按空格键或数字键即可。

3. 混拼输入

混拼输入是汉语拼音开放式的输入方法。其规则为两个音节以上的词语，有的音节全拼，有的音节简拼。例如"金沙江"，全拼输入为"jinshajiang"，混拼输入为"jinsj"或"jshaj"。

💡 小技巧

> 在混拼输入时，为避免字词不分，也使用单引号来分隔。例如"历年"，混拼输入为"li'n"，然后按相应的数字键即可。

! 注　意

> 　　用智能 ABC 输入法输入的句子，计算机系统会自动记忆该句子，下次再录入该句子时，输入该句子编码后，按 Enter 键，提示行中即可出现该句子。

【例2－1】　使用智能 ABC 输入法输入多字词组"中国人民解放军"，其输入步骤如下。

（1）打开记事本：选择【开始】|【程序】|【附件】|【记事本】命令。

（2）将输入法切换至智能 ABC 输入法。

（3）输入多字词组"中国人民解放军"中每个汉字的第一个拼音字母，即"zgrmjfj"（输入的字母必须为小写字母）。

（4）输入完成后，按空格键或 Enter 键（如果确定输入的多个汉字是词组，按空格键即可显示出整个词组）屏幕上即会显示一个提示面板，如图2－11（a）和图2－11（b）所示。

　　（a）按 Enter 键后出现的提示面板　　　　　　　　　（b）按空格键后出现的提示面板

图2－11　提示面板

（5）需要输入的词组汉字都出现后，按下空格键或 Enter 键屏幕即可显示输入该词组。

【例2－2】　使用智能 ABC 输入法输入句子"今天天气很好"，其输入步骤如下。

（1）打开记事本：选择【开始】|【程序】|【附件】|【记事本】命令。

（2）将输入法切换至智能 ABC 输入法。

（3）输入句子"今天天气很好"中每个汉字的第一个拼音字母，即"jttqhh"（输入的字母必须为小写字母）。

（4）编码输入完成后，按下空格键，此时整个句子都显示在提示行中，表示以前用智能 ABC 输入法输入过该句子。

（5）再次按空格键即可。

! 注　意

> 　　目前，搜狗拼音输入法和智能 ABC 输入法都很容易上手，会拼音就会打字。整体来讲搜狗，更适合平时聊天使用，因为它的词库比较大，包含比较流行的话题和词汇。但是要注意的是，使用之前应先下载"搜狗拼音输入法"软件，然后双击"搜狗拼音输入法"安装程序，按照向导提示进行安装，安装完成后才可使用。

2.3.5 五笔字型输入法

五笔字型输入法是一种典型的形码输入法，它是按照汉字的字形（笔画、部首）进行编码的，重码率低，输入速度快。五笔字型输入法将汉字划分为三个层次：笔画、字根、单字。

汉字起源于象形文字，经过创建、传达、演变和抽象才形成了现在的汉字。在书写汉字时有许多不间断连续书写的线条，称为汉字的笔画。笔画自身可以成为简单的汉字，由若干笔画复合交叉形成的相对不变的结构称为字根；字根按一定的位置关系组合，从而形成众多的汉字。字根是构成汉字的最基本的单位。

1. 汉字笔画

五笔字型输入法将笔画归类为五种：横（一）、竖（丨）、撇（丿）、捺（丶）、折（乙），分别用代码1、2、3、4、5表示，如表2-2所示。

表2-2　汉字的五种笔画

代码	笔画名称	基本笔画	笔画走向	笔画变形
1	横	一	左→右	提
2	竖	丨	上→下	竖左勾
3	撇	丿	右上→左下	横撇、竖撇
4	捺	丶	左上→右下	点
5	折	乙	带转折	带拐弯的笔画

2. 汉字书写顺序

在书写汉字时，应该按照如下规则：先左后右，先上后下，先横后竖，先内后外，先中间后两边，先进门后关门等。

3. 字根

五笔字型输入法将汉字的偏旁部首归类、重组为130个基本字根及一些基本字根的变形，共200个左右字根，众多的汉字全部由它们组合而成。例如，"明"字由"日""月"组成，"吕"字由两个"口"组成；在这些基本字根中有些字根本身就是一个完整的汉字，如"日""月"等。

字根按起笔的笔画：横（一）、竖（丨）、撇（丿）、捺（丶）、折（乙）划分为五大类，称为区（分别用1、2、3、4、5表示）。每一区又分为五个小组，称为位（分别用1、2、3、4、5表示）。这25个小组的字根（区位编号分别是11～55）分布在25个英文字母键上（Z除外，Z为万能键），如图2-12所示。

4. 汉字的部位结构

基本字根按一定的方式组成汉字，在组字时这些字根之间的位置关系就是汉字的部位结构。

- 单体结构：由基本字根独立组成的汉字，如"目""日""田"等。
- 左右结构：由左右两部分或左、中、右3部分组成，如"引""彻""猴"等。

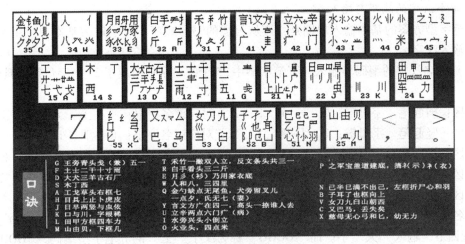

图 2-12　五笔字型字根图

- 上下结构：由上下两部分或自上向下几部分组成，如"吴""党""意"等。
- 内外结构：汉字由内外两部分组成，如"国""建""句"等。

5. 汉字的字形信息

五笔字型输入法将汉字划分为三种字形：左右型、上下型和杂合型，分别用代码 1、2、3 表示。

- 左右型：组成汉字的字根是按从左至右的顺序排列的，如"相""明""树"等。
- 上下型：组成汉字的字根是按从上至下的顺序排列的，如"吴""贡""字"等。
- 杂合型：组成汉字的字根之间存在着相交、相连或包围、半包围的关系，包括单体和内外结构的汉字，如"国""建""申"等。

6. 字根的四种关系

五笔字型输入法认为汉字是由字根组合而成的，因此在输入汉字时，把一个汉字拆分成若干个字根依次输入。组成汉字的字根之间的关系分为单、散、连、交四种。

- 单：构成汉字的字根只有一个，如"口""士""早"等。
- 散：构成汉字的字根不止一个，且字根与字根之间有距离，如"如""只""吕"等。
- 连：包括两种，一种是一个字根与一个单笔画相连，如"自""千""夭"等；另一种是一个字根之前或之后有一孤立点（称为带点结构），如"术""太""勺""主""义""头""斗"等。
- 交：构成汉字的字根之间是交叉重叠的。如"果"字，由两个字根"日"和"木"交叉构成。

汉字仅由一个字根构成时，无须划分字形；构成汉字的字根之间是"散"的关系时，可分为左右型或上下型；构成汉字的字根之间是"连"或"交"的关系时，一般视为杂合型。关于汉字的字形，有如下规定。

（1）凡单笔画与字根相连的，或带点结构的，视为杂合型。

（2）按照"能散不连"的原则，"矢""卡""严"等，视为上下型，而不视为杂合型。

（3）内外型的汉字，一律视为杂合型，如"国""闻""包""区"等。

（4）带有"辶"或"廴"的汉字，一律视为杂合型。

7. 单个汉字的编码与输入

五笔字型方案的基本输入规则是：遵从习惯的书写顺序，以字根为基本单位组字编码，按字形输入汉字。

（1）键名汉字的编码与输入。五笔字型中25个键名字根对应于25个字母键，具体如下所示：

一区：横起笔　字母键：G　F　D　S　A　对应键名字根：王　土　大　木　工

二区：竖起笔　字母键：H　J　K　L　M　对应键名字根：目　日　口　田　山

三区：撇起笔　字母键：T　R　E　W　Q　对应键名字根：禾　白　月　人　金

四区：捺起笔　字母键：Y　U　I　O　P　对应键名字根：言　立　水　火　之

五区：折起笔　字母键：N　B　V　C　X　对应键名字根：已　子　女　又　纟

键名汉字的输入，连按对应字母键四下。如连击"G"键四下，输入"王"字；连击"O"键四下，输入"火"字。而"GGGG"称为汉字"王"的五笔字型编码，"OOOO"称为汉字"火"的五笔字型编码。

（2）成字字根的编码和输入。在五笔字型的字根键盘上，除了25个键名字根外，还有一些字根本身也是汉字，称为"成字字根"。

成字字根的编码方法是：键名代码+首笔画代码+次笔画代码+末笔画代码。键名代码即成字字根所在键位的键名字母（称为报户口）。如果一个成字字根汉字仅有两个笔画，以空格补足四码。编码实例如表2-3所示。

表2-3　成字字根的编码实例

成字字根	所在键	首笔画	次笔画	末笔画	编　码
士	F	一	｜	一	FGHG
丁	S	一	｜		SGH 空格
手	R	丿	一	｜	RTGH
早	J	｜	乙	｜	JHNH

（3）键外字的编码和输入。除键名字根和成字字根外，其他汉字均由字根拼合而成，称为合体字或称键外字。

对含有四个以上字根的键外字，依次取第一、二、三、末字根的代码构成此汉字的编码。这里的第一、二、三、末是指按正常的汉字书写顺序（即先左后右、先上后下、先外后内）来确定的。编码实例如表2-4所示。

表2-4　键外字的编码实例

汉　字	第一字根	第二字根	第三字根	末字根	编　码
型	一	艹	刂	土	GAJF
输	车	人	一	刂	LWGJ
紧	刂	又	幺	小	JCXI

汉　字	第一字根	第二字根	第三字根	末字根	编　码
微	彳	山	一	夂	TMGT
器	口	口	犬	口	KKDK

（4）末笔字形交叉识别码。不足四个字根的键外字的编码由各字根的代码和末笔字形交叉识别码构成。加上末笔字型交叉识别码后，还不足四码，用空格补足四码。

末笔字形交叉识别码由末笔画代码和字形代码两个信息确定，末笔画代码为区码，字形代码为位码，构成的两位数就是该汉字的末笔交叉识别码的区位号。末笔字形交叉识别码如表2-5所示。

表2-5　末笔字形交叉识别码

末笔字形 ＼ 字形		左右型	上下型	杂合型
		1	2	3
横	1	11　G　（一）	12　F　（二）	13　D　（三）
竖	2	21　H　（丨）	22　J　（刂）	23　K　（川）
撇	3	31　T　（丿）	32　R　（　）	33　E　（彡）
捺	4	41　Y　（丶）	42　U　（冫）	43　I　（氵）
折	5	51　N　（乙）	52　B　（巛）	53　V　（巛）

据表2-4，汉字"洒"，末笔为横，代码为1，字形为左右型，代码为1，则末笔字形交叉识别码的区位码为11，G键。汉字"洒"的五笔字型编码应为"ISG空格"。编码实例如表2-6所示。

表2-6　末笔字形交叉识别码应用实例

汉字	只	叭	远	条	汀	沐	李
编码	KWU空格	KWY空格	FQPB	TSU空格	ISH空格	ISY空格	SBF空格

（5）对于末笔字形交叉识别码的末笔画的规定。

● 全包围结构的汉字，以被包围的部分的末笔为末笔。如"国"的末笔为"丶"，"回"的末笔为"一"。

● 带有"辶"或"廴"的汉字，去掉"辶"或"廴"之后的部分的末笔为末笔。

● 末字根为"刀""九""七""力""匕"等的汉字，一律认为末笔为折。如"仇""历""花"的末笔识别码分别为N、V、B。

● "我""成"等字的末笔画为撇，如"戏"字的末笔识别码为T。

8. 词汇的编码与输入

词汇的编码规则可分为以下几种情况。

（1）两字词汇：取每个汉字的前两码。

（2）三字词汇：取前两个汉字的第一码，第三个汉字的前两码。

（3）多字词汇：取第一、二、三、末个汉字的第一码。

词汇的编码一律为四个代码，无论多少字的词汇，只要输入四个代码，就可以输入这个词汇，因此可以提高汉字的输入速度。词汇的编码实例如表 2－7 所示。

表 2－7　词汇的编码实例

词汇	编码	词汇	编码
科学	TUIP	五笔字型	GTPG
技术	RFSY	社会主义	PWYY
学校	IPSU	操作系统	RWTX
国家	LGPE	艰苦奋斗	CADU
计算机	YTSM	中国人民解放军	KLWP
自动化	TFWX	中华人民共和国	KWWL
展销会	NQWF	人民大会堂	WNDI
邓小平	CIGU	为人民服务	YWNT

9. 简码的输入

为了提高输入速度，五笔字型为使用频率较高的汉字，设置了简码输入法，分为一级简码、二级简码和三级简码。

（1）一级简码。一级简码为特高频汉字所设计，共 25 个，对应 25 个字母键。击键一次，再击一次空格键，即可输入这个汉字。这些高频汉字及编码如下：

一（11 G）	地（12 F）	在（13 D）	要（14 S）	工（15 A）
上（21 H）	是（22 J）	中（23 K）	国（24 L）	同（25 M）
和（31 T）	的（32 R）	有（33 E）	人（34 W）	我（35 Q）
主（41 Y）	产（42 U）	不（43 I）	为（44 O）	这（45 P）
民（51 N）	了（52 B）	发（53 V）	以（54 C）	经（55 X）

（2）二级简码。二级简码编码由单字全码的前两码构成，输入时只需击这前两个字根码，再加空格键即可。可采用二级简码编码的汉字有 625 个，为了避免重码，实际上用二级简码编码的汉字不足 625 个。二级简码表如表 2－8 所示。

表 2－8　二级简码表

	GFDSA11 ~ 15	HJKLM21 ~ 25	TREWQ31 ~ 35	YUIOP41 ~ 45	NBVCX51 ~ 55
G11	五于天末开	下理事画现	玫珠表珍列	玉平不来	与屯妻到互
F12	二寺城霜载	直进吉协南	才垢圾夫无	坟增示赤过	志地雪支
D13	三夺大厅左	丰百右历面	帮原胡春克	太磁砂灰达	成顾肆友龙
S14	本村枯林械	相查可楞机	格析极检构	术样档杰棕	杨李要权楷

	GFDSA11~15	HJKLM21~25	TREWQ31~35	YUIOP41~45	NBVCX51~55
A15	七革基苛式	牙划或功贡	攻匠菜共区	芳燕东 芝	世节切芭药
H21	睛睦睚盯虎	止旧占卤贞	睡睥肯具餐	眩瞳步眯瞎	卢 眼皮此
J22	量时晨果虹	早昌蝇曙遇	昨蝗明蛤晚	景暗晃显晕	电最归紧昆
K23	呈叶顺呆呀	中虽吕另员	呼听吸只史	嘛啼吵噗喧	叫啊哪吧哟
L24	车轩因困轼	四辊加男轴	力斩胃办罗	罚较 辚边	思团轨轻累
M25	同财央朵曲	由则 崭册	几贩骨内风	凡赠峭赎迪	岂邮 凤嶷
T31	生行知条长	处得各务向	笔物秀答称	入科秒秋管	秘季委么第
R32	后持拓打找	年提扣押抽	手折扔失换	扩拉朱搂近	所报扫反批
E33	且肝须采肛	胖胆肿肋肌	用遥朋脸胸	及胶膛膦爱	甩服妥肥脂
W34	全会估休代	个介保佃仙	作伯仍从你	信们偿伙	亿他分公化
Q35	钱针然钉氏	外旬名甸负	儿铁角欠多	久匀乐炙锭	包凶争色
Y41	主计庆订度	让刘训为高	放诉衣认义	方说就变这	记离良充率
U42	闰半关亲并	站间部曾商	产瓣前闪交	六立冰普帝	决闻妆冯北
I43	汪法尖洒江	小浊澡渐没	少泊肖兴光	注洋水淡学	沁池当汉涨
O44	业灶类灯煤	粘烛炽烟灿	烽煌粗粉炮	米料炒炎迷	断籽娄烃糯
P45	定守害宁宽	寂审宫军宙	客宾家空宛	社实宵灾之	官字安 它
N51	怀导居 民	收慢避惭届	必怕 愉懈	心习悄屡忱	忆敢恨怪尼
B52	卫际承阿陈	耻阳职阵出	降孤阴队隐	防联孙耿辽	也子限取陛
V53	姨寻姑杂毁	叟旭如舅妯	九 奶 婚	妨嫌录灵巡	刀好妇妈姆
C54	骊对参骠戏	骡台劝观	矣牟能难允	驻骈 驼	马邓艰双
X55	线结顷 红	引旨强细纲	张绵级给约	纺弱纱继综	纪弛绿经比

（3）三级简码。三级简码由汉字全码的前三个字根代码构成，采用三级简码的汉字应该有 15 625 个，但实际上目前按三级简码编码的汉字只有 4 400 个。输入此类汉字时，只要输入其前三个字根的代码，再加一空格键即可。

10. 万能学习键

万能键"Z"不但可以代替"识别码"，帮助用户把需要的汉字找出来，而且还可以代替一时拆分不准的任何字根，并通过提示，使用户知道"Z"键对应的键盘位和字根。例如，输入"QQQZ"后，显示的提示如图 2-13 所示。可知："金色"的编码是 QQQC；"鑫"的编码是 QQQF；"多久"的编码是 QQQY 等。

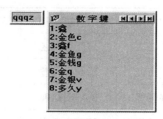

图 2 – 13　万能键的用法

更加详尽的五笔字型输入法的编码规则、拆分规则、输入技巧，请读者参阅有关图书。

◆ 2.4　理论习题

一、单选题

1. 删除当前输入的错误字符，可直接按（　　　）。

A. Enter 键　　　　　　　B. Esc 键　　　　　　　C. Shift 键　　　　　　　D. BackSpace 键

2. 按（　　　）键可以在已打开的几个应用程序之间切换。

A. Alt + Tab　　　　　　B. Alt + Shift　　　　　C. Ctrl + Esc　　　　　D. Ctrl + Tab

3. 以下有关计算机病毒的描述，不正确的是（　　　）。

A. 是特殊的计算机部件　　　　　　　　B. 传播速度快

C. 是人为编制的特殊程序　　　　　　　D. 危害大

4. 下面关于五笔字型输入法的说法不正确的是（　　　）。

A. 它是目前输入汉字最快、应用最广泛的一种输入法

B. 输入一个汉字或词组最多只需击键四下

C. 它的编码较长，重码率高

D. 输入每一个汉字都有规可循，输入比较简便

5. 五笔字型输入法将汉字笔画归结为（　　　）。

A. 横、竖、点、捺、折五种基本笔画　　　B. 横、提、点、捺、折五种基本笔画

C. 横、竖、提、捺、折五种基本笔画　　　D. 横、竖、撇、捺、折五种基本笔画

6. 笔画"丿"属于（　　　）。

A. 竖起笔画类　　　B. 横起笔画类　　　C. 捺起笔画类　　　D. 折起笔画类

7. 下面关于字根连接方式"散"的说法正确的是（　　　）。

A. 在构成汉字时，各字根之间不相连也不相交，保持一定距离

B. 一个字根不需要与其他字根发生关系，它本来就是一个汉字

C. 一个单笔画与其他字根相连组成的字根

D. 由两个或多个字根相交组成的汉字，其各字根之间部分笔画重叠

8. 字根七、匕、丿、戈、且、小分别在字母键（　　　）上。

A. X、X、R、G、H、I　　　　　　　B. A、A、D、G、E、I

C. X、A、D、G、E、I　　　　　　　D. A、X、R、G、H、I

9. 下面汉字在五笔字型输入法中属于杂合结构的是（　　　）。

A. 罚、发、成、回、周、区　　　　　　B. 屏、围、国、同、必、又

C. 风、因、果、分、能、可　　　　　　D. 单、串、区、医、式、园

10. 当一个成字字根超过两个笔画时，其编码规则用公式表示为（　　　）。

A. 编码 = 字根码1 + 字根码2 + 字根码3 + 字根码4

B. 编码 = 字根码1 + 字根码2 + 识别码 + 空格

C. 编码 = 键名码 + 首笔码 + 次笔码 + 末笔码

D. 编码 = 字根码1 + 字根码2 + 字根码3 + 识别码

11. 下面列出的 4 种存储器中，易失性存储器是（　　　）。

A. RAM　　　　　　B. ROM　　　　　　C. PROM　　　　　　D. CD-ROM

12. 计算机中对数据进行加工与处理的部件，统称为（　　　）。

A. 运算器　　　　　B. 控制器　　　　　C. 显示器　　　　　D. 存储器

13. 下列 4 种设备中，属于计算机输入设备的是（　　　）。

A. UPS　　　　　　B. 服务器　　　　　C. 绘图仪　　　　　D. 光笔

14. 一张软磁盘上存储的内容，在该盘处于什么情况时，其中数据可能丢失？（　　　）

A. 放置在声音嘈杂的环境中若干天后　　B. 携带通过海关的 X 射线监视仪后

C. 被携带到强磁场附近后　　　　　　　D. 与大量磁盘堆放在一起后

15. 以下关于病毒的描述中，不正确的说法是（　　　）。

A. 对于病毒，最好的方法是采取"预防为主"的方针

B. 杀毒软件可以抵御或清除所有病毒

C. 恶意传播计算机病毒可能会是犯罪

D. 计算机病毒都是人为制造的

16. 下列关于计算机的叙述中，不正确的一条是（　　　）。

A. 运算器主要由一个加法器、一个寄存器和控制线路组成

B. 一个字节等于 8 个二进制位

C. CPU 是计算机的核心部件

D. 磁盘存储器是一种输出设备

17. 下列关于计算机的叙述中，正确的一条是（　　　）。

A. 存放由存储器取得指令的部件是指令计数器

B. 计算机中的各个部件依靠总线连接

C. 十六进制转换成十进制的方法是"除 16 取余法"

D. 多媒体技术的主要特点是数字化和集成性

18. 计算机操作系统的作用是（　　　）。

A. 管理计算机系统的全部软、硬件资源，合理组织计算机的工作流程，为用户提供使用计算机的友好界面，以充分发挥计算机的效率

B. 对用户存储的文件进行管理，方便用户

C. 执行用户输入的各类命令

D. 为汉字操作系统提供运行基础

19. 计算机的硬件主要包括：中央处理器（CPU）、存储器、输出设备和（　　　）。

A. 键盘   B. 鼠标   C. 输入设备   D. 显示器

20. 下列各组设备中，完全属于外部设备的一组是（   ）。

A. 内存储器、磁盘和打印机   B. CPU、软盘驱动器和 RAM

C. CPU、显示器和键盘   D. 硬盘、软盘驱动器、键盘

21. 五笔字型码输入法属于（   ）。

A. 音码输入法   B. 形码输入法   C. 音形结合输入法   D. 联想输入法

22. 一个 GB 2312 编码字符集中的汉字的机内码长度是（   ）。

A. 32 位   B. 24 位   C. 16 位   D. 8 位

23. RAM 的特点是（   ）。

A. 断电后，存储在其内的数据将会丢失

B. 存储在其内的数据将永久保存

C. 用户只能读出数据，但不能随机写入数据

D. 容量大但存取速度慢

24. 计算机存储器中，组成一个字节的二进制位数是（   ）。

A. 4   B. 8   C. 16   D. 32

25. 微型计算机硬件系统中最核心的部件是（   ）。

A. 硬盘   B. I/O 设备   C. 内存储器   D. CPU

26. 无符号二进制整数 10111 转变成十进制整数，其值是（   ）。

A. 17   B. 19   C. 21   D. 23

27. 一条计算机指令中，通常包含（   ）。

A. 数据和字符   B. 操作码和操作数   C. 运算符和数据   D. 被运算数和结果

28. KB（千字节）是度量存储器容量大小的常用单位之一，1KB 实际等于（   ）。

A. 1 000 个字节   B. 1 024 个字节   C. 1 000 个二进位   D. 1 024 个字

29. 计算机病毒破坏的主要对象是（   ）。

A. 磁盘片   B. 磁盘驱动器   C. CPU   D. 程序和数据

30. 下列叙述中，正确的是（   ）。

A. CPU 能直接读取硬盘上的数据   B. CPU 能直接存取内存储器中的数据

C. CPU 由存储器和控制器组成   D. CPU 主要用来存储程序和数据

二、填空题

1. 五笔字型的基本字根共有_____个。

2. 五笔字型的五种基本笔画分别为_____、_____、_____、_____、_____。

3. 五笔字型字根键盘分为_____个区，每个区又分为_____个位。

4. 目前微型计算机中常用的鼠标有光电式和_____。

5. 在 Windows【回收站】窗口中，要想恢复选定的文件或文件夹，可以使用【文件】菜单中的_____命令。

6. 使用【附件】菜单中_____命令，可以实现磁盘碎片的收集。

7. 用_____组合键可以启动或关闭中文输入法。

8. 用_____组合键可以进行全角/半角的切换。

9. 当任务栏被隐藏时用户可以按_____的快捷方式打开【开始】菜单。

10. 在 Windows 中，按_____键，可以随时获得帮助。

11. 一台微型计算机必须具备的输出设备是_____。

12. 当选定文件或文件夹后，欲改变其属性设置，可以单击鼠标_____键，然后在弹出的菜单中选择【属性】命令。

13. 在 Windows XP 中，被删除的文件或文件夹将存放在_____中。

14. Windows XP 应用程序的菜单中，淡字选项（灰色显示）表示该功能_____。

15. 现代计算机的基本工作原理是_____。

16. 一般情况下，计算机运算的精度取决于计算机的_____。

17. 在 Windows 中，文件名的最大长度为_____个字符。

18. 内存储器可分为随机存储器 RAM 和_____。

19. 用 Windows XP 的【记事本】中创建的文件，其默认扩展名是_____。

20. 在 Windows XP 中，若用户刚刚对文件夹进行了重命名，可按 Ctrl +_____组合键来恢复原来的名字。

三、思考题

1. 什么是基准键位？

2. 鼠标的基本操作有哪些？

3. CapsLock 键有哪些作用？

4. 什么叫组合键？

5. 指法训练的要点有哪些？

6. 复制、粘贴、移动的快捷方式是什么？

7. 汉字的结构有哪几种？

8. 字根间有哪四种关系？

9. 什么是键名汉字？键名汉字的输入方法是什么？

10. 什么是成字字根？成字字根的输入方法是什么？

◆ 2.5　上机实训

一、英文输入法练习及测试

1. 打开记事本，输入如下英文字符，各题均练习三遍以上。

（1）小写字母键练习。

asdfghjklqwertyuiopzxcvbnm

（2）大写字母键练习（可按 Caps Lock 键锁定）。

ASDFGHJKLQWERTYUIOPZXCVBNM

（3）大小写字母混合练习（用 Shift 键在大小写字母之间切换）。

AaSsDdFfGgHhJjKkLlQqWwEeRrTtYyUuIiOoPpZzXxCcVvBbNnMm

（4）数字键练习。

1 2 3 4 5 6 7 8 9 0

（5）符号键练习。

－ ＝ ＼ ， ． ／ ' ； ［ ］

（6）上档键练习（按住 Shift 键不放）。

～ ！ ＠ ＃ ＄ ％ ＾ ＆ ＊ （ ） ＿ ＋ ｜ ｛ ｝ " ： ？ ＞
＜

（7）综合练习：将下列句子各输入三遍，输入完成后再连起来输入一遍。

①According to International Typewriting Contest Rules each typewritten line must be from 61 to 76 spaces in length.

②An idion is a fixed group of words with a special meaning that cannot be guessed from the combination of the actual words used.

③It is possible to visit a country without knowing the language，but no sensible traveler does it if he can help it.

④aLKJKfgdtrebvnmm.／／；；；PP［0987123＝－＝＝－＼－9876｀］＿）＊&%^!＠＜＞：
｛｝#$@#｜－3948,;'［］'；'；／.，1234`=－］（＿＋｜＊&%$#＞＜：)&"：｛C,
MZ,MBKIYEIPQWOIRWOTU,C,MNV,XMNV,Z.XLKOIERLKREJLMKSF.，Mjksjkkjkioi-
wJKSHKDHkjiuiLKLKJSDHLKWHseeesP［P［LLKhggjkl：Pdwkhw.alskdjfhgm，.cvbnzxc23｜＋
＿%#4!＠#% nbjJGDTJH］（＊&SDEW1223sd7254%$23!`＼＝｜＋）［；'？.，iuPLJKYG-
BMNRRDFG.

2. 英文输入法测试

（1）1分钟速度自测。

One day，a man caught a dove. When it was in his hand，the bird cried out，"please so not kill me. Let me tell you four things which will make you rich.""What are they?" asked the man. "This is the first thing. You must keep what you get." The man said，"I shall do that.""Next，" said the dove，"you must not cry for what you cannot have."

（2）2分钟速度自测。

When I was growing up，I was embarrassed to be seen with my father. He was severely crippled and very short，and when we would walk together，his hand on my arm for balance，people would stare. I would inwardly squirm at the unwanted attention. If he ever noticed or was bothered，he never let on. It was difficult to coordinate our steps —— his halting，mine impatient —— and because of that，we didn't say much as we went along. But as we started out，he always said，"You set the pace. I will try to adjust to you." Our usual walk was to or from the subway，which was how he got to work. He went to work sick，and despite nasty weather.

二、智能 ABC 输入法或搜狗输入法练习

打开记事本，按要求输入如下内容。

1. 中文标点符号练习

， 。 ； ： " " ！ …… ？ 、 —— ' ' 《 》

2．特殊符号练习

★　☆　№　◆　←　※　▲　①　②　③　÷　Ⅰ　Ⅱ　Ⅲ

3．在 10 分钟内输入下列内容

世界上第一台电子计算机诞生于 1946 年 2 月，称为"埃尼阿克"（ENIAC，electronic numerical integrator and calculator），共用了 17 000 多只电子管，重量达 30 吨，占地 170 平方米，可谓"庞然大物"，与以前的计算工具相比，计算速度快，精度高，能按给定的程序自动进行计算，但与现代计算机相比，速度却很慢，每秒钟只能做 5 000 次加法运算，容量小，且全部指令还没有存放在存储器中，操作复杂，稳定性差……尽管如此，它终究开创了计算机的新纪元。

针对 ENIAC 在存储程序方面存在的致命弱点，美籍匈牙利科学家冯·诺依曼于 1946 年 6 月提出了一个"存储程序"的计算机方案。

这个方案包含三个要点。

（1）采用二进制数的形式表示数据和指令。

（2）将指令和数据按执行顺序都存放在存储器中。

（3）由控制器、运算器、存储器、输入设备和输出设备五大部分组成计算机。

其工作原理的核心是"存储程序"和"程序控制"，就是通常所说的"顺序存储程序"的概念。人们把按照这一原理设计的计算机称为"冯·诺依曼型计算机"。

三、五笔输入法练习

1．一级简码汉字输入练习

一　地　在　要　工　上　是　中　国　同　和　的　有
人　我　主　产　不　为　这　民　了　发　以　经

2．二级简码汉字输入练习

南　入　科　尼　纪　扩　朱　搂　近　拉　秒　秋　管　旧　早　占
玫　二　于　三　天　本　末　七　开　中　卤　四　贞　由　处　得
找　各　务　向　说　六　就　注　变　米　这　社　秘　季　委　么
第　物　手　秀　用　答　作　称　儿　生　行　知　条　长　敢　也
度　恨　刀　怪　马　没　训　客　家　料　社　炎　迷　注　他　江

3．双字词组输入练习

错误　搭救　搭配　达成　达到　答案　答复　打扮　大学
参谋　朝代　场合　垂直　潮湿　持久　长期　灿烂　产值
侧面　别墅　办法　办公　半天　宝贝　保安　背后　报告
被子　逼真　抚养　兵士　北方　伴侣　饮食　悲伤　被动
倍数　吹风　词义　船长　迟钝　酬谢　疤疤　充足　程序
抽烟　暗淡　爱好　昂贵　哀叹　爱惜　海湾　百姓　策略

4．多字词组输入练习

戈尔巴乔夫　更上一层楼　中国科学院　马克思主义　中央电视台

快刀斩乱麻　民主集中制　军事委员会　发展中国家　人民大会堂
新技术革命　集体所有制　军事委员会　全民所有制　中央政治局
有志者事竟成　五笔字型电脑　新华社北京电　坚持改革开放　本报特约记者
中央国家机关　全国各族人民　风马牛不相及　政治协商会议　可望而不可即

5. 五笔字形输入法综合练习

计算机的主要特点

（1）运算速度快。计算机的运算速度指计算机在单位时间内执行指令的平均速度，可以用每秒能完成多少次操作（如加法运算）或每秒能执行多少条指令来描述，随着半导体技术和计算机技术的发展，计算机的运算速度已经从最初的每秒几千次发展到每秒几十万次、几百万次，甚至每秒几十亿次、上百亿次，是传统的计算工具所不能比拟的。

（2）计算精度高。计算机中数的精度主要表现为数据表示的位数，一般称为机器字长，字长越长精度越高，目前微型计算机的字长已达 64 位。

（3）具有"记忆"和逻辑判断功能。计算机不仅能进行计算，而且还可以把原始数据、中间结果、运算指令等信息存储起来，供使用者调用，这是电子计算机与其他计算装置的一个重要区别。计算机还能在运算过程中随时进行各种逻辑判断，并根据判断的结果自动决定下一步应执行的命令。

（4）程序运行自动化。计算机内部的运算处理是根据人们预先编制好的程序自动控制执行的，只要把解决问题的处理程序输入到计算机中，计算机便会依次取出指令，逐条执行，完成各种规定的操作，不需要人工干预。

第 3 章

中文 Windows XP 操作系统

知 识 点 导 读

◆ 基础知识

文件和文件夹的基本操作

附件的应用

◆ 重点知识

我的电脑和资源管理器

控制面板的使用

◆ 3.1 初识 Windows

Windows 系列操作系统是美国 Microsoft 公司研发的一种计算机操作系统。在安装有 Windows系统的计算机上，只要按下计算机上的电源开关，Windows 就会自动启动。

3.1.1 操作系统简介

操作系统是计算机软件系统中最核心的系统软件，使用计算机离不开操作系统，它一方面管理着所有的计算机系统资源，控制着计算机的程序运行；另一方面为用户和计算机之间提供了人机接口，用户要使用计算机，首先要进入操作系统，在操作系统的管理下与计算机硬件打交道。

微型计算机最初使用的操作系统是 DOS（disk operating system，磁盘操作系统），这是一个单用户单任务的操作系统。1985 年微软公司发布 Windows 1.0，借助这款不太成熟的图形操作系统，用户可以使用鼠标完成任务，无须输入 MS DOS 命令。从最初的 Windows 1.0、Windows 2.0 到大家熟知的 Windows 95、Windows 98、Windows 2000、Windows XP、Windows Vista，到现在的 Windows 7、Windows 8……Windows 操作系统版本一直在不断地升级，功能也在不断增强，但其基本特性却没有改变。Windows XP 是一款发展成熟的操作系统，兼容性和稳定性都很好，对计算机的配置要求也比较低。本章主要介绍中文 Windows XP 操作系统的使用。

3.1.2 中文 Windows XP 操作系统的界面

在计算机硬盘中安装好 Windows XP 操作系统后，先打开显示器及外设，再按下主机电源，Windows XP 就会自动启动，进行硬件检测，稍后，经过短暂时间的欢迎画面（有的需要用户输入用户名及密码），便打开如图 3 - 1 所示的 Windows XP 桌面。

桌面

"快速启动"
工具栏

图标

快捷方式

任务栏

通知区域

【开始】按钮

图 3 - 1　Windows XP 桌面

1. 桌面

桌面指 Windows 启动后所显示的整个屏幕。桌面上可以存放用户经常使用的应用程序、文件图标和根据用户自身需要在桌面上添加的各种快捷方式图标。

2. 图标

桌面上有许多下面带文字的图标，可以是程序、文件夹或文件。双击图标，可以运行相应的程序功能，或打开相应的文件夹或文件。右击图标，通常会弹出一个快捷菜单。图标的类型不同，快捷菜单的内容也不同。例如，右击【我的电脑】与右击【回收站】，出现的快捷菜单是不同的。

常见的图标如下。

● 我的电脑：用于查看计算机中的所有内容，并且可以对磁盘进行管理。右击【我的电脑】图标，选择【属性】命令，可以查看计算机的属性，如 CPU 型号、主频、内存等。

● 我的文档：这是一个文件夹，是用户保存文件和文件夹的默认的存取区域。

● 网上邻居：可以用来访问网络中的其他计算机，共享网络资源。

● Internet Explorer：这是一个浏览器，可以用来浏览万维网（WWW）上的信息。

● 回收站：这是硬盘上的一块存储区域，用来存放被删除的文件；还可以恢复误删的文件或彻底删除文件。

3. 快捷方式

在某些图标的左下角带有一个小箭头，这就是一个快捷方式图标，如 。快捷方式图标是连接应用程序的一个指针，删除快捷方式图标，只是删除了快捷方式与应用程序之间的连接指针，并不会删除对应的应用程序。而当程序被删除后，只剩一个快捷方式就会毫无用处。

你自己桌面上的快捷方式复制到别人的计算机上，一般无法正常使用。

4.【开始】按钮

单击【开始】按钮，弹出【开始】菜单，如图 3 - 2 所示。这个菜单包含了 Windows XP 的全部内容，几乎计算机安装的所有应用程序的启动，都可以从这个按钮开始，使得复杂的系统程序控制变得容易实现。【开始】菜单中主要包括以下命令。

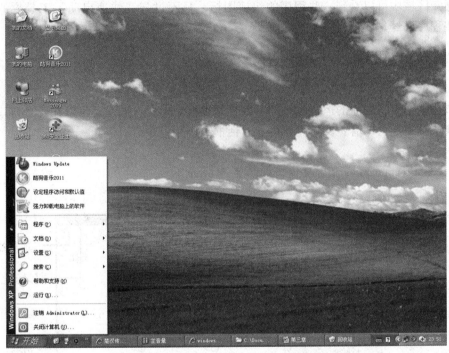

图 3 - 2　【开始】菜单

- Windows Update：登录 Microsoft 公司网站获取技术支持。
- 程序：显示计算机已安装的程序列表。
- 文档：显示最近打开的文档列表。
- 设置：用于修改系统设置，可以打开控制面板、设置打印机、设置任务栏和【开始】菜单等。
- 搜索：搜索文件或文件夹和其他计算机。
- 帮助和支持：启动 Windows XP 帮助系统。
- 运行：快速启动程序、快速打开文件或文件夹。
- 注销：关闭当前用户，并以另一用户名登录进入系统。单击【切换用户】按钮可以在不注销当前用户的情况下重新登录一个用户。
- 关闭计算机：关机、重新启动计算机或待机。单击【关闭】按钮可使计算机退出

Windows XP 系统。单击【待机】按钮可使计算机进入休眠状态，以低能耗维持计算机运行。单击【重新启动】按钮可使计算机重新启动进入 Windows XP 系统；如果因故障而无法使用【开始】菜单，则可通过按主机箱上的复位按钮（Reset）来强制重新启动计算机。

5. "快速启动"工具栏

单击快速启动工具栏上的图标，可启动对应的应用程序。

6. 任务栏

在任务栏中可以看到正在运行的程序或正在打开的文件。窗口之间的切换可以通过单击任务栏中的图标来实现。如果此时没有窗口打开，那么任务栏就是空的。

7. 通知区域

在通知区域中可以看到一些程序的快捷图标，只不过与"快速启动"工具栏的图标相比，这些程序已经是在运行中了。

3.1.3 窗口及窗口操作

窗口是 Windows XP 最基本的用户界面，每启动一个应用程序就会打开一个相应的窗口，关闭窗口也就结束了程序的运行。一次可以打开很多个窗口，同时还可以在各个窗口间自由进行切换。常见的窗口有：文件夹窗口、对话框、应用程序窗口等。

1. 文件夹窗口

C：盘下 Program Files 文件夹窗口如图 3-3 所示。

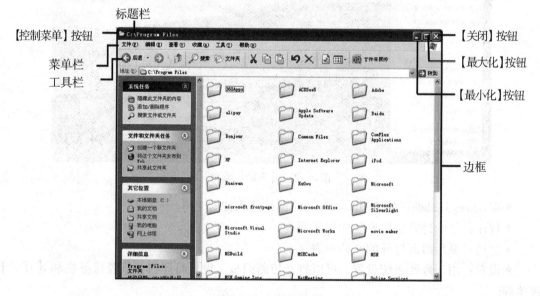

图 3-3 文件夹窗口

（1）【控制菜单】按钮。单击该按钮可以打开窗口的控制菜单，包括对窗口的还原、移动、大小、最小化、最大化、关闭等操作。双击该按钮，可以关闭窗口。

（2）标题栏。显示窗口的标题，即文件名。窗口在不是最大化的情况下可以移动，按住鼠标左键拖动标题栏可以移动窗口。

（3）【最小化】按钮。单击该按钮可以将文件窗口缩小成图标，并置于任务栏；此时，文件仍在后台运行。

（4）【最大化】按钮。单击该按钮可以将窗口扩大到整个屏幕。当窗口最大化后，该按钮就变成了【还原】按钮，单击该按钮可以将窗口还原到最大化前的状态。

（5）【关闭】按钮。单击该按钮可以将窗口关闭。

（6）菜单栏。单击菜单栏中的每一个菜单项，系统将弹出一个包含有若干命令项的下拉菜单，通过命令可以对窗口及其内容进行各种操作。

（7）工具栏。为了简化操作而设。工具栏上包含了若干个命令按钮，大多是菜单栏中已经提供的某些常用命令。当鼠标指针停留在工具栏的某个按钮上时，会在旁边显示该按钮的功能提示。

（8）边框。可以按住鼠标左键拖动边框来改变窗口的大小。

2. 对话框

对话框是一种特殊的窗口，它通常不能改变大小，但可以移动，对话框通常没有菜单栏。通过对话框，用户可以对系统或文件进行设置。下面以图 3 - 4 所示的【段落】对话框为例，说明对话框的组成。

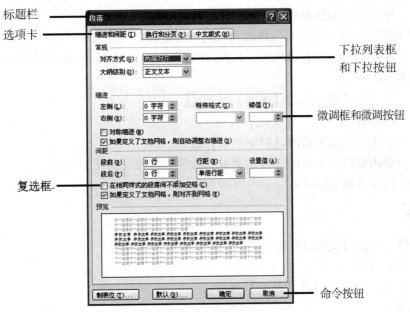

图 3 - 4　【段落】对话框

（1）选项卡。选项卡也叫"标签"。用鼠标单击某选项卡时，该选项卡的内容就会弹到最上面供用户操作。

（2）单选按钮。单选按钮是一组互相排斥的选项，只能且必须选择其中一项，如图 3 - 5 所示，"●"表示选中状态。

图 3 - 5　单选按钮

（3）复选框。可选择一项，可选择多项，也可一项也不选。"☑"表示选中状态。

（4）下拉列表框。用鼠标单击下拉按钮，会展开一个可供用户选择的列表。

（5）微调框。单击上箭头数值增加，单击下箭头数值减少；也可删除并直接输入所需数值。

（6）命令按钮。鼠标单击命令按钮，可执行相应的命令。

3. 窗口操作

（1）打开窗口。每启动一个应用程序、打开一个文件或文件夹，就会打开一个相应的窗口。

（2）移动窗口。窗口在不是最大化的情况下可以移动。方法是：在标题栏上按住鼠标左键拖动窗口到目标位置，松开鼠标。

（3）改变窗口大小。

方法一：拖动窗口的边框即可改变窗口大小。

方法二：使用【最小化】按钮、【最大化】按钮/【还原】按钮。

（4）切换窗口。可以在多个窗口之间进行切换。

方法一：单击任务栏上的窗口图标。

方法二：按组合键 Alt + Tab 或 Alt + Esc。

方法三：单击窗口的任何可见区域。

（5）排列窗口。多个窗口有三种排列方式：层叠窗口、横向平铺窗口和纵向平铺窗口。方法是：在任务栏的空白处右击鼠标，在弹出的快捷菜单中选择一种排列方式即可。

（6）关闭窗口。

方法一：单击窗口右上角的【关闭】按钮✖。

方法二：选择【文件】 | 【关闭】命令。

方法三：双击窗口左上角的【控制菜单】按钮。

方法四：单击窗口左上角的【控制菜单】按钮，选择【关闭】命令。

方法五：按组合键 Alt + F4。

3.1.4 菜单

菜单提供了一组相关的操作命令。常用的菜单有以下三种。

1. 【开始】菜单

单击【开始】按钮，打开【开始】菜单。

2. 下拉菜单

单击菜单栏上某菜单项，向下展开的菜单为下拉式菜单，如图 3 - 6 所示。

在菜单中常出现一些特殊符号，这些符号都有特定的含义。

● 灰色命令项：表示该命令在当前状态下暂不能使用。

● 复选标记（√）或点标记（●）：命令前出现"√"或"●"，表示该命令在当前状态下有效。"√"表示的是复选项，"●"表示的是单选项。

● 省略号（…）：命令后出现"…"，表示选择该命令时会打开一个对话框。

● 向右的黑三角（▶）：命令后出现"▶"，表示选择该命令后还有级联菜单。

3. 快捷菜单

右击鼠标某个对象时，会弹出一个快捷菜单，也叫弹出式菜单。右击鼠标不同的区域，

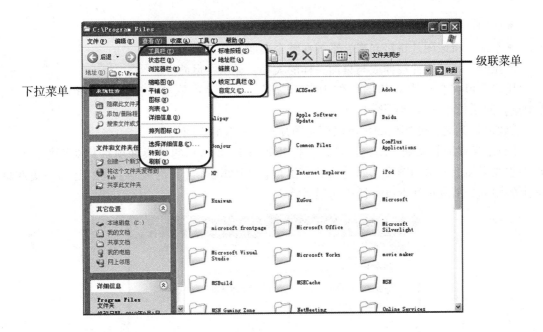

图 3-6　【查看】下拉菜单

会出现不同的快捷菜单。

【例 3-1】　设置显示属性。

在桌面空白处右击鼠标，选择【属性】命令，弹出【显示　属性】对话框，按不同的选项卡进行设置。

（1）设置桌面背景。单击【桌面】标签，弹出【桌面】选项卡，如图 3-7 所示。单击【背景】列表中的某一图片，在【位置】下拉列表中，选择其中一项。

图 3-7　【桌面】选项卡

- 居中：在桌面中央位置显示一张图片，并保持原来的大小。
- 平铺：将该图片拼接起来，平铺在整个桌面上。
- 拉伸：将该图片拉伸成与桌面一样的大小，显示在桌面上。

用户还可将自己喜欢的图片作为桌面背景，方法是：单击【浏览】按钮，从打开的【浏览】对话框中选择背景图片。

【颜色】列表：使用该颜色可以填充图片没有覆盖的空间。

【自定义桌面】按钮：单击该按钮，打开如图 3 - 8 所示的【桌面项目】对话框，可以选择想在桌面上显示的图标，如【我的文档】【网上邻居】【我的电脑】等，还可以更改桌面上的图标，清理桌面上没有使用的项目等。

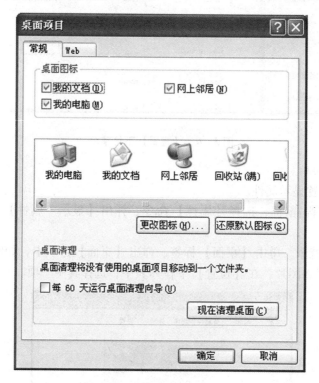

图 3 - 8 　【桌面项目】对话框

（2）设置屏幕保护程序。屏幕保护程序是一幅活动的图像或图案，当计算机处于空闲状态一段时间之后，屏幕保护程序就会启动，它可以防止长时间静止的画面灼伤屏幕，设置屏幕保护密码，还可以防止他人在不被允许的情况下使用计算机。

单击【屏幕保护程序】标签，打开【屏幕保护程序】选项卡，如图 3 - 9 所示。打开【屏幕保护程序】下拉列表，从中选择一项。在【等待】框中输入时间，计算机闲置该时间段后启动屏幕保护程序。

计算机处于运行屏幕保护程序状态时，移动一下鼠标或按下键盘上任意键，就可以将计算机唤醒。选中【在恢复时使用密码保护】，在启用屏幕保护程序后，当移动鼠标或按任意键时，系统要求输入当前用户或系统管理员的密码，系统才能恢复到正常的工作窗口。

图 3-9 【屏幕保护程序】选项卡

💡 小技巧

播放电影时，每隔一段时间出现黑屏保护，需要单击一下鼠标方可继续观看，非常麻烦，如何去掉黑屏设置？打开【屏幕保护程序】选项卡，单击【电源】按钮，按照如图 3-10 所示进行操作即可解决。

（3）改变屏幕分辨率。屏幕分辨率是指屏幕在水平和垂直方向能显示的最多像素点。屏幕分辨率越高，像素点越多，可显示的内容就越多，显示的对象就越小。

单击【设置】选项卡，如图 3-11 所示。拖动【屏幕分辨率】中的标尺滑块，可以调节屏幕分辨率。

【例 3-2】 设置任务栏及【开始】菜单。

（1）锁定任务栏。用右键单击任务栏空白处，选中【锁定任务栏】，则任务栏被锁定在当前位置，同时任务栏的大小及位置均不能改变。

（2）调整任务栏的大小和位置。

①调整任务栏大小。首先取消选中【锁定任务栏】，然后将鼠标指针移到任务栏的最上端，当鼠标指针变成双向箭头时，按住鼠标左键向上或向下拖动任务栏边框至所需大小时，松开鼠标左键即可。

②调整任务栏位置。首先取消选中【锁定任务栏】，然后将鼠标指针移到任务栏的空白区域，按住鼠标左键拖动至所需位置时，松开鼠标左键。

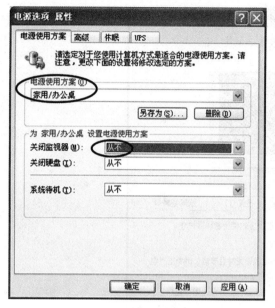

图 3-10　【电源选项 属性】对话框

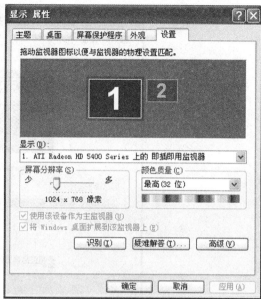

图 3-11　【设置】选项卡

（3）设置任务栏的属性。右击任务栏空白处，选中【属性】命令，出现如图 3 - 12 所示的【任务栏和「开始」菜单属性】对话框。

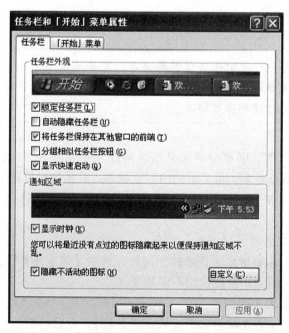

图 3-12　【任务栏和「开始」菜单属性】对话框

● 自动隐藏任务栏：选中它，可使任务栏缩小为屏幕底部的一条线，只有当鼠标指针指向任务栏时，任务栏才重新显示。

● 将任务栏保持在其他窗口的前端：选中它，即使在运行一个最大化窗口的程序时，任务栏也始终处于可见状态。

- 分组相似任务栏按钮：选中它，可以实现合并任务栏的功能。
- 显示快速启动：选中它，可以在任务栏上显示"快速启动"工具栏。
- 显示时钟：选中它，可以在通知区域显示系统当前时间。
- 隐藏不活动的图标：选中它，可以将通知区域中最近没有使用的图标隐藏起来。

【例 3 - 3】 设置系统的日期与时间。

（1）设置系统的日期和时间。双击通知区域中的时钟图标，出现如图 3 - 13 所示的【日期和时间 属性】对话框，可以在该对话框中修改日期和时间。

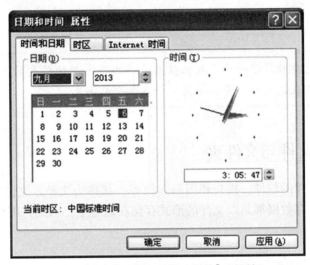

图 3 - 13 【日期和时间 属性】对话框

（2）查看北京时间对应的加拿大时间。双击通知区域中的时钟图标，出现如图 3 - 13 所示的【日期和时间 属性】对话框，打开【时区】选项卡，选择"大西洋时间（加拿大）"，如图 3 - 14 所示。单击【应用】按钮，返回【日期和时间属性】选项卡，则显示北京时间 2013 年 9 月 6 日 3:05:46，加拿大时间 9 月 5 日 16:06，如图 3 - 15 所示。

图 3 - 14 【时区】选项卡

图 3 - 15 大西洋时间

3.1.5 剪贴板

剪贴板是一个可以暂时存放信息的程序，是 Windows 在内存中开辟的一块临时存储区。Windows 操作中常用到的【复制】和【剪切】命令就是将内容先送到剪贴板中，然后执行【粘贴】命令把内容从剪贴板中复制到目标位置。具体操作过程，在3.2 节中会详细讲解。

剪贴板的另一个应用是"屏幕抓图"。按 Print Screen 键可以复制整个屏幕到剪贴板上，按 Alt + Print Screen 组合键可以复制当前窗口到剪贴板上，然后执行【粘贴】命令将抓的屏幕或窗口图复制到画图软件中或 Word 一类的应用程序中。

！注　意

剪贴板中只能存放最近一次存入的信息，再次存入新的信息时，原来暂存的信息就被覆盖。当关机或断电后，剪贴板里的信息会全部丢失。

◆ 3.2 管理文件与文件夹

利用计算机所创建的信件、报告和图形图像等，都称为文件，文件可保存在文件夹中。在计算机系统中，所有数据都是以文件的形式存储在磁盘上。因此，用户有必要掌握文件和文件夹的基本操作。

3.2.1 基本概念

【我的电脑】和【资源管理器】是 Windows 中两个重要的管理工具，在学习管理计算机资源之前，先来了解几个常用的基本概念。

1. 应用程序

应用程序是用来完成特定任务的计算机程序。例如，附件中的【画图】程序用于简单的绘画，Office 2007 中的 Word 2007 程序用于文字处理。

（1）启动应用程序。以启动【记事本】应用程序为例介绍启动应用程序的常用方法，其他软件的启动方法与此类似。

方法一：使用【开始】菜单。选择【开始】|【程序】|【附件】|【记事本】命令。

方法二：双击桌面的快捷方式图标。如果桌面有要使用的应用程序快捷图标，则双击该图标即可启动应用程序。

方法三：单击"快速启动"工具栏图标。如果"快速启动"工具栏中有要使用的应用程序图标，则双击该图标即可启动应用程序。

方法四：使用【运行】命令。选择【开始】|【运行】命令，输入应用程序名，如【记事本】程序"notepad. exe"，单击【确定】按钮。

方法五：双击应用程序文件。在磁盘上找到需要使用的应用程序文件，双击该文件图标即可启动应用程序。

方法六：通过打开已有文档启动程序。如打开文本文件可以启动记事本程序。

（2）退出应用程序。

方法一：单击窗口右上角的【关闭】按钮❎。

方法二：单击窗口左上角的【控制菜单】按钮 |【关闭】命令。

方法三：按 Alt + F4 组合键。

方法四：选择【文件】|【退出】命令。

方法五：若遇到异常结束，则按 Ctrl + Alt + Delete 组合键，打开【Windows 任务管理器】窗口，从【应用程序】选项卡中选择要关闭的程序，再单击【结束任务】按钮。

2. 文档

文档是 Windows XP 应用程序创建的对象。例如，记事本程序生成 . txt 类型的文档；Word 2007 程序生成 . docx 类型的文档，而 Word 2003 程序生成 . doc 类型的文档。

3. 文件

文件是一组存储在磁盘上的信息的集合。各种应用程序和文档都以文件的形式存放在磁盘中。

文件名格式：主文件名 . 扩展名。

主文件名是文件的主要标记，有一定的命名规则；而扩展名则表示文件的类型，常用文件类型及扩展名见表 3 – 1。主文件名是文件必须有的；而扩展名是可选的，并且通常是被隐藏的。

表 3 – 1　常用文件类型及扩展名

扩展名	文件类型
. txt	文本文件
. exe	应用程序文件
. bmp	位图文件
. html 或 . htm	网页文件
. docx 或 . doc	Word 文档文件
. xlsx 或 . xls	Excel 工作簿文件
. pptx 或 . ppt	PowerPoint 演示文稿文件
. rar 或 . zip	压缩文件

主文件名命名规则如下。

● 文件名最多 255 个字符。

● 文件名中可以包含空格，允许使用多个分隔符，但不能包含以下 9 个字符：？ \ * | " < > : /。

● 文件名不区分大小写。例如，MYFILE. DOCX 等同于 myfile. docx。

 小技巧

文件名最好选用能反映文件含义且便于记忆的名字，如"个人简历 . docx"等。

! 注 意

　　显示文件扩展名的方法是：在【我的电脑】或【资源管理器】窗口中，选择【工具】|【文件夹选项】，在【文件夹选项】对话框中，打开【查看】选项卡，取消选中"隐藏已知文件类型的扩展名"，单击【确定】按钮，如图3-16所示。

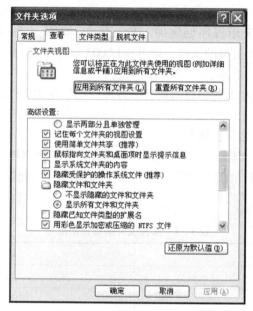

图3-16　【文件夹选项】对话框

4. 文件夹

　　磁盘中可以存放很多文件，为了便于管理，一般把文件分类存放在不同的文件夹里，一个文件夹中可以存放多个文件及文件夹。除了用户建立的文件夹外，【我的电脑】【资源管理器】【磁盘驱动器】等也是文件夹。文件夹的命名规则与文件相同，但通常文件夹名不用扩展名。

5. 文件路径

　　为了访问一个文件，就需要知道它的位置，即它放在哪个文件夹中，文件的位置通常称为文件的路径。一个完整的文件路径包括盘符及找到该文件所顺序经过的全部文件夹，文件夹之间用"\"隔开。盘符用一个"英文字母:"来表示，如C盘用"C:"表示。例如，E:\myfile\计算机基础.docx，表示Word文件"计算机基础"在E盘myfile文件夹中。

　　文件管理是操作系统的基本功能之一。文件管理包括对文件或文件夹的建立、复制、移动等操作。Windows XP主要通过我的电脑和资源管理器来管理文件与文件夹。

3.2.2　【我的电脑】和【资源管理器】

　　我的电脑和资源管理器的使用方法十分相似，功能也基本相同，只是在显示上、鼠标操作结果上略有差异，两个工具可以很方便地相互切换。

1. 我的电脑

双击桌面上【我的电脑】图标，便可以打开【我的电脑】窗口，如图 3 – 17 所示。

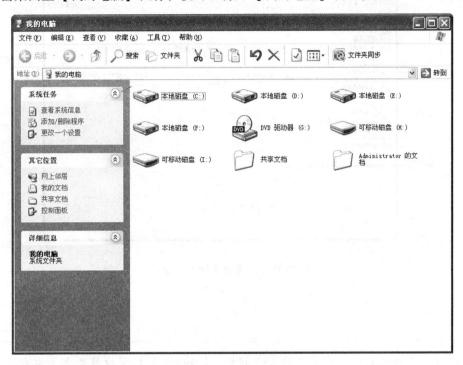

图 3 – 17　【我的电脑】窗口

2. 资源管理器

启动资源管理器的方法很多，常用的有以下几种。

方法一：单击任务栏上的【开始】按钮，选择【程序】｜【附件】｜【Windows 资源管理器】命令。

方法二：右击桌面上【我的电脑】图标，在弹出的快捷菜单中选择【资源管理器】。

方法三：右击【开始】按钮，在弹出的快捷菜单中选择【资源管理器】，打开如图 3 – 18所示的窗口。

（1）【文件夹树】窗格。在文件夹树型结构中，有的文件夹的左侧有一个加号 " + "或有一个减号 " – "，说明这一文件夹下面包含子文件夹。有 " + " 的，说明目前文件夹呈收缩状态，在左窗格文件夹树上看不见它的下级文件夹；有 " – " 的，说明目前文件夹呈展开状态，在左窗格文件夹树上可以看到该文件夹的下一级子文件夹。鼠标单击 " + " 变成 " – "；单击 " – " 变成 " + "。文件夹左侧无 " + " 且无 " – " 的，说明此文件夹之下无子文件夹。

（2）【文件夹内容】窗格。被选中的文件夹的内容显示在右窗格，包括该文件夹中的文件和子文件夹。

（3）分隔条。在分隔条上按住鼠标左键左、右移动，可改变两窗格的相对大小。

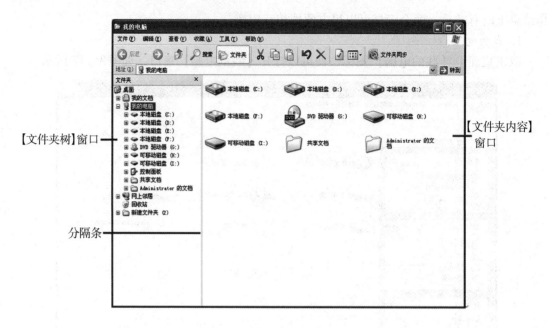

图 3 – 18   【资源管理器】窗口

! 注 意

在【我的电脑】窗口中单击 文件夹 按钮，【我的电脑】窗口就变成了左右窗格的形式，若要还原，则只需再次单击此按钮。

3. 基本操作

【我的电脑】和【资源管理器】的基本操作包括显示或隐藏状态栏、改变文件或文件夹的显示方式、排列图标等。

（1）显示或隐藏状态栏。在【我的电脑】或【资源管理器】窗口中，打开【查看】选项卡，选中或取消选中【状态栏】，即可在【我的电脑】或【资源管理器】窗口的下方显示或隐藏状态栏。

（2）改变文件或文件夹的显示方式。文件或文件夹的显示方式有缩略图、平铺、图标、列表和详细信息 5 种，若需改变显示方式，有两种常用方法。

方法一：在【查看】菜单中选择相应的显示方式，如图 3 – 19 所示。

方法二：单击工具栏中的查看按钮 ▥·。

（3）排列图标。图标的排列方式有按名称、按大小、按类型、按修改日期和自动排列等，若需改变排列方式，有两种常用方法。

方法一：选择【查看】|【排列图标】命令。

方法二：右击窗口空白处，弹出的快捷菜单中选择【排列图标】命令，如图 3 – 20 所示。

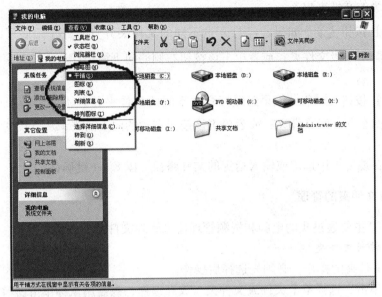

图 3 – 19 改变文件的显示方式

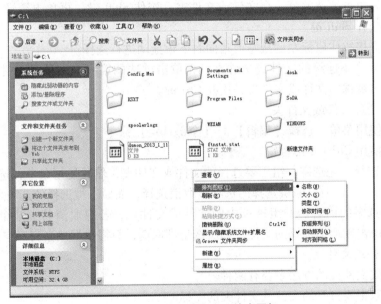

图 3 – 20 排列文件或文件夹图标

（4）查看磁盘文件。查看不同磁盘位置的文件，基本方法如下。

方法一：在左窗格中单击指定的文件夹，其内容显示在右窗格中，在右窗格中双击指定的文件。

方法二：可以利用【向上】按钮返回或利用【前进】【后退】按钮在不同级目录之间进行跳转。

● 【向上】按钮 ：按照子文件夹、文件夹、磁盘驱动器与桌面的关系，逐级向上返回至更高一级的文件夹中。

- 【前进】按钮 ➡：如果曾经打开过不同的文件夹并且不处于最底层时，可使用此按钮逐级返回至下一级文件夹；或者单击该按钮右侧的向下箭头，从下拉列表中选择前进的文件夹名称。

- 【后退】按钮 ⬅ 后退：如果曾经打开过不同的文件夹并且不处于最顶层时，可使用此按钮逐级返回至前一级文件夹；或者单击该按钮右侧的向下箭头，从下拉列表中选择后退的文件夹名称。

方法三：在地址栏中选定或输入指定的文件路径，按 Enter 键确认。

3.2.3 文件与文件夹的管理

Windows XP 主要通过我的电脑和资源管理器来管理文件与文件夹。

1. 选择文件或文件夹

对文件和文件夹的操作，必须先选择后操作。

（1）鼠标单击，选择单个文件或文件夹。放弃选择，只需用鼠标单击窗口空白处。

（2）选择多个连续的文件或文件夹。

方法一：先单击欲选的第一个文件或文件夹，按住 Shift 键，再单击欲选的最后一个文件或文件夹，松开 Shift 键。

方法二：直接按住鼠标左键从左上角向右下角拖动进行选择。

（3）选中多个不连续的文件或文件夹。先单击欲选的第一个文件或文件夹，按住 Ctrl 键，再逐个单击欲选的文件或文件夹，松开 Ctrl 键。

（4）选择全部文件或文件夹

方法一：使用菜单，选择【编辑】|【全部选定】命令。

方法二：使用 Ctrl + A 组合键。

（5）反向选择。先选定一组不要选择的文件或文件夹，然后使用菜单，选择【编辑】|【反向选择】命令。此时，原被选择的选项被取消选择，而原未被选择的选项呈选中状态。

（6）取消选定的内容。一组被选中的文件或文件夹，若想取消其中某个文件的选择，按住 Ctrl 键，单击欲取消选择的文件。如所选全部取消，只需鼠标单击窗口空白处。

2. 打开文件或文件夹

打开文件或文件夹的方法主要有两种。

方法一：双击要打开的文件或文件夹的图标。

方法二：右击要打开的文件或文件夹，从弹出的快捷菜单中选择【打开】命令。

3. 新建文件或文件夹

用户可以新建自己的文件，并通过文件夹来分类管理。

方法一：选择【文件】|【新建】|【文件夹】命令，如图 3 – 21 所示。

方法二：右击右窗格空白处，在弹出的快捷菜单中选择【新建】|【文件夹】命令。

4. 重命名文件或文件夹

对于新建的文件或文件夹，其名称是系统默认的，如新建一个文本文档，系统默认的名称是"新建文本文档.txt"，用户若要自定义文件或文件的名称，就需要对其进行重命名。

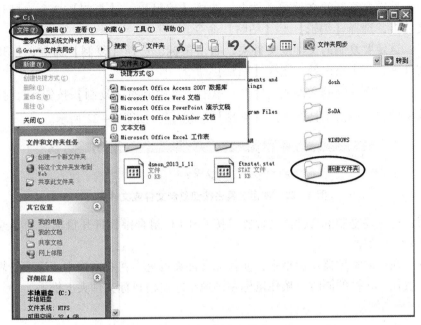

图 3 – 21　新建文件夹

方法一：在新建文件或文件夹时直接修改文件或文件夹的名称。

方法二：选中欲更名的文件或文件夹，选择【文件】|【重命名】命令。

方法三：右击欲更名的文件或文件夹，在弹出的快捷菜单中选择【重命名】。

方法四：选中文件或文件夹，再一次单击文件或文件夹。

方法五：选中文件或文件夹，按下 F2 键。

【例 3 – 4】　将 E：盘根目录下的文件"picture"重命名为"图片"，操作步骤如下。

右击文件 picture，在弹出的快捷菜单中选择【重命名】，输入"图片"，按 Enter 键。

！注　意

　　对于常用文件的扩展名，系统会自动带上，用户在修改文件名时不需要更改扩展名，所以重命名主要是指修改文件的主文件名。若扩展名已被隐藏，则按上述方法进行重命名即可；若扩展名未被隐藏，则要注意不要删除与修改扩展名。

5. 复制与移动文件或文件夹

复制与移动文件或文件夹是非常重要的操作，在 Windows 中完成这两种操作的方法也有很多，用户可以根据需要选择其中的一种。

复制和移动是将内容先送到剪贴板中，然后使用粘贴命令把内容从剪贴板中复制到目标位置。剪贴板是 Windows 在内存中开辟的一块可以暂时存放信息的临时区域。

（1）复制文件或文件夹。复制是指原来位置上文件或文件夹保持不动，在新位置上出现一个原有文件或文件夹的复制品。

方法一：选定要复制的文件或文件夹，选择【编辑】|【复制】命令，打开目标驱动器或目标文件夹，选择【编辑】|【粘贴】命令。

方法二：选定要复制的文件或文件夹，右击鼠标，选择【复制】命令，打开目标驱动器或目标文件夹，右击空白处，选择【粘贴】命令。

方法三：选定要复制的文件或文件夹，单击工具栏上的【复制】按钮，打开目标驱动器或目标文件夹，单击工具栏上的【粘贴】按钮，如图 3-22 所示。

图 3-22 使用工具栏按钮复制文件或文件夹

方法四：选定要复制的文件或文件夹，按 Ctrl + C 组合键，打开目标驱动器或目标文件夹，按 Ctrl + V 组合键。

方法五：在资源管理器左窗格中，使目标文件夹可见。在右窗格中，选中要复制的文件或文件夹，按住 Ctrl 键的同时，按住鼠标左键拖至左窗格目标文件夹上松手。

 小技巧

> 不同盘下的复制不用按下 Ctrl 键，直接拖动即可实现。

方法五：选定要复制的文件或文件夹，右击，选择【发送到】按钮，选择要复制的目标位置。

【例 3-5】 将 E：盘根目录下的文件"图片"复制到 D：\ myfile 中，操作步骤如下。
右击文件"图片"，按 Ctrl + C 组合键，打开 D 盘的 myfile 文件夹，按 Ctrl + V 组合键。
(2) 移动文件或文件夹。移动是指将文件或文件夹从原来的位置移走，出现在新的位置上。

方法一：选定要移动的文件或文件夹，选择【编辑】|【剪切】命令，打开目标驱动器或目标文件夹，选择【编辑】|【粘贴】命令。

方法二：选定要移动的文件或文件夹，右击鼠标，选择【剪切】命令，打开目标驱动器或目标文件夹，右击空白处，选择【粘贴】命令。

方法三：选定要移动的文件或文件夹，单击工具栏上的【剪切】按钮，打开目标驱动器或目标文件夹，单击工具栏上的【粘贴】按钮。

方法四：选定要移动的文件或文件夹，按 Ctrl + X 组合键，打开目标驱动器或目标文件夹，按 Ctrl + V 组合键。

方法五：在资源管理器左窗格中，使目标文件夹可见。在右窗格中，选中要移动的文件或文件夹，按住 Shift 键的同时，按住鼠标左键拖至左窗格目标文件夹上松手。

💡 小技巧

同一盘下的移动不需要按下 Shift 键，直接拖动即可实现。

【例 3 – 6】　将 E:盘根目录下的文件"图片"移动到桌面上，操作步骤如下。

右击文件"图片"，按 Ctrl + X 组合键；右击桌面空白处，按 Ctrl + V 组合键。

6. 删除文件或文件夹

在计算机使用过程中，应及时删除不再使用的文件或文件夹，以释放磁盘空间，增加运行效率。

方法一：选中文件或文件夹，选择【文件】｜【删除】命令。

方法二：右击文件或文件夹，在弹出的快捷菜单中选择【删除】命令。

方法三：选中文件或文件夹，单击工具栏上的【删除】按钮✕。

方法四：选中文件或文件夹，按 Delete 键。

按照上述方法操作后，会弹出如图 3 – 23 所示的【确认文件夹删除】对话框，单击【是】按钮即可将文件或文件夹删除至【回收站】。

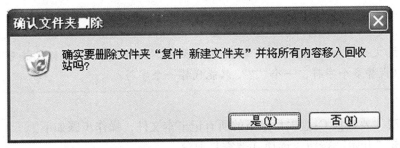

图 3 – 23　【确认文件夹删除】对话框

❗ 注　意

用上面的 4 种方法删除的文件或文件夹都会被送到【回收站】，并没有将其从计算机的硬盘中彻底删除。将其彻底删除的方法将在 3.2.4 节中介绍。

7. 查找文件或文件夹

当磁盘上保存了很多文件后，需要查找某个文件或文件夹，方法如下。

方法一：单击工具栏上【搜索】按钮🔍。

方法二：选择【开始】｜【搜索】命令，如图 3 – 24 所示。

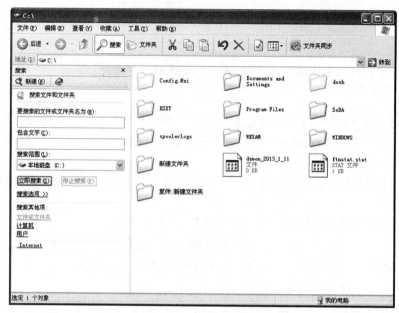

图 3-24　【搜索】窗口

💡 小技巧

在查找文件或文件夹时，可以使用通配符"＊"或"？"来代替字符。一个"＊"可以代替多个字符，一个"？"只能代替一个字符。

【例 3-7】　要查找 C:盘根目录下的所有记事本文件，操作步骤如下。

（1）单击"开始"按钮，选择【搜索】命令。

（2）在【要搜索的文件或文件夹名为】文本框中输入"＊.txt"。

（3）在【搜索范围】下拉列表框中选择"本地磁盘（C:）"。

（4）单击【立即搜索】按钮。

8. 设置文件或文件夹的属性

属性用来表示文件或文件夹的一些特性。在 Windows XP 系统中，每个文件和文件夹都有其自身的一些信息，包括文件的类型、打开方式、位置、占用空间大小、创建时间、修改时间与访问时间、只读和隐藏等属性。设置文件和文件夹属性有两种常用方法。

方法一：选择文件或文件夹，选择【文件】|【属性】命令。

方法二：选择文件或文件夹，右击鼠标，选择【属性】命令。

● 只读：只能查看，不能修改。

● 隐藏：设置为隐藏属性的文件夹既可以以浅灰色显示在窗口中，也可以隐藏起来。方法是：选择【工具】|【文件夹选项】命令，打开【查看】选项卡，在【隐藏文件和文件夹】选项组中按需进行选择，如图 3-25 所示。

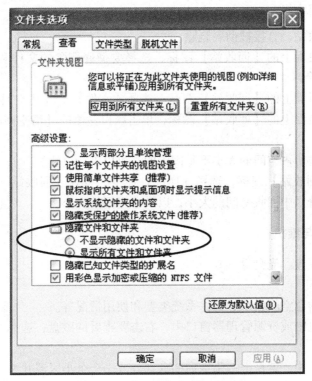

图 3 – 25　【文件夹选项】对话框

9. 建立与删除文件或文件夹的快捷方式

创建快捷方式就是在桌面上为某个应用程序、文件或文件夹建立一个快捷方式。对于应用程序，很多在安装时会提示是否在桌面创建一个图标，若选择"是"，则相应的图标会自动出现在桌面上。除此之外，在桌面上创建快捷图标还有以下两种常用的方法。

方法一：右击文件或文件夹，选择【创建快捷方式】命令。

方法二：右击文件或文件夹，选择【发送到】｜【桌面快捷方式】命令。

删除快捷图标也有两种常用方法。

方法一：选中桌面上的快捷方式图标，按 Delete 键。

方法二：选中桌面上的快捷方式图标，右击鼠标，选择【删除】命令。

3.2.4　回收站

【回收站】是一个特殊文件夹，被删除的文件和文件夹就存放在其中。它为由于误操作而删除的文件或文件夹提供了一个恢复的机会。只有当回收站被存满时，最先放入回收站的文件或文件夹才会被清除。

1. 恢复被删除的文件和文件夹

利用回收站，可以将不希望删除或者因为误操作而删除的文件或文件夹找回。

方法：双击桌面上的【回收站】图标，选择要恢复的文件和文件夹，选择【文件】｜【还原】命令。

2. 彻底删除文件和文件夹

当用户确定某些文件或文件夹可以从计算机中彻底删除时，可以使用以下几种常用方法。

方法一：在执行删除文件或文件夹操作的同时，按住 Shift 键不放，则被删除的文件或文件夹不被放入回收站，直接被彻底删除。

方法二：双击桌面上的【回收站】图标，选择要彻底删除的文件和文件夹，选择【文件】|【删除】命令。

方法三：双击桌面上的【回收站】图标，选择【文件】|【清空回收站】命令。

方法四：双击桌面上的【回收站】图标，单击窗口左侧的【清空回收站】按钮。

3. 设置回收站

回收站在硬盘中所占空间的大小不是固定的，可以进行设置。

方法：右击【回收站】图标，选择【属性】命令，打开【回收站　属性】对话框，可以在其中设置每个分区中回收空间的大小，以及总空间的大小。

3.2.5　磁盘的管理与维护

磁盘主要包括硬盘、光盘等。

1. 查看磁盘空间

可以查看磁盘的总空间大小、文件系统类型和使用情况等。

方法：在我的电脑或资源管理器窗口中，右击要查看的磁盘，选择【属性】命令。

2. 格式化磁盘

格式化，简单地说，就是把一张空白的盘划分成一个个小区域并编号，供计算机储存并读取数据。没有这个工作，计算机就不知在哪里写、从哪里读数据。由于大部分硬盘在出厂时已经格式化，所以只有在硬盘介质产生错误时才需要进行格式化。

方法：右击要格式化的磁盘，选择【格式化】命令，选中【快速格式化】，单击【开始】按钮，如图 3-26 所示。

图 3-26　格式化磁盘

3. 磁盘清理

在 Windows 工作过程中，会产生很多临时文件，时间久了，它们会占据大量的磁盘空间，因此，需要进行磁盘清理，删除不用的程序和文件，释放空间，以提高计算机的性能。

【例 3 - 8】　对 C:盘进行磁盘清理，操作步骤如下。

（1）选择【开始】|【所有程序】|【附件】|【系统工具】|【磁盘清理】命令，弹出【选择驱动器】对话框，如图 3 - 27 所示。

图 3 - 27　【选择驱动器】对话框

（2）选择 C 驱动器，单击【确定】按钮，弹出【磁盘清理】对话框，如图 3 - 28 所示。

图 3 - 28　【磁盘清理】对话框

（3）选择要删除的文件，单击【确定】按钮。

4. 磁盘碎片整理

由于经常对磁盘进行读写、删除等操作，使一个完整的文件被分成不连续的几块存储在磁盘中，这种分散的文件块即为"碎片"。大量的磁盘碎片会使磁盘的存储空间减少或系统的读写速度降低，因此，需要进行磁盘碎片整理，以提高计算机的性能，延长磁盘的使用寿命。

【例 3 - 9】　对 C:盘进行磁盘碎片整理，操作步骤如下。

（1）选择【开始】|【所有程序】|【附件】|【系统工具】|【磁盘碎片整理程序】命令，弹出【磁盘碎片整理程序】窗口，如图 3 - 29 所示。

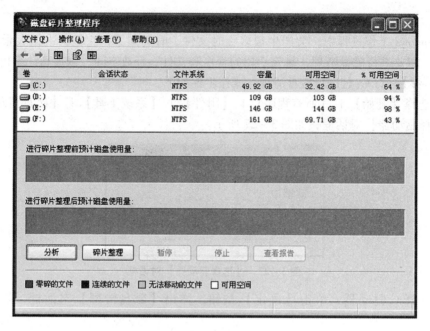

图 3 - 29 【磁盘碎片整理程序】窗口

（2）选择 C:盘，单击【碎片整理】按钮，开始整理过程。

3.3 实例一：管理计算机资源

◆ 任务描述

为推进公司信息化建设，公司要求各部门应规范计算机中的文件管理，能够做到分类管理，方便保存和迅速提取，随时做好重要数据文档的备份，以实现计算机中文件的高效管理。

◆ 任务分析

1. 【我的电脑】和【资源管理器】的使用。

2. 创建、重命名文件夹，合理确定文档资料的存放位置。

3. 文件的创建、重命名、移动、复制、删除和查找。

4. 设置文件属性。

◆ 任务要求

1. 在桌面上新建"公司"文件夹，在"公司"文件夹中再创建一个以自己的"姓名"命名的文件夹。

2. 将文件的扩展名显示出来，将对话框以图片的形式保存到"姓名"文件夹中，文件名为 A1。

3. 在【我的电脑】中查找 C:盘中的所有 Word 文件，并将查找到的结果以图片的形式保存在"姓名"文件夹中，并取名为 A2。

4. 查找 C 驱动器中所有扩展名为".exe"的文件，查找完毕，将带有查找结果的当前屏幕以图片的形式保存到"姓名"文件夹中，文件命名为 A3。

5. 在"姓名"文件夹中创建"策划"和"宣传"两个文件夹。

6. 在"策划"文件夹中创建 SL. txt、SL1. txt、SL2. txt、SL3. txt、SL4. txt、SL. docx 和 SL. xlsx 文件。

7. 在"宣传"文件夹下创建一个名为 MYFILE 的文件夹；将"策划"文件夹下的 SL. txt 及 SL1. txt 文件复制到 MYFILE 文件夹中；将"策划"文件夹下的 SL2. txt 移动到 MY-FILE 文件夹中；将"策划"文件夹下的 SL3. txt 彻底删除。

8. 在"策划"文件夹下将 SL4. txt 文件复制到"宣传"文件夹中并更名为 SL1. docx。

9. 将 SL. docx 设置成"只读"属性；将 SL. xlsx 设置成"隐藏"属性，将对话框以图片的形式保存到"姓名"文件夹中，文件名为 A4，图片保存后恢复原设置。

◆ **任务实现**

1. 步骤略。

2. 在【我的电脑】或【资源管理器】中，选择【工具】|【文件夹选项】命令，打开【查看】选项卡，如图 3 – 16 所示，取消选中"隐藏已知文件类型的扩展名"，按 Alt + Print-Screen 组合键，选择【开始】|【程序】|【附件】|【画图】命令，按 Ctrl + V 组合键，保存成 A1。

3. 操作方法如下。

(1) 选择【开始】|【搜索】|【文件和文件夹】命令。

(2) 在【要搜索的文件或文件夹名为】文本框中输入"＊. doc"或"＊. docx"。

(3) 在【搜索范围】下拉列表框中选择"本地磁盘（C:）"。

(4) 单击【立即搜索】按钮（如图 3 – 24 所示）。

(5) 按 Alt + PrintScreen 组合键，选择【附件】|【画图】命令，按 Ctrl + V 组合键，保存成 A2。

4. 方法同 3 题，不再重复讲述。

5. 双击打开"姓名"文件夹，右击空白处，打开【新建文件夹】，输入"策划"，按 Enter 键确认。

"宣传"文件夹创建方法与"策划"文件夹创建方法类似，不再重复讲述。

6. 分析：. txt 是文本文件，. doc 或 . docx 是 Word 文件，. xls 或 . xlsx 是 Excel 文件，. bmp 是位图文件。

操作方法如下。

(1) 双击打开"策划"文件夹，右击空白处，打开【新建文本文档】，输入"SL"，按 Enter 键确认。

SL1. txt，SL2. txt，SL3. txt，SL4. txt 可用类似方法创建，也可用复制的办法实现。

(2) 双击打开"策划"文件夹，右击空白处，选择【新建】|【Microsoft Office Word 文档】，输入"SL"，按 Enter 键确认。

(3) 双击打开"策划"文件夹，右击空白处，选择【新建】|【Microsoft Office Excel 工作表】，输入"SL"，按 Enter 键确认。

7. 操作方法如下。

(1) 双击打开"宣传"文件夹，右击空白处，打开【新建文件夹】，输入"MYFILE"，按 Enter 键确认。

（2）双击打开"策划"文件夹，选中 SL. txt 和 SL1. txt 文本文件，按 Ctrl + C 组合键，双击打开 MYFILE 文件夹，右击空白处，按 Ctrl + V 组合键。

（3）双击打开"策划"文件夹，选中 SL2. txt 文本文件，按 Ctrl + X 组合键，双击打开 MYFILE 文件夹，右击空白处，按 Ctrl + V 组合键。

（4）双击打开"策划"文件夹，选中 SL3. txt 文本文件，按 Shift + Del 组合键。

8. 要点：首先要确保文件名和扩展名已显示出来，然后再用重命名的方法来更改文件主名和扩展名。

9. 操作方法如下。

（1）右击 SL. docx，选择【属性】│【只读】命令。

（2）右击 SL. xlsx，选择【属性】│【隐藏】命令，按 Alt + PrintScreen 组合键，选择【附件】│【画图】，按 Ctrl + V 组合键，命名为 A4。

恢复原设置步骤省略。

◆ 3.4　使用控制面板

控制面板是操作系统对系统环境进行调整、设置的重要工具。系统在安装时，一般给出了系统环境的最佳设置，当这些设置不能满足用户的需要时，可通过控制面板对系统环境进行设置和调整。

打开控制面板的方法有以下三种。

方法一：选择【开始】│【设置】│【控制面板】命令，如图 3 – 30 所示。

图 3 – 30　打开控制面板

方法二：在桌面上双击【我的电脑】图标，单击左侧的【控制面板】图标。

方法三：在【资源管理器】窗口中，单击左侧的【控制面板】图标。

通常使用【切换到经典视图】，如图 3－31 所示。

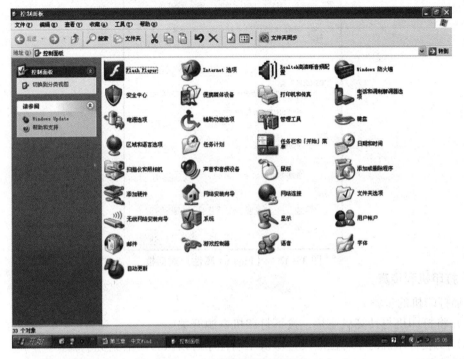

图 3－31　【控制面板】窗口

3.4.1　Internet 属性

【Internet 属性】用于 IE 浏览器，可以设置主页，删除上网记录等设置上网相关的操作。这一选项与 IE 浏览器中选择【工具】｜【Internet 属性】命令是一样的。常用于以下两个设置。

1. 设置主页

主页是指访问 WWW 站点的起始页。每次启动 Internet Explorer 时，该站点就会第一个显示出来。

更改主页的操作方法如下。

在控制面板中，打开【网络和 Internet 连接】，选择【Internet 属性】，在【常规】选项卡的【地址】文本框中输入主页的网址，如 www.163.com，再单击【确定】按钮，如图 3－32所示。

可以使用 3 个按钮来代替输入主页的网址。

- 使用当前页：使用当前正在浏览的网页作为主页。
- 使用默认页：使用浏览器默认设置的 Microsoft 公司的网页作为主页。
- 使用空白页：不使用任何网页作为主页。

2. 设置历史记录

在图 3－32 中的【浏览历史记录】选项组中可以设置将网页保存在历史记录中的天数，并且可以删除历史记录。

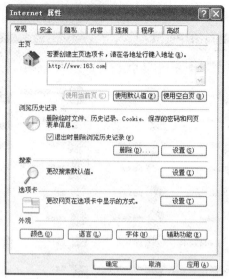

图 3 - 32　【Internet 属性】对话框

3.4.2　打印机和传真

添加打印机的步骤如下。

（1）将打印机与计算机连接，按下打印机电源开关。

（2）安装打印机的驱动程序。打印机驱动程序可以从官网上免费下载。

（3）在控制面板中打开【打印机和传真】窗口，单击左侧窗格的【添加打印机】图标，按照提示进行操作，如图 3 - 33 所示。

图 3 - 33　添加打印机

3.4.3　区域和语言选项

区域和语言选项用于设置所在国家或地区惯用的时间、日期、数字和货币等的表示方式，可添加输入法。

1. 数据格式化

可以使用以下方法来格式化数字、货币、时间和日期。

方法：在控制面板中，打开【区域和语言选项】对话框，打开【区域选项】选项卡，如图 3 - 34 所示。

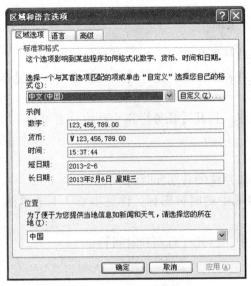

图 3 - 34　【区域选项】选项卡

2. 添加输入法

Windows XP 允许用户自行添加多种输入法，常用的方法有以下两种。

方法一：在控制面板中，打开【区域和语言选项】对话框，打开【语言】选项卡，如图 3 - 35 所示。单击【详细信息】按钮，弹出如图 3 - 36 所示的【文字服务和输入语言】对话框，单击【添加】按钮，选择输入法。

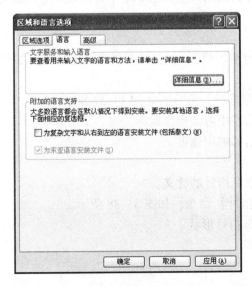

图 3 - 35　【语言】选项卡

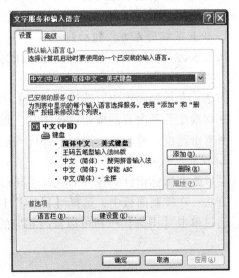

图 3 - 36　【文字服务和输入语言】对话框

方法二：右击任务栏上的输入法图标，选择【设置】命令，出现如图 3 - 36 所示对话框。

删除输入法：在图 3 - 36 所示对话框中，选中要删除的输入法，单击【删除】按钮。

3.4.4 任务栏和「开始」菜单

可以使用以下方法修改任务栏和【开始】菜单的属性。

方法一：右键单击任务栏空白处，选择【属性】命令。详见本章 3.1 节中例 3 - 2 设置任务栏和【开始】菜单。

方法二：在控制面板中，打开【任务栏和「开始」菜单】。

3.4.5 日期和时间

可以使用以下方法修改系统的日期和时间。

方法一：双击通知区域中的时钟图标。详见本章 3.1 节中例 3 - 3 设置系统的日期和时间。

方法二：在控制面板中，打开【日期和时间】。

3.4.6 声音和音频设备

可以使用以下方法调整系统的音量。

方法一：双击通知区域中的音量图标 。

方法二：在控制面板中，打开【声音和音频设备】。

3.4.7 鼠标

鼠标是计算机最常见的输入设备，对于鼠标的使用方法在第 2 章中有详细介绍，这里主要介绍鼠标的设置。

1. 设置鼠标的左右按钮功能

按大多数人的习惯，鼠标的使用默认为"右手习惯"，将鼠标左键定义为主键。如果要改成"左手习惯"，可执行如下操作。

方法：在控制面板中，选择【鼠标】｜【鼠标键】命令，如图 3 - 37 所示。

● 切换主要和次要的按钮：选中它，则变为左手习惯操作鼠标。

● 双击速度：拖动速度滑块，即可调整双击的响应速度。

2. 设置鼠标指针

可以改变鼠标指针的各种形状及不同形状鼠标指针的含义。

方法：在控制面板中，选择【鼠标】｜【指针】命令，如图 3 - 38 所示。

通过单击【浏览】按钮可以修改相应的鼠标指针形状。

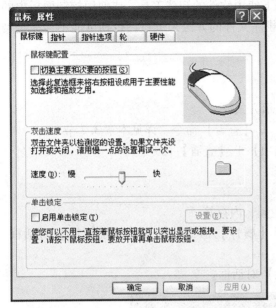

图 3－37　【鼠标键】选项卡

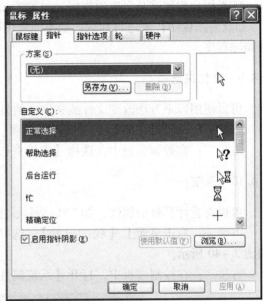

图 3－38　【指针】选项卡

3.4.8　添加或删除程序

为了加强计算机的功能，用户会安装各种各样的应用程序。目前大部分软件的安装都是智能化的，只需将安装光盘放到光驱中，安装程序便会自动运行，用户按照安装向导的提示一步步操作即可。对于不能自动安装的软件，可以通过控制面板中的【添加或删除程序】来进行安装，如图 3－39 所示。

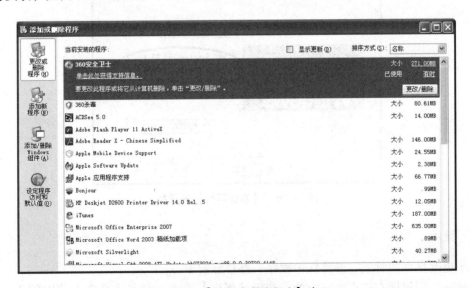

图 3－39　【添加或删除程序】窗口

如果用户想删除某个应用程序，通常情况下使用软件的卸载工具，或使用控制面板中的【添加或删除程序】来进行卸载。但不能采用删除文件的方法来进行，否则可能不会完全彻底删除程序。

3.4.9 文件夹选项

可以使用以下方法改变文件或文件夹的显示方式。

方法一：选择【工具】｜【文件夹选项】｜【查看】命令。详见本章3.2节。

方法二：在控制面板中，选择【文件夹选项】｜【查看】命令。

3.4.10 系统

可以查看计算机的属性，如 CPU 型号、主频、内存等。

方法一：右击桌面上【我的电脑】，选择【属性】命令，打开【系统属性】对话框，如图3－40所示。

方法二：在控制面板中，打开【系统属性】对话框。

图3－40　【系统属性】对话框

3.4.11 显示

用于更改桌面的背景、屏幕保护程序、屏幕分辨率等。

方法一：用鼠标右击桌面空白处，选择【属性】命令。详见本章3.1节中例3－1设置显示属性。

方法二：在控制面板中打开【显示】对话框。

3.4.12　用户账户

用户添加或修改用户账户，以及设置或更改计算机登录密码。

1. 添加新用户

方法：在控制面板中打开【用户账户】，按需进行选择和输入，如图 3－41 所示。

图 3－41　【用户账户】对话框

2. 更改密码

单击要更改密码的账户，出现如图 3－42 所示【更改密码】对话框。

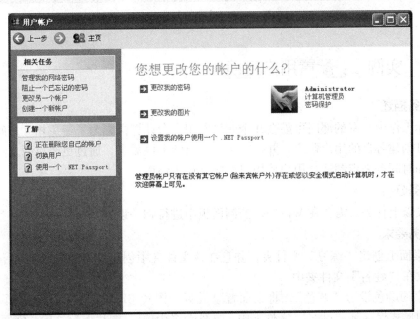

图 3－42　【更改密码】对话框

3.4.13 字体

显示所有安装到计算机中的字体。用户可以删除字体或安装新字体。

安装新字体方法：在控制面板中，打开【字体】窗口，选择【文件】｜【安装新字体】命令，如图 3-43 所示。

删除字体：右击该字体，单击【删除】按钮。

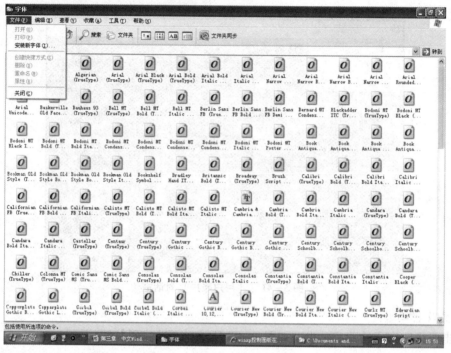

图 3-43 【字体】窗口

3.5 实例二：配置用户环境

◆ 任务描述

在实际工作中，有的部门可能会几个同事共用一台计算机，为了避免相互之间的操作受到影响，可创建各自的用户账户，并按各用户需要和个性需求，通过更改桌面、显示器、键盘、鼠标和时间等来定制适合用户使用习惯的计算机环境。

◆ 任务分析

要完成以上任务，需要在 Windows 控制面板中进行相关设置。

◆ 任务要求

1. 在桌面上创建"练习"文件夹，并且在该文件夹中创建"姓名"文件夹，将所有的屏幕截图放在"姓名"文件夹中。

2. 将桌面颜色设为"蓝色"，将桌面背景设置为图片 BEIJING-1. JPG，将设置后的桌面以图片的形式保存到"姓名"文件夹中，文件命名为 A1，图片保存之后，恢复原设置。

3. 将屏幕分辨率设置为 1 024 × 768，将设置后的对话框以图片的形式保存到"姓名"文件夹中，文件命名为 A2。

4. 设置监视器的刷新频率为 75Hz，并将设置后的对话框以图片的形式保存到"姓名"文件夹中，文件命名为 A3。

5. 在"辅助功能选项"中设置键盘允许使用"黏滞键""筛选键"和"切换键"，将设置键盘辅助功能的对话框以图片的形式保存到"姓名"文件夹中，文件命名为 A4。

6. 在"辅助功能选项"中设置允许使用"声音卫士"和"声音显示"，将设置声音辅助功能的对话框以图片的形式保存到"姓名"文件夹中，文件命名为 A5。

7. 设置电源使用方案为 30 分钟后关闭监视器，45 分钟后关闭硬盘，将设置后的对话框以图片的形式保存到"姓名"文件夹中，文件命名为 A6。

8. 设置当前日期为 2013 年 9 月 1 日，时间为 11 点 30 分 30 秒，将设置后的"时间和日期"选项卡以图片的形式保存到"姓名"文件夹中，文件命名为 A7，图片保存之后，恢复原设置。

9. 将姓名文件夹设置为共享，将设置后的效果以图片的形式保存到"姓名"文件夹中，文件命名为 A8，图片保存之后，恢复原设置。

10. 添加五笔字型输入法，将改后的效果以图片的形式保存到"姓名"文件夹中，文件名为 A9。

11. 更改鼠标指针的形状，将改后的对话框以图片的形式保存到"姓名"文件夹中，文件名为 A10，图片保存后，恢复原设置。

12. 将系统音量设置为静音，将设置后的对话框以图片的形式保存到"姓名"文件夹中，文件命名为 A11，图片保存之后，恢复原设置。

◆ **任务实现**

1. 步骤略。

2. 鼠标右击桌面空白处，选择【属性】命令，或在控制面板中，选择【显示】|【显示属性】命令。打开【桌面】选项卡，在【颜色】区选择"蓝色"，单击【浏览】按钮，选择图片 BEIJING − 1. JPG，单击【确定】按钮，按 PrintScreen 键截图，选择【开始】|【所有程序】|【附件】|【画图】命令，按 Ctrl + V 组合键，保存为 A1。

恢复原设置步骤略。

3. 鼠标右击桌面空白处，选择【属性】命令，或在控制面板中，选择【显示】|【显示属性】命令。打开【设置】选项卡，拖动滑块将屏幕分辨率设为 1 024 × 768，按 Alt + PrintScreen 组合键截图，选择【附件】|【画图】命令，按 Ctrl + V 组合键，保存为 A2，如图 3 − 44 所示。

4. 鼠标右击桌面空白处，选择【属性】命令，或在控制面板中，选择【显示】|【显示属性】命令。打开【设置】选项卡，单击【高级】按钮，打开【监视器】选项卡，将【屏幕刷新频率】设置为 75 Hz，按 Alt + PrintScreen 组合键截图，选择【附件】|【画图】命令，按 Ctrl + V 组合键，保存为 A3，如图 3 − 45 所示。

5. 在控制面板中，选择【辅助功能选项】，打开【键盘】选项卡，选取"使用黏滞键""使用筛选键"和"使用切换键"，按 Alt + PrintScreen 组合键截图，选择【附件】|【画

图 3 – 44　设置屏幕分辨率

图】命令，按Ctrl + V组合键，保存为 Λ4，如图 3 – 46 所示。

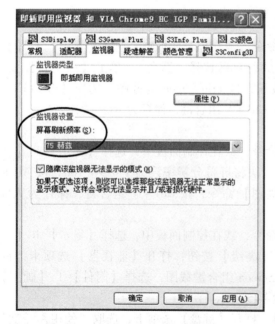

图 3 – 45　设置屏幕刷新频率

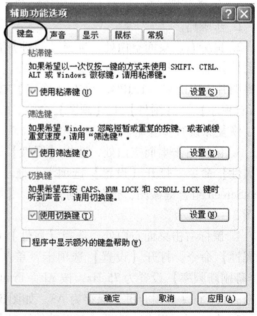

图 3 – 46　设置键盘

6. 在控制面板中，选择【辅助功能选项】，打开【声音】选项卡，选取"使用'声音卫士'"和"使用'声音显示'"，按 Alt + PrintScreen 组合键，选择【附件】｜【画图】命令，按 Ctrl + V 组合键，保存为 A5，如图 3 – 47 所示。

7. 在控制面板中，选择【电源选项】，设置【关闭监视器】时间为 30 分之后，设置【关闭硬盘】时间为 45 分之后，按 Alt + PrintScreen 组合键截图，选择【附件】｜【画图】命令，按 Ctrl + V 组合键，保存为 A6，如图 3 – 48 所示。

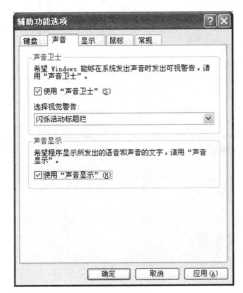

图 3 – 47　设置声音

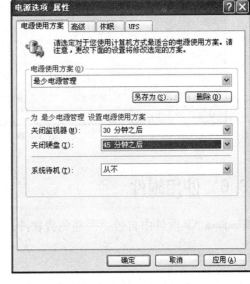

图 3 – 48　设置电源使用方案

8. 双击通知区域中的时钟图标，或在控制面板中，选择【日期和时间】，弹出【日期和时间　属性】对话框，进行相应的设置，并截图、保存为 A7。

恢复原设置步骤略。

9. 右击"姓名"文件夹，选择【共享和安全】｜【共享】命令，选中【在网络上共享这个文件夹】，单击【确定】按钮，按 Alt + PrintScreen 组合键截图，选择【附件】｜【画图】命令，按 Ctrl + V 组合键，保存为 A8。

恢复原设置步骤略。

10. 右击任务栏上的输入法图标，选择【设置】命令，或在控制面板中，选择【区域和语言选项】｜【语言】命令。单击【详细信息】按钮，弹出【文字服务和输入语言】对话框。单击【添加】按钮，选择五笔字型输入法，单击【确定】按钮。单击任务栏上的输入法图标，按 PrintScreen 键截图，选择【附件】｜【画图】命令，按 Ctrl + V 组合键，选取相应的区域重新粘贴至【画图】中，保存为 A9 是，如图 3 – 35 和图 3 – 36 所示。

11. 在控制面板中，选择【鼠标】｜【指针】命令，单击【浏览】按钮，选取鼠标指针，按 Alt + PrintScreen 组合键截图，选择【附件】｜【画图】命令，按 Ctrl + V 组合键，保存为 A10，如图 3 – 38 所示。

恢复原设置步骤略。

12. 双击通知区域中的音量图标，或在控制面板中，选择【声音和音频设备】，将声音调成静音，截图并保存为 A11，如图 3 – 49 所示。

　　恢复原设置步骤略。

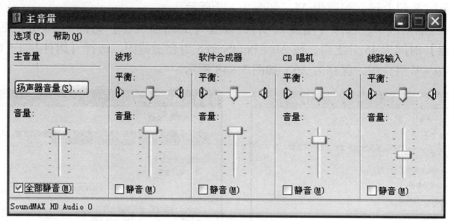

图 3 – 49　设置音量

3.6　使用附件

Windows XP 附件中自带了一些免费软件，非常实用。

3.6.1　记事本

　　记事本是一个小型的文字处理软件，只能使用字体和字号，不能插入图形图片。其功能较写字板、Word 之类的文字处理软件要少得多，但其操作简单，非常适合编辑如备忘录、便条之类的纯文本文件。记事本文件在保存时默认的扩展名为 .txt。

　　打开记事本有两种常用方法。

　　方法一：选择【开始】│【程序】│【附件】│【记事本】命令，如图 3 – 50 所示。

图 3 – 50　打开记事本

方法二：双击某个文本文件。打开【记事本】窗口，如图 3-51 所示。

3.6.2　写字板

写字板也是一个字处理软件，其功能仅次于 Word，可用于文字和图片的处理，可以进行格式设置等。写字板文件在保存时默认的扩展名是 .rtf。

打开写字板的方法：选择【开始】|【程序】|【附件】|【写字板】命令，如图 3-52 所示。

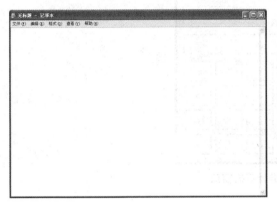

图 3-51　【记事本】窗口　　　　　　　　图 3-52　【写字板】窗口

3.6.3　画图

利用画图程序的各种工具可以建立、编辑各种图形，也可将设计好的图形插入到写字板、Word 等其他应用程序中。画图文件在保存时默认的扩展名是 .bmp。

打开画图窗口的方法：选择【开始】|【程序】|【附件】|【画图】命令，如图 3-53 所示。

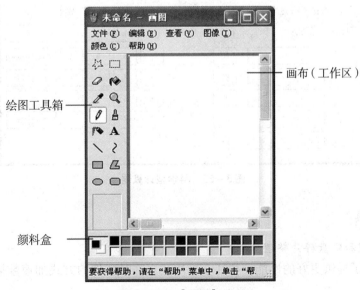

图 3-53　【画图】窗口

3.6.4 计算器

附件中的计算器有两种类型：标准型计算器（默认）和科学型计算器。

打开计算器的方法：选择【开始】|【程序】|【附件】|【计算器】命令，如图
3－54所示。

图3－54 标准计算器窗口

1. 标准型计算器

用于执行简单的计算。

2. 科学型计算器

可以进行各种进制的相互转化。

切换方法：在计算器窗口中，选择【查看】|【科学型】命令，如图3－55所示。

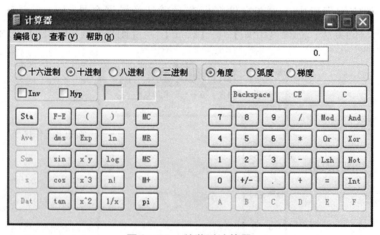

图3－55 科学型计算器

3.6.5 系统工具

1. 磁盘清理和磁盘碎片整理

Windows为了提供更好的性能，往往会采用建立临时文件的方式加速数据的存取，但如

果不对这些临时文件进行定期清理，磁盘中许多空间就会被悄悄占用，而且还会影响系统整体的性能，所以定期对磁盘进行清理和整理是非常有必要的。

磁盘清理和磁盘碎片整理知识详见本章 3.2 节。

2. 备份或还原

无论怎样维护和管理自己的计算机，都无法绝对保证系统永远不会出现问题甚至崩溃，因为系统很有可能因操作失误或者其他无法预料的因素导致无法正常工作，所以很有必要在系统出现故障之前，先采取一些安全的备份措施，做到防患于未然。

备份的操作步骤如下。

选择【开始】|【程序】|【附件】|【系统工具】|【备份】命令，打开【备份或还原向导】对话框。按照向导的提示一步步进行操作即可，如图 3 – 56（a）和图 3 – 56（b）所示。

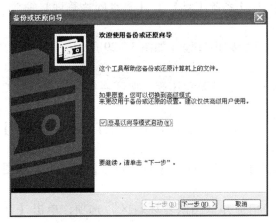
（a）

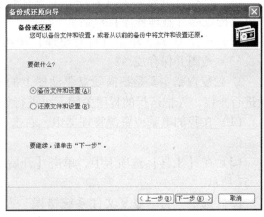
（b）

图 3 – 56　备份或还原

3.7　实例三：维护系统

◆ 任务描述

刚安装的 Windows XP 系统性能优良，但随着计算机使用时间的增加，系统的速度就变得越来越慢，并且经常出现非法操作，甚至蓝屏、死机等故障。为避免以上情况给工作带来负面的影响，在日常使用过程中应注意计算机维护。

◆ 任务分析

为了方便用户管理和维护计算机，Windows XP 提供了很多系统工具，如计算机使用一段时间后系统变慢，可用自带磁盘管理工具等进行优化和维护。

◆ 任务要求

1. 用磁盘清理程序对 C 驱动器进行清理，在进行磁盘清理时将整个屏幕以图片的形式保存到"姓名"文件夹中，文件命名为 A1。

2. 用磁盘碎片整理程序对 D 盘进行整理，在整理之前先进行分析。将对话框以图片的形式保存到"姓名"文件夹中，文件名为 A2。

3. 对 C:盘进行查错。

◆ **任务实现**

1. 对 C:盘进行磁盘清理，操作步骤如下。

（1）选择【开始】|【程序】|【附件】|【系统工具】|【磁盘清理】命令，弹出【选择驱动器】对话框。

（2）选择 C:驱动器，单击【确定】按钮，弹出【磁盘清理】对话框（如图 3 - 28 所示）。

（3）选择要删除的文件，单击【确定】按钮。

（4）截图并保存成 A1。

2. 磁盘碎片整理，操作步骤如下。

（1）选择【开始】|【程序】|【附件】|【系统工具】|【磁盘碎片整理】命令，弹出【磁盘碎片整理程序】对话框。

（2）选择 D:盘，单击【碎片整理】按钮，开始整理过程（如图 3 - 29 所示）。

（3）截图并保存成 A2。

3. 磁盘查错主要是扫描硬盘驱动器上的文件系统错误和坏簇，保证系统的安全。对 C 盘进行查错，先把运行的程序关闭，再进行如下操作。

（1）在我的电脑或资源管理器中，右击 C:盘，选择【属性】命令，打开磁盘【属性】对话框。

（2）在【工具】选项卡中，单击【开始检查】按钮，打开【检查磁盘】对话框，如图 3 - 57 所示。

（3）选中"自动修复义件系统错误"及"扫描并试图恢复坏扇区"选项，单击【开始】按钮，即开始检查磁盘中的错误，如图 3 - 58 所示。

图 3 - 57　磁盘【属性】对话框

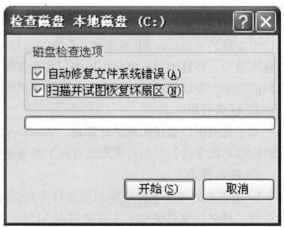

图 3 - 58　【检查磁盘】对话框

3.8　理论习题

一、单选题

1. 下列程序不属于附件的是（　　　）。
A. 计算器　　　　　B. 记事本　　　　　C. 网上邻居　　　　D. 画图
2. 下列关于文件名的描述中正确的是（　　　）。
A. 同一文件夹中不允许有两个或多个文件同名
B. 同一文件夹中允许有两个文件同名，但内容不能一致
C. 不同文件夹中允许文件同名，但内容不能一致
D. 不同文件夹中不允许文件同名
3. Windows XP 操作系统是一个（　　　）。
A. 单用户单任务操作系统　　　　　B. 单用户多任务操作系统
C. 多用户单任务操作系统　　　　　D. 多用户多任务操作系统
4. Windows XP 中任务栏的作用是（　　　）。
A. 显示系统的所有功能　　　　　B. 只显示窗口名
C. 只显示正在后台工作的窗口名　　　　　D. 可实现窗口之间的切换
5. 关于 Windows XP 的文件名描述正确的是（　　　）。
A. 文件主名只能为 8 个字符　　　　　B. 可长达 255 个字符，无须扩展名
C. 文件名中不能有空格出现　　　　　D. 可长达 255 个字符，同时仍保留扩展名
6. Windows XP 中，当一个窗口最大化后，下列叙述错误的是（　　　）。
A. 该窗口可以被关闭　　　　　B. 该窗口可以被移动
C. 该窗口可以最小化　　　　　D. 该窗口可以还原
7. 在 Windows XP 中，如果正在启动一个程序或执行一个操作，系统处于等待状态，位于程序窗口中的鼠标指针的形状应该是（　　　）。
A. 空心箭头　　　B. 双向箭头　　　C. 沙漏　　　　D. 上指的手
8. 对于放入回收站的文件，下列叙述错误的是（　　　）。
A. 可以通过恢复操作将其恢复到删除前的位置
B. 可以进一步彻底删除
C. 可以查看文件的属性
D. 可以通过鼠标单击打开文件
9. Windows XP 中文版操作系统中，为了实现全角与半角状态之间的转换，应按（　　　）组合键。
A. Shift + 空格　　　B. Ctrl + 空格　　　C. Shift + F9　　　D. Ctrl + Shift
10. Windows XP 的【开始】菜单包括了 Windows 系统的（　　　）。
A. 主要功能　　　B. 全部功能　　　C. 部分功能　　　D. 初始化功能
11. 关于 Windows XP 的说法，正确的是（　　　）。

A. Windows 是迄今为止使用最广泛的应用软件

B. 使用 Windows 时，必须有 MS – DOS 的支持

C. Windows 是一种图形用户界面操作系统，是系统操作平台

D. 以上说法都不正确

12. 当一个应用程序窗口最小化后，该应用程序将（   ）。

A. 终止执行   B. 继续执行   C. 暂停执行   D. 转入后台执行

13. （   ）操作不能查找文件和文件夹。

A. 用【开始】菜单中的【搜索】命令

B. 右击【我的电脑】，在弹出的快捷菜单中选择【搜索】

C. 右击"开始"按钮，在弹出的快捷菜单中选择【搜索】

D. 资源管理器中选择【查看】菜单下的【搜索】命令

14. 选定整个文档为要操作的文本块，其组合键为（   ）。

A. Shift + A   B. Ctrl + A

C. Alt + A   D. 编辑菜单中的"全选"

15. 要显示文件的扩展名，应选择资源管理器窗口的（   ）菜单。

A. 文件   B. 查看   C. 编辑   D. 工具

16. 在 Windows XP 中，右击某对象，将会（   ）。

A. 选中该对象   B. 打开该对象

C. 弹出该对象的快捷菜单   D. 无效操作

17. 在 Windows XP 中，复选框和单选框（   ）。

A. 均可选择一项或多项   B. 均只能选一项

C. 前者可多选，后者只能选一项 D. 前者只能选一项，后者可多选

18. Windows XP 中，不能删除的文件夹是（   ）。

A. 子文件夹   B. 空文件夹

C. 有"＋"号或"－"号的文件夹 D. 根文件夹

19. Windows 中有多种窗口类型，复选框出现在（   ）窗口。

A. 应用程序   B. 对话框   C. 文件夹   D. 文档

20. 若在桌面上打开多个窗口，则下述对活动窗口（当前窗口）描述不正确的是（   ）。

A. 活动窗口的标题栏是高亮度的

B. 桌面上可以同时有两个活动窗口

C. 光标的插入点在活动窗口闪烁

D. 活动窗口在任务栏上的按钮为"按下"状态

21. Windows XP 中，能弹出对话框的操作是（   ）。

A. 选择了带省略号的菜单项   B. 选择了带向右三角形箭头的菜单项

C. 选择了颜色变灰的菜单项   D. 选择了前面有"√"记号的菜单项

22. 在 Windows XP 的资源管理器窗口中，左窗口显示的是（   ）。

A. 所有未打开的文件夹   B. 系统的文件夹树

C. 打开的文件夹下的子文件夹及文件 D. 所有已打开的文件夹

23. 在 Windows XP 中，剪贴板是程序和文件间用来传递信息的临时存储区，此存储区是（　　）。

　　A. 回收站的一部分　　B. 硬盘的一部分　　C. 内存的一部分　　D. 软盘的一部分

24. 在资源管理器中要同时选定不相邻的多个文件，使用（　　）键。

　　A. Shift　　　　　　B. Ctrl　　　　　　C. Alt　　　　　　D. F8

25. 在 Windows XP 中有两个管理系统资源的程序组，它们是（　　）。

　　A. 我的电脑和控制面板　　　　　　　　B. 资源管理器和控制面板

　　C. 我的电脑和资源管理器　　　　　　　D. 控制面板和【开始】菜单

26. 资源管理器中，剪切一个文件后，该文件被（　　）

　　A. 删除　　　　　　　　　　　　　　　B. 放到回收站

　　C. 临时存放在桌面上　　　　　　　　　D. 临时存放在"剪贴板"中

27.【记事本】程序默认的文件类型是（　　）。

　　A. txt　　　　　　　　B. docx　　　　　　C. xlsx　　　　　　D. gif

28. 任何想得到关于当前打开菜单或对话框内容的帮助信息，可以（　　）。

　　A. 按 F1 键　　　　　　　　　　　　　B. 按 F2 键

　　C. 使用菜单帮助　　　　　　　　　　　D. 单击工具栏【帮助】按钮

29. Windows XP 中，任务栏（　　）。

　　A. 只能改变位置不能改变大小　　　　　B. 只能改变大小不能改变位置

　　C. 既不能改变位置也不能改变大小　　　D. 既能改变位置也能改变大小

30. Windows XP 中，要设置桌面背景，第一步是右击（　　）空白处。

　　A. 任务栏　　　　　B. 桌面　　　　　　C. 我的电脑　　　D. 资源管理器

二、填空题

1. 文件名是由主文件名和_____组成，其中主文件名不能省略。

2. 用_____组合键，可以在各种输入法之间循环切换。

3. 在 Windows XP 中的【回收站】窗口中，要想恢复选定的文件或文件夹，可以使用【文件】菜单中的_____命令。

4. 操作系统的五大管理功能包括：处理器管理、_____、_____、设备管理和作业管理。

5. 在 Windows XP 的【资源管理器】窗口中，为了使具有系统和隐藏属性的文件或文件夹不显示出来，首先应进行的操作是选择【_____】菜单中的【文件夹选项】命令。

6. 在 Windows XP 的【资源管理器】窗口中，如果要查看某个快捷方式的目标位置，应使用【文件】菜单中的【_____】命令。

7. 当任务栏被隐藏时用户可以按 Ctrl +_____组合键的快捷方式打开【开始】菜单。

8. Windows XP 的【回收站】，是_____中的一块区域。

9. 在 Windows XP 的【资源管理器】窗口中，要显示状态栏，应使用【_____】菜单。

10. 若想用键盘操作来取消弹出的下拉菜单，应按_____键。

11. Windows XP 中，按名称搜索时，可使用通配符_____和？。

12. Windows XP 中，窗口右上角有【最小化】【最大化】（或【还原】）和【_____】三个按钮。

13. Windows XP 中，按_____组合键，能将选定对象复制到剪贴板，且原位置对象还存在。

14. 在 Windows XP 中，要选择几个不连续的文件或文件夹，应按_____键，然后用鼠标逐个单击。

15. 在资源管理器窗口，要选择右窗格中的全部文件，应使用【_____】菜单下的【全部选定】。

16. 在 Windows XP 中，用户可以设置的文件属性是_____、存档和隐藏。

17. Windows XP 中，要设置鼠标属性，应在_____窗口，双击【鼠标】图标。

18. Windows XP 中，文件直接删除，不送回收站，应按_____键。

19. Windows XP 中提供许多种字体，字体文件存放在_____文件夹中。

20. 要查找所有的 bmp 文件，应在【搜索】对话框的"全部或部分文件名"中输入_____。

三、思考题

1. 启动"资源管理器"的方法很多，请说出三种。

2. 写出启动控制面板的三种方法。

3. 窗口最小化与窗口关闭有什么区别？

4. 文件图标与快捷方式图标有什么不同？

5. 简述 Windows XP 的文件命名规则。

6. 在桌面上添加快捷方式有几种方法？

7. 在 Windows XP 中，应用程序的扩展名有哪些？在 Windows XP 中运行应用程序有哪几种途径？

8. 如果有应用程序不再响应，用户应如何处理？

9. 在 Windows 资源管理器中，如何复制、删除、移动文件和文件夹？发送命令和复制命令有什么区别？

10. 屏幕保护程序有什么功能？

◆ 3.9 　上机实训

1. 管理文件及文件夹

（1）在"桌面"上创建一个文件夹，命名为"练习"；在"练习"文件内再创建一个以考生"姓名"命名的文件夹。

（2）在"我的电脑"中查找 C:盘中的所有 docx 文件，并将查找到的结果以图片的形式保存在第 1 题以自己"姓名"命名的文件夹中，并取名为 1. bmp。

（3）在"姓名"文件夹中创建 KS 和 KS1 两个文件夹。

（4）在 KS 中创建 KS. txt、KS1. txt、KS2. txt、KS3. txt、KS4. txt、KS. docx 和 KS. bmp

文件。

（5）在 KS1 下创建一个名为 JSJ 的文件夹；将 KS 下的 KS. txt 及 KS1. txt 文件复制到 JSJ 文件夹中；将 KS 下的 KS2. txt 移动到 JSJ 文件夹中；将 KS 下的 KS3. txt 彻底删除。

（6）在 KS 下将 KS4. txt 文件复制到 KS1 文件夹中并更名为 KS1. docx。

（7）将 KS. docx 设置成"只读"属性；将 KS. bmp 设置成"隐藏"属性。

2. 设置控制面板

（1）将桌面颜色设为"蓝色"，并将分辨率设置为 1024×768，从计算机中选择一幅图片作为桌面背景。

（2）添加日文输入法。

（3）自定义任务栏，设置任务栏中的时钟隐藏，并且在"开始"菜单中显示小图标，将设置后的效果屏幕以图片的形式保存在"姓名"文件夹中，文件命名为 A5，图片保存之后，恢复原设置。

（4）为【开始】菜单【程序】子菜单中的 Microsoft Word 命令创建桌面快捷方式，将设置后的桌面以图片的形式保存到"姓名"文件夹中，文件命名为 A6。

（5）将桌面上的【我的电脑】和【网上邻居】两个图标进行更改，将更改图标后的桌面以图片的形式保存到"姓名"文件夹中，文件命名为 A7，图片保存之后，恢复原设置。

（6）在任务栏上添加"桌面"工具栏，并将任务栏置于桌面的顶端，将设置后的桌面以图片的形式保存到"姓名"文件夹中，文件命名为 A8，图片保存之后，恢复原设置。

（7）取消任务栏上的所有工具栏，并将任务栏置于桌面的右侧，将设置后的桌面以图片的形式保存到"姓名"文件夹中，文件命名为 A9，图片保存之后，恢复原设置。

3. 使用附件

（1）用磁盘清理程序对 C:驱动器进行清理，在进行磁盘清理时将整个屏幕以图片的形式保存到"姓名"文件夹中，文件命名为 A10。

（2）用磁盘碎片整理程序对 D:盘进行整理，在整理之前先进行分析。将对话框以图片的形式保存到"姓名"文件夹中，文件名为 A11。

（3）启动运算器，做算术运算及进制转换。

（4）启动记事本，练习汉字输入。

（5）启动画图，绘画创意图画。

4. 其他常用操作

（1）查看并记录你所使用计算机的属性：CPU 型号、主频、内存。

（2）查看并记录你所使用计算机的 C:盘的总容量及可用空间大小。

（3）设置等待 1 分钟出现屏保。

（4）将系统日期改为 2013 年 1 月 1 日，并恢复当前日期和时间。

第4章
字处理软件 Word 2007

知 识 点 导 读

◆ 基础知识
　文档的基本操作
　文档内容的编辑
　页面设置和打印
◆ 重点知识
　文字、段落、页面格式的设置
　图片、艺术字、文本框的使用
　图文混排

◆ 4.1　初识 Word

2006 年 11 月，微软公司正式发布办公软件 Microsoft Office 2007。Office 2007 几乎包括了 Word、Excel、PowerPoint、Outlook、Publisher、OneNote、Groove、Access、InfoPath 等所有的 Office 组件，其中最常用的是 Word、Excel 和 PowerPoint 三个组件，而 Word 2007 是目前世界上非常流行的一款文字处理软件。

4.1.1　Word 2007 简介

Word 2007 为用户提供了一个强大的文字处理平台，供用户方便地输入和编辑文字，使用它不仅可以对文字、段落进行格式设置，对文档进行图文混排，制作各种表格和流程图，同时还可以进行文档的打印输出。因此，Word 2007 已成为办公人员和排版人员的得力助手。

Word 2007 拥有新的外观，新的用户界面，用简单明了的单一机制取代了 Word 早期版本中的菜单、工具栏和大部分任务窗口，较之前的版本有着更方便、快捷和更人性化的设计特点。Word 2007 中文版提供了一套完整的工具，供用户在新的界面中创建文档并设置格式，从而帮助用户制作具有专业水准的文档。

Office 2007 应用程序的启动和退出方法相同。

1. Office 2007 的启动

中文 Office 2007 应用程序安装完成后，即可进行启动。启动方法主要有以下 3 种。

（1）使用【开始】菜单启动。选择【开始】|【程序】|【Microsoft Office】命令，选择所需的应用组件。

（2）使用应用文档启动。在【资源管理器】或【我的电脑】窗口中打开任何一个中文 Office 2007 文档（如 Word 文档，Excel 工作簿等）时，系统将自动启动相应的应用程序组件。

（3）使用快捷方式启动。双击桌面上的快捷方式图标，即可快速启动相应的应用程序组件。

2. Office 2007 的退出

退出 Office 的常用方法有以下 5 种。

（1）单击 Office 2007 界面上标题栏右侧的【关闭】按钮 ✖ 。

（2）双击【Office 按钮】。

（3）选择【Office 按钮】|【关闭】命令。

（4）按 Alt + F4 组合键。

（5）在 Office 2007 界面标题栏上右击，从弹出的快捷菜单中选择【关闭】命令。

4.1.2　Word 2007 工作界面

启动中文版 Word 2007 后就会弹出中文版 Word 2007 的窗口，即工作界面。

1. Word 2007 的工作界面

启动 Word 2007 之后，系统会自动创建一个名为"文档 1"的空白文档，如图 4 - 1 所示。

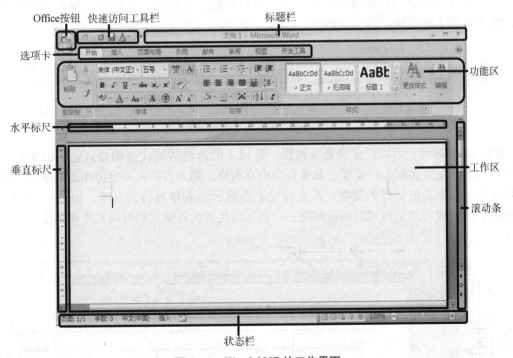

图 4 - 1　Word 2007 的工作界面

（1）Office 按钮。位于 Word 2007 窗口左上角，单击它可以打开、保存或打印文档，并且能够查看可对文档执行的所有其他操作。

（2）快速访问工具栏。放置一些最常用的工具按钮，默认的三个工具按钮为【保存】 💾 、

【撤销】 和【恢复】 按钮。如果要在【快速访问工具栏】中添加或者删除工具按钮，可以单击【自定义快速访问工具栏】按钮 ，在出现的下拉列表中选中或者取消选中相应的按钮选项（选中的选项即会显示在【快速访问工具栏】中，取消选中的选项即会消失在【快速访问工具栏】中）。

（3）标题栏。标题栏的正中央显示该文档的名称，若还未对文档命名，则文档名默认为"文档1.docx"；标题栏的右侧有三个小按钮，分别是【最小化】 、【最大化】 或【还原】 、【关闭】 按钮。

（4）选项卡和功能区。Word 2007 取消了原来版本中的菜单栏和工具栏，取而代之的是选项卡和功能区；原来版本中的菜单栏在 Word 2007 中用选项卡的形式显示，各菜单命令在 Word 2007 中用按钮表示（组成功能区）。单击每个选项卡，可以显示出这个选项卡中包含的按钮。在选项卡中需要使用哪个工具，直接单击相应的按钮就可以了。有些按钮右侧或者下方有向下的箭头 ，则表示这个按钮有其他选项，单击这个箭头可以打开一个下拉列表进行选择。每个选项卡中的按钮根据其功能的不同被分成不同的区域，每个区域之间有明显的界线，这样的区域叫作"组"，如【开始】选项卡中的【字体】组和【段落】组。有些组的右侧有斜向右下方的箭头 ，叫作"对话框启动器"，表示这个组有完整的对话框或者窗口，单击对话框启动器可以打开相应的对话框或者窗口。

（5）水平标尺。可以快速设置页边距、首行缩进、左缩进、右缩进、制表位和悬挂缩进。水平标尺上各个标记的作用如图 4-2 所示。

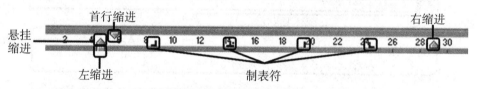

图 4-2　水平标尺上的标记

（6）垂直标尺。可以快速设置页边距。标尺上的蓝色区域代表的是页边距的宽度，白色区域代表的是页面版心的宽度。如果页面中有表格，那么当插入点定位在表格里时，水平标尺上会显示出表格每列的宽度，垂直标尺上会显示出表格每行的高度，如图 4-3 所示，其中蓝色区域代表的是列间距和行间距；白色区域代表的是单元格可用宽度和高度。

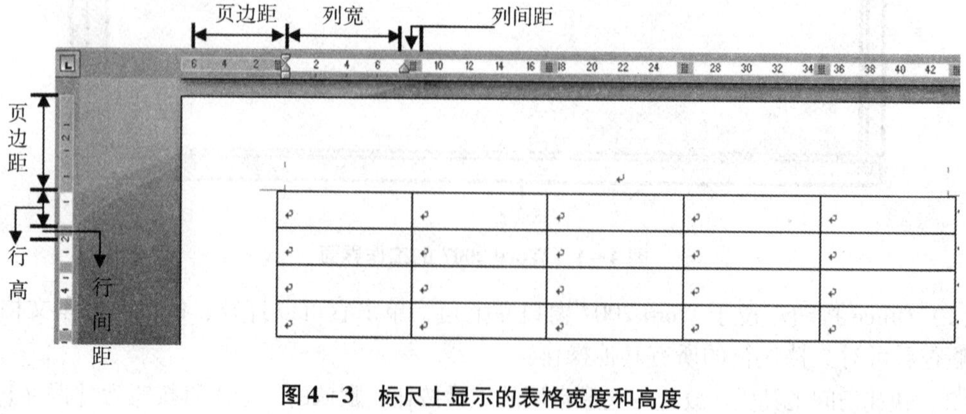

图 4-3　标尺上显示的表格宽度和高度

（7）工作区。工作区也称编辑区，可以在工作区内输入文本，也可以对文档进行编辑、排版。

（8）滚动条。由滚动滑块和几个滚动按钮组成。可以使文档上下滚动，以查看文档的内容。

（9）状态栏。显示当前文档在排版过程中的各种信息。状态栏上各个标记如图 4-4 所示。

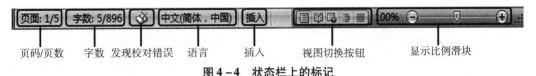

图 4-4　状态栏上的标记

● 页码/页数：所显示的数据是指当前插入点所在页的页码，以及该文档的总页数。

● 字数：所显示的数据是指当前选中的文字的字数，以及该文档的总字数。

● 发现校对错误：如果显示该标记，则表示发现了校对错误，单击这个标记可以改正错误；如果文档中没有校对错误，那么状态栏中就会显示"无校对错误" 标记。

● 语言：表示插入点所在位置文本所属的语言。

● 插入：表示输入的文字将插入到插入点处。如果在"插入"标记上单击，就会将"插入"标记变为"改写"标记，则表示输入的文字会覆盖现有内容。按 Insert 键也可以实现"插入"和"改写"状态的切换。

● 视图切换按钮：Word 2007 中有五种视图方式，分别是"页面视图""阅读版式视图""Web 版式视图""大纲视图"和"普通视图"；这些按钮用于切换文档的五种视图方式。一般情况下，都使用"页面视图"。

● 显示比例滑块：可以快速调整文档的显示比例。

（10）Word 2007 帮助按钮。在用户使用 Word 的过程中，难免会碰到疑难问题，可以通过按 F1 键或单击【Microsoft Office Word 帮助（F1）】按钮 获得相关帮助。

2. Word 2007 的选项卡

Word 2007 的选项卡有【开始】【插入】【页面布局】【引用】【邮件】【审阅】【视图】和【加载项】8 个选项卡。常用的选项卡界面如下所示。

【开始】选项卡主要用于文档的基本编辑与排版，如图 4-5 所示。

图 4-5　【开始】选项卡

【插入】选项卡主要用于在文档中插入表格、图片或者艺术字等元素，如图 4-6 所示。

图 4-6　【插入】选项卡

【页面布局】选项卡主要用于对页面进行格式设置，如图 4-7 所示。

图 4 - 7　【页面布局】选项卡

【视图】选项卡主要用于对页面视图方式的调整，如图 4 - 8 所示。

图 4 - 8　【视图】选项卡

◆ 4.2　文档的基本操作

文档的基本操作是学习 Word 必须掌握的技能。主要包括文档的创建、保存、打开、关闭、保护和编辑等操作。

4.2.1　创建文档

新建空白文档的常用方法有以下 3 种。

（1）选择【开始】｜【程序】｜【Microsoft Office】｜【Microsoft Office Word 2007】命令。

（2）在已打开的文档中单击【Office 按钮】，选择【新建】｜【空白文档】｜【创建】命令，如图 4 - 9 所示。

（3）按 Ctrl + N 组合键。

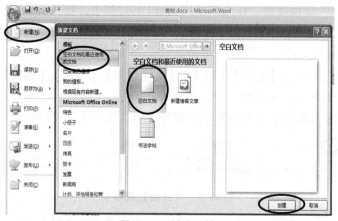

图 4 - 9　创建文档

4.2.2　保存文档

对文档进行操作时，应经常保存文档，避免因为一些突发状况而丢失数据。单击【Office 按钮】后，会看到【保存】和【另存为】这样两个命令。这两个命令的作用是有一些区别的。

1. 保存

【保存】命令的作用是将以前从未保存过的文档以某一文件名保存到某位置，或以前保存过的文档经过修改后，不改名保存到原位置。

保存文档有以下 3 种方法。

（1）单击【快速访问工具栏】中的【保存】按钮，在【另存为】对话框中选择保存位置，输入文件名，单击【保存】按钮，如图 4 – 10 所示。

（2）选择【Office 按钮】 |【保存】命令，在【另存为】对话框中选择保存位置，输入文件名，单击【保存】按钮，如图 4 – 11 所示。

（3）按 Ctrl + S 组合键。

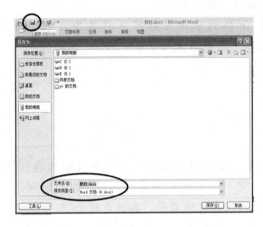
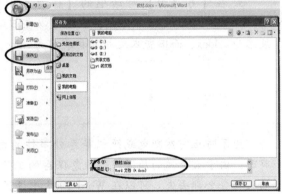

图 4 – 10　文档的保存（方法一）　　　　　图 4 – 11　文档的保存（方法二）

2. 另存为

【另存为】命令的作用是将以前保存过的文档以另一个文件名保存到原位置，或以前保存过的文档以原文件名保存到另一个位置，或以前保存过的文档以另一文件名保存到另一位置，或将已有文档保存为"模板"或者"其他版本"。

操作方法如下。

选择【Office 按钮】 |【另存为】命令，在【另存为】对话框中选择保存位置，输入文件名，单击【保存】按钮，如图 4 – 12 所示。

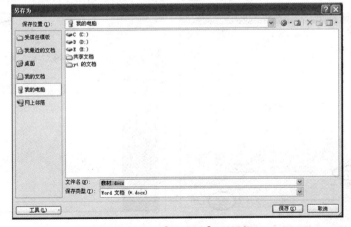

图 4 – 12　【另存为】对话框

！ 注 意

> 1. 当第一次保存 Word 文档时，系统会自动打开【另存为】对话框。在对话框中可以设置文档的保存名称、位置等。当文档保存后，再次执行保存操作时，系统会根据第一次保存时的相关设置直接保存文档。
> 2. 如果要将已经保存的文档重命名并进行保存，则应选择【另存为】命令，在打开的【另存为】对话框中重新设置文档的保存名称、路径等。
> 3. 在【另存为】对话框的【保存类型】下拉列表中可以将保存类型设置为"Word 97 - 2003 文档"格式，以便可以在旧版本中打开该文档。Word 2007 文档的扩展名为 . docx，而旧版本文档的扩展名为 . doc。

💡 小技巧

> 为了防止突然断电或死机等意外事件的发生，文档即使未编辑完也要经常保存。有时，由于太专注的原因，会疏忽保存的工作。这时如果突然断电了，写了很长时间的文档会全部丢失。可以在 Word 2007 中设置自动保存时间间隔，具体步骤如下。
> 【Office 按钮】|【Word 选项】|【保存】| 选中【保存自动恢复信息时间间隔】，并指定自动保存的时间间隔。

【例 4 - 1】 新建一个 Word 文档，保存为"基本操作"。

（1）启动 Word 2007 应用程序，新建一个空白文档。

（2）单击【快速访问工具栏】的【保存】按钮，打开【另存为】对话框。在【保存位置】下拉列表中选择保存路径；在【文件名】文本框中输入文字"基本操作"，如图 4 - 13 所示。

（3）单击【保存】按钮，保存文档。在标题栏中显示文档的名称，如图 4 - 14 所示。

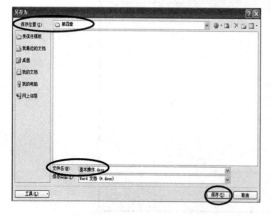

图 4 - 13 【另存为】对话框

图 4 - 14 标题栏中显示文档的保存名称

4.2.3　打开文档

当文档被保存后，可在 Word 2007 中再次打开这个文档。打开文档的常用方法有以下 3 种。

（1）双击文件图标，即可打开。

（2）单击【Office 按钮】，选择【打开】命令，如图 4 – 15 所示。

（3）按 Ctrl + O 组合键。

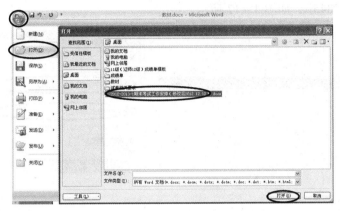

图 4 – 15　打开文档

4.2.4　关闭文档

完成了工作，或者需要为其他应用程序释放内存时，可以退出 Word。关闭文档的常用方法有以下 3 种。

（1）单击【标题栏】右上角的【关闭】按钮 ✕ 。

（2）单击【Office 按钮】，选择【关闭】命令。

（3）按 Alt + F4 组合键。

！注　意

　　如果在关闭文档之前未对文档进行保存，Word 会自动弹出一个信息框，询问用户是否保存其修改的内容。

【例 4 – 2】　关闭例 4 – 1 中保存文档的"基本操作"，然后再重新打开。

（1）单击【标题栏】右上角的【关闭】按钮 ✕ ，即可关闭"基本操作"。

（2）在桌面上双击"基本操作"图标，即可打开"基本操作"。

4.2.5　保护文档

为了防止他人对重要文档中的内容进行修改，可以在 Word 2007 中设置文档的保护功能。

【例4-3】 创建一个新文档"加密保存练习",设置保护密码为"12345"。

(1) 启动 Word 2007 应用程序,打开新的空白文档。

(2) 选择【Office 按钮】|【保存】命令,打开【另存为】对话框,在【保存位置】下拉列表中选择保存路径,在【文件名】文本框中输入文字"加密保存练习"。

(3) 单击【另存为】对话框左下角的【工具】按钮,在弹出的下拉列表中选择【常规选项】,如图4-16所示。

(4) 在【常规选项】对话框的【打开文件时的密码】和【修改文件时的密码】文本框中均输入密码"12345",如图4-17所示。

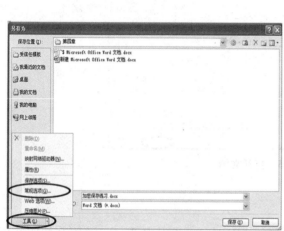

图4-16 【另存为】对话框

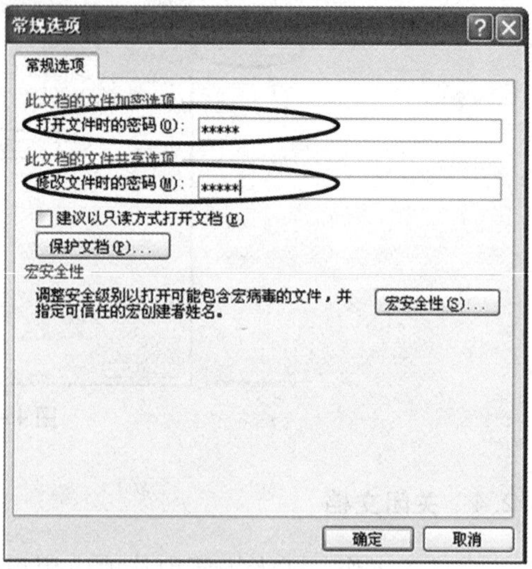

图4-17 【常规选项】对话框

(5) 单击【确定】按钮,打开【确认密码】对话框,在【请再次输入打开文件时的密码】文本框中重新输入密码"12345",如图4-18所示。

(6) 单击【确定】按钮,打开【确认密码】对话框,在【请再次输入修改文件时的密码】文本框中重新输入密码"12345",如图4-19所示。

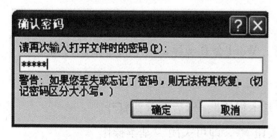

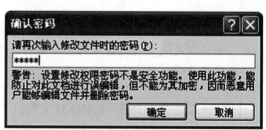

图4-18 【确认密码】对话框

图4-19 再次输入修改文件时的密码

(7) 单击【确定】按钮,返回到【另存为】对话框,单击【保存】按钮将文档保存。

(8) 重新打开"加密保存练习"文档时,将依次打开如图4-18和图4-19所示的【密码】对话框,当在【密码】文本框中输入正确的密码时,才能打开文档。

　　1. 密码是区分大小写的，在输入密码时必须注意。

　　2. 如果密码丢失，将无法打开受密码保护的文件，建议用户将密码写下并保存在安全位置。

4.2.6　编辑文档

对 Word 文档内容的编辑是进行排版的基础准备，下面将从文档内容的输入、选定、删除、复制与移动等方面进行介绍。

1. 输入内容

在文档中输入内容，最基本的工作就是将各种不同的字母、符号、汉字输入到文档中。不论输入的文本是哪一种字体、符号或图形，文档内容的输入都是从插入点开始的。当插入点不在需要输入内容的位置时，需要先将插入点定位在要输入内容的位置（用鼠标单击即可）。

（1）输入文本内容。大部分文档内容都以文本为主，包括中文、英文，通过键盘输入即可。

①中文的输入。在文档中输入中文的方法是：先将插入点定位在需要输入中文的位置，然后将输入法切换成中文输入法，最后输入中文。

②英文的输入。在文档中输入的英文字母分为半角字母和全角字母。

　●半角字母的输入方法是：先将插入点定位在需要输入字母的位置，然后将输入法切换成英文输入法，最后用键盘输入半角英文字母。

　●全角字母的输入方法是：先将插入点定位在需要输入字母的位置，然后将输入法切换成中文输入法，在输入法状态栏中单击【全角半角切换】按钮，切换成全角状态，同时在输入法状态栏中切换到英文的状态，最后用键盘输入全角英文字母。

（2）输入常用标点符号。

①输入常用英文标点符号。

　　输入英文标点的前提是：输入法必须是英文状态。

●逗号：直接按下键盘上的 <,> 键。

●句号：直接按下键盘上的 <.> 键。

●分号：直接按下键盘上的 <;> 键。

●冒号：Shift + <;>

- 双引号：Shift + ⬚
- 单引号：直接按下键盘上的 ⬚ 键。
- 感叹号：Shift + ⬚
- 问号：Shift + ⬚

②输入常用中文标点符号。

! 注 意

> 输入中文标点的前提是：输入法必须是中文状态。

- 逗号、句号、分号、冒号、双引号、感叹号和问号：和英文相应符号的输入方法相同。
- 顿号：直接按下键盘上的 ⬚ 键。
- 破折号：Shift + ⬚
- 省略号：Shift + ⬚

（3）输入非键盘符号或特殊符号。在输入文本时，用户可能需要输入无法用键盘表达的符号，即特殊符号，可以使用以下两种方法进行输入。

①将插入点定位于需要输入符号的位置，打开【插入】选项卡，在【特殊符号】组中单击【符号】按钮，选择所需的符号，单击【确定】按钮。

②将插入点定位于需要输入符号的位置，将输入法切换为中文输入法，右击输入法状态栏上的【软键盘】按钮，选择所需的符号类型，在软键盘上单击选择所需符号，输入完成后单击【软键盘】按钮关闭软键盘。

【例4－4】 在文档中输入符号"◆"。

①定位插入点。

②打开【插入】选项卡，在【特殊符号】组中单击【符号】按钮，选择【更多】，打开如图4－20所示的【插入特殊符号】对话框。

③在【插入特殊符号】对话框中打开【特殊符号】选项卡，选择"◆"。

④单击【确定】按钮。

（4）插入日期和时间。在输入文本内容时，可以直接输入日期和时间，也可以用 Word 提供的【插入日期和时间】命令来进行插入。操作方法如下。

①将插入点定位在需要插入日期和时间的位置。

②打开【插入】选项卡，在【文本】组中单击【日期和时间】图标，打开如图4－21所示的【日期和时间】对话框。

③在【语言】下拉列表中选择日期和时间的语言表示方式，在左边的【可用格式】列表框中选择所需的格式。

④单击【确定】按钮。

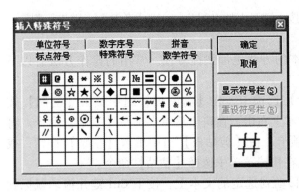

图 4-20 【插入特殊符号】对话框

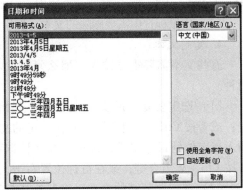

图 4-21 【日期和时间】对话框

注 意

若选中【自动更新】复选框，则表示所插入的日期和时间会在以后文档重复打开时，根据当天的日期和时间自动更新，否则将保持插入时的日期和时间。

2. 选定文本

在对 Word 文档进行编辑之前，一定要先选定文本内容。

（1）连续文本内容的选择。将插入点移动到需要选定文本的开始位置，按住鼠标左键，然后从所选文本的第一个字符开始，一直拖动到所选文本的最后一个字符结束，最后松开鼠标左键。

（2）选定单个字或词。用鼠标在要选定的文字上双击。

（3）不连续文本内容的选择。先选中部分文本，然后按住 Ctrl 键，再使用鼠标，按照"连续文本内容的选择"的方法分别选中需要选择的文本，最后松开 Ctrl 键和鼠标左键。

（4）选定整篇文档。选中整篇文档的方法有两种，一种是用鼠标在选定区的任意位置三击鼠标；另一种方法是使用组合键 Ctrl + A。

注 意

1. 选定区是文档窗口左边的空白区域，当鼠标移动到选定区时，鼠标指针会变成斜向右上方的白色箭头。

2. 如果要取消对文本的选定，只要将鼠标在文档窗口中任意位置单击即可。

3. 删除文本

删除文本的操作有以下 3 种方法。

（1）将插入点定位在需要删除的文本的右侧，然后按下键盘上的 BackSpace 键进行删除。每按一下 BackSpace 键，向左删除一个字符。

（2）将光标定位在需要删除的文本的左侧，然后按下键盘上的 Delete 键进行删除。每按一下 Delete 键，向右删除一个字符。

（3）用鼠标选中需要删除的文本，然后按下键盘上的 BackSpace 键或者 Delete 键进行删除。

4. 复制文本

有些文本需要重复输入，那么复制文本的方法更加快捷方便。常用的操作方法有以下两种。

（1）选定要复制的文本，打开【开始】选项卡，在【剪贴板】组中单击【复制】按钮；或者按 Ctrl + C 组合键；或在选定的文本上右击，在快捷菜单中选择【复制】命令。将插入点定位到目标位置，打开【开始】选项卡，在【剪贴板】组中单击【粘贴】按钮；或者按 Ctrl + V 组合键；或在目标位置右击，在快捷菜单中选择【粘贴】命令。

（2）选定要复制的文本，将鼠标指针移动到选定的文本上，按下 Ctrl 键并拖动鼠标到目标位置，松开鼠标。

5. 移动文本

在进行文档内容的编辑时，有时需要移动某些文本。常用的操作方法有以下两种。

（1）选定要移动的文本，打开【开始】选项卡，在【剪贴板】组中单击【剪切】按钮；或者按 Ctrl + X 组合键；或在选定的文本上右击，在快捷菜单中选择【剪切】命令。将插入点定位到目标位置，打开【开始】选项卡，在【剪贴板】组中单击【粘贴】按钮；或者按 Ctrl + V 组合键；或在目标位置右击，在快捷菜单中选择【粘贴】命令。

（2）选定要移动的文本，将鼠标指针移动到选定的文本上，拖动鼠标到目标位置，松开鼠标。

6. 撤销和恢复操作

在文档编辑过程中，有时会出现误操作，这时撤销和恢复操作可以为用户提供方便。

在 Word 2007 窗口的【快速访问工具栏】中默认包含【撤销】和【恢复】按钮。

【撤销】按钮：能够撤销刚完成的一步或若干步操作，按 Ctrl + Z 组合键。

【恢复】按钮：恢复撤销掉的操作。

4.2.7 文档内容的查找和替换

查找功能可以让用户方便快速地查找到符合用户要求的文档内容，替换功能则可以让用户将查找到的内容替换为其他内容。

1. 查找

利用查找功能可以快速在文档中查找到所需文本。操作步骤如下。

（1）选定目标文本。

（2）打开【开始】选项卡，在【编辑】组中单击【查找】按钮 查找 或按 Ctrl + F 组合键。

（3）在【查找和替换】对话框的【查找】选项卡中输入查找内容，如图 4 - 22 所示。

（4）单击【更多】按钮设置查找内容的格式。

（5）单击【查找下一处】按钮，查看查找结果。

2. 替换

替换的作用是用给定的内容替换查找到的内容。操作步骤如下。

（1）选定目标文本。

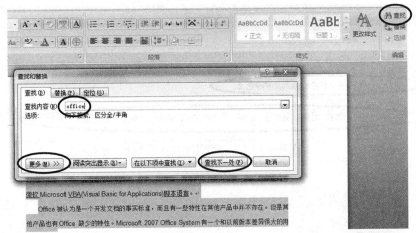

图 4－22　查找

(2) 打开【开始】选项卡，在【编辑】组中单击【替换】按钮 ![替换] 或按 Ctrl + H 组合键。

(3) 在【查找和替换】对话框的【替换】选项卡中的【查找内容】位置处输入查找内容。

(4) 单击【更多】按钮设置查找内容的格式。

(5) 在【替换为】位置处输入替换内容，如图 4－23 所示。

(6) 设置替换内容的格式。

(7) 单击【全部替换】按钮完成替换。

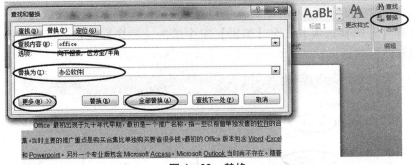

图 4－23　替换

!　注　意

1. 对查找内容或替换内容，设置格式之前需要先选中相应内容。对查找内容或替换内容设置完格式后，具体格式内容会出现在【查找内容】或【替换内容】的下方。注意查看所设置格式的对象是否正确，如图 4－24 所示。

2. 如果发现格式设置有误，那么选中错误格式的对象（即查找内容或替换内容），单击【不限定格式】按钮，这时相应的格式就会取消，可以重新进行设置，如图 4－24所示。

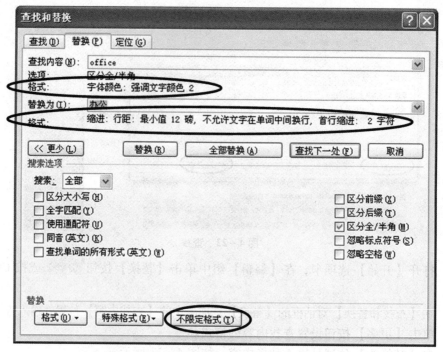

图 4 – 24 查找和替换内容格式的设置与取消

【**例 4 – 5**】 将文档中的"office"全部替换为"办公软件",并且设置为红色字体,加着重号。

(1) 选定全文。

(2) 打开【开始】选项卡,在【编辑】组中单击【替换】按钮。打开如图 4 – 25 所示的【查找和替换】对话框。

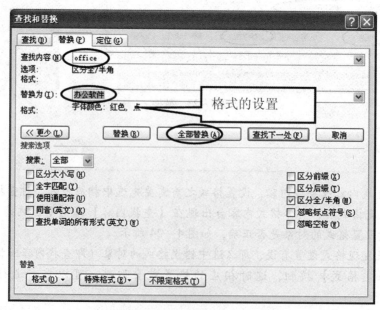

图 4 – 25 【查找和替换】对话框

（3）在【查找内容】位置处输入 "office"。

（4）在【替换内容】位置处输入 "办公软件"。

（5）选中【替换内容】中的 "办公软件"，单击【更多】按钮，选择【格式】｜【字体】命令。

（6）在【字体】选项卡中设置字体颜色为红色，并选择着重号。

（7）单击【确定】按钮，单击【全部替换】按钮。

4.2.8 常用的文档工具

为了方便地对文档进行编辑，Word 2007 提供了几种常用的工具，如拼写和语法检查、自动更正和字数统计等。本节简单介绍这些工具的使用。

1. 拼写和语法检查

编辑文档的过程中有时会出现一些拼写或语法错误，这时需要对文档进行检查。

（1）输入文本时自动检查拼写和语法错误。如果希望在输入文本时，文档能够自动检查拼写和语法错误，操作方法如下。

①打开【审阅】选项卡，在【校对】组中单击【拼写和语法】按钮，打开如图 4－26 所示的【拼写和语法】对话框。

②单击【选项】按钮，打开如图 4－27 所示的【Word 选项】对话框。

③选中【输入时检查拼写】选项和【输入时标记语法错误】选项。

④单击【确定】按钮。

（2）对已存在的文档进行拼写和语法检查。如果希望对已存在的文档进行拼写和语法检查，操作方法如下。

①如果想检查文档中的一部分，需要先选中这部分文本；如果想检查整个文档，需要将插入点移动到文档的开头。

②打开【审阅】选项卡，在【校对】组中单击【拼写和语法】按钮，打开如图 4－26 所示的【拼写和语法】对话框。

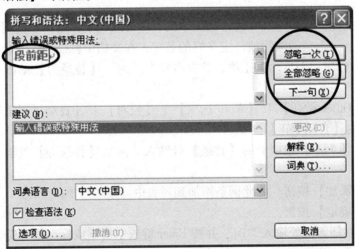

图 4－26　【拼写和语法】对话框

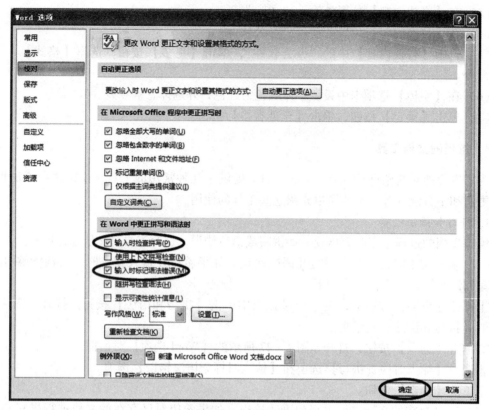

图 4 – 27 【Word 选项】对话框

③当查找到有拼写或语法错误的词或句时，Word 会在文档中将该句文本以蓝色底纹突出显示，并在【拼写和语法】对话框的第一个文本框中用绿色字体显示错误之处。根据需要进行适当的操作。

④当拼写和语法检查结束时，会出现一个信息框表明检查完毕，单击【确定】按钮。

2. 自动更正

自动更正功能允许用户定义一组常用的单词、短语或句子，用户在使用时不必每次都输入它们，只要输入一个短的缩写或已定义好的名字，在文档中就会插入一个自动更正项。

【例 4 – 6】 创建一个自动更正项，替换内容为"jsj"，【替换为】的内容为"计算机科学技术"。

（1）选择【Office 按钮】｜【Word 选项】｜【校对】｜【自动更正选项】命令，打开如图 4 – 28 所示的【自动更正】对话框。

（2）在【自动更正】选项卡的【替换】处输入"jsj"，【替换为】处输入"计算机科学技术"。

（3）单击【添加】按钮，将此词条添加到列表中。

（4）单击【确定】按钮。

这样，只要在插入点处输入"jsj"并按 Enter 键或空格键或标点符号键，便会出现"计算机科学技术"几个字。

3. 字数统计

字数统计用以确定文档的字数、字符数、段落数和行数；在窗口底部的状态栏中也可以查看字数统计。具体的操作方法如下。

（1）如果需要查看整个文档的字数，那么将插入点定位在文档任意处即可；如果需要查看部分文档的字数，则需要先选中文档相应部分。

（2）打开【审阅】选项卡，在【校对】组中单击【字数统计】按钮，打开如图 4 - 29 所示的【字数统计】对话框。

图 4 - 28　【自动更正】对话框　　　　　　　图 4 - 29　【字数统计】对话框

（3）单击【确定】按钮，完成查看。

4.2.9　文档视图

Word 文档在编辑状态时的显示方式称为文档视图。

1. 文档的视图方式

Word 2007 中的文档有五种视图方式，分别是：页面视图、普通视图、大纲视图、Web 版式视图、阅读版式视图。

（1）页面视图。页面视图以页面为单位，显示页面上的所有内容，包括页眉、页脚、分栏等，具有真正的"所见即所得"的显示效果。在页面视图中，屏幕看到的页面内容就是实际打印的真实效果。页面视图是一种使用得最多的视图方式。页面视图效果如图 4 - 30 所示。

切换到页面视图的操作方法有以下两种。

①打开【视图】选项卡，在【文档视图】组中单击【页面视图】按钮。

②单击状态栏的【视图切换按钮】区域中的【页面视图】按钮。

（2）普通视图。普通视图中可以查看草稿形式的文档，以便快速编辑文本。在普通视图下，可以看见文档中用虚线表示的分页位置和分节标志等，但页眉、页脚、分栏等效果不能显示出来。普通视图效果如图 4 - 31 所示。

切换到普通视图的操作方法与切换到页面视图的方法类似。

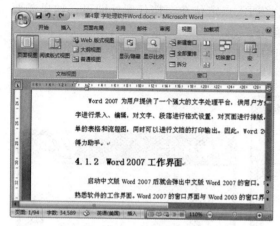

图 4 - 30　页面视图

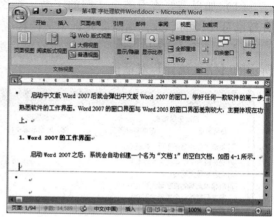

图 4 - 31　普通视图

（3）大纲视图。大纲视图可以查看大纲形式的文档，并显示大纲工具。它可以折叠文档，只显示文档中的标题，这样有利于创建、查看或整理文档结构。大纲视图效果如图 4 - 32所示。

切换到大纲视图的操作方法与切换到页面视图的方法类似。

（4）Web 版式视图。在这种视图方式下，可以查看网页形式的文档外观。文档的显示可以最大限度地利用屏幕，自动按屏幕宽度调整文档的显示宽度。Web 版式视图效果如图 4 - 33所示。

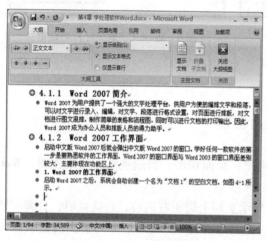

图 4 - 32　大纲视图

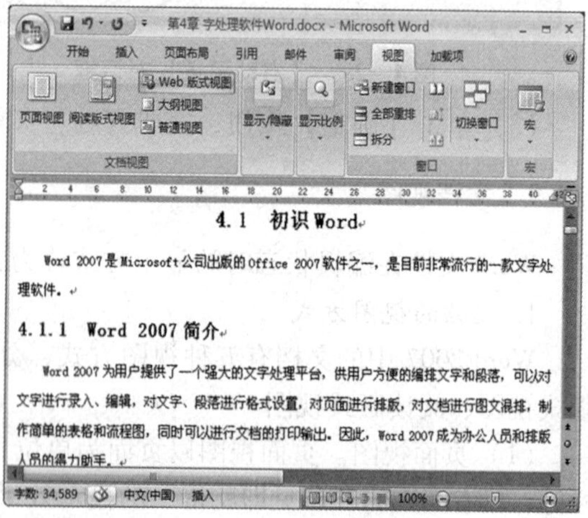

图 4 - 33　Web 版式视图

切换到 Web 版式视图的操作方法与切换到页面视图的方法类似。

（5）阅读版式视图。在阅读版式视图中，功能区等窗口元素被隐藏起来，可以让用户用最大的空间来阅读或批注文档。用户还可以单击【工具】按钮选择各种阅读工具。阅读版式视图效果如图 4 - 34 所示。

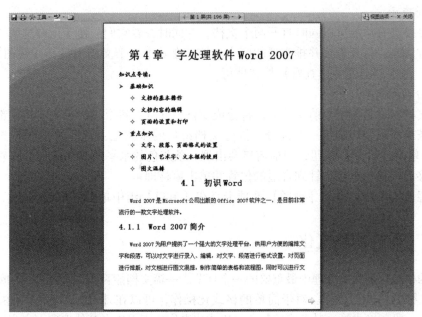

图 4 – 34　阅读版式视图

切换到阅读版式视图的操作方法与切换到页面视图的方法类似。

2. 文档的显示比例

为了方便编辑文档，有时需要调整文档的显示比例。文档的显示比例就是文档的缩放级别。一般情况下都将文档按 100% 的比例显示，如果想调整文档以其他比例显示，操作方法有以下两种。

（1）打开【视图】选项卡，在【显示比例】组中单击【显示比例】按钮，打开如图 4 – 35 所示的【显示比例】对话框。设置所需比例即可。

（2）拖动窗口状态栏上的【显示比例滑块】，调整到所需位置即可。

如果希望文档以 100% 的比例显示，可以直接打开【视图】选项卡，在【显示比例】组中选择【100%】选项。

图 4 – 35　【显示比例】对话框

3. 并排查看

使用并排查看功能可以同时打开两个文档，并同时查看它们，便于比较这两个文档的内容。操作方法是：打开需要并排查看的两个文档，在其中一个文档中打开【视图】选项卡，在【窗口】组中单击【并排查看】按钮即可。

4. 拆分文档窗口

拆分文档窗口是指把当前文档窗口拆分成窗格，并且在每个被拆分的窗格中都可通过各自的滚动条来显示文档的每一个部分。拆分文档窗口的步骤是：打开【视图】选项卡，在【窗口】组单击【拆分】按钮，当前窗口会出现一条灰色的水平横线，并且会随着鼠标指针的移动而移动，移动鼠标指针到合适的位置并单击鼠标即可。

如果想取消拆分，打开【视图】选项卡，在【窗口】组中单击【取消拆分】按钮即可。

◆ 4.3 文档的格式化

文档的格式化是文字处理中最重要的一个环节。一篇文档能否给人美观整洁的效果，主要取决于对文档的格式化操作。对于简单的格式化操作，可以在【开始】选项卡中进行设置，如设置字体、段落格式等。对于比较复杂的格式化操作，则需要在其他选项卡中来完成。

4.3.1 设置文字格式

在【开始】选项卡的【字体】组中所有的按钮都用于对文字进行格式设置。

1. 字体、字号的设置

更改文字的字体、字号的操作方法有以下两种。

（1）选定目标文本，打开【开始】选项卡，在【字体】组中单击【字体】按钮和【字号】按钮 宋体 (中文正文) ·五号 ，在弹出的下拉列表中单击选择需要的字体或字号，如图 4 - 36 所示。

（2）选定目标文本，打开【开始】选项卡，在【字体】组中单击右下角的对话框启动器 ，或右击并在快捷菜单中选择【字体】命令，打开如图 4 - 37 所示的【字体】对话框，在【字体】下拉列表和【字号】下拉列表中选择字体和字号，单击【确定】按钮。

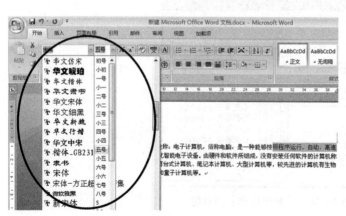

图 4 - 36 设置字体和字号

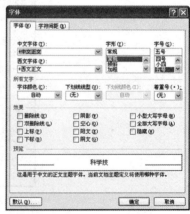

图 4 - 37 【字体】对话框

！注　意

当鼠标指向不同的字体或字号时，工作区域中选定的文字会显示成相应的字体样式或字号供用户预览。

2. 加粗、倾斜的设置

将所选文字设置为加粗或倾斜，加粗、倾斜也称为字形。

设置加粗倾斜的操作方法有以下两种。

（1）选定目标文本，打开【开始】选项卡，在【字体】组中单击【加粗】按钮或【倾斜】按钮 **B** *I*，如图 4 – 38 所示。

（2）选定目标文本，打开【开始】选项卡，在【字体】组中单击右下角的对话框启动器，或右击并在快捷菜单中选择【字体】命令，打开【字体】对话框（如图 4 – 37 所示），在【字形】下拉列表中选择加粗或倾斜，单击【确定】按钮。

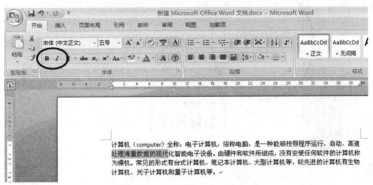

图 4 – 38　设置加粗和倾斜

3. 字体颜色的设置

更改文字的颜色有以下两种方法。

（1）选定目标文本，打开【开始】选项卡，在【字体】组中单击【字体颜色】按钮右侧的下拉箭头，在弹出的颜色列表中选择颜色，如图 4 – 39 所示。

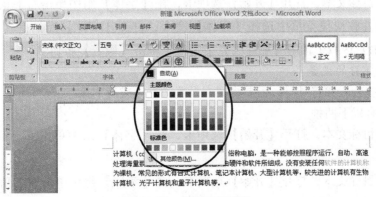

图 4 – 39　设置字体颜色

（2）选定目标文本，打开【开始】选项卡，在【字体】组中单击右下角的对话框启动器，或右击并在快捷菜单中选择【字体】命令，打开【字体】对话框（如图4－37所示），在【字体颜色】下拉列表中选择所需颜色，单击【确定】按钮。

4. 下划线的设置

给所选文字加下划线的方法有以下两种。

（1）选定目标文本，打开【开始】选项卡，在【字体】组中单击【下划线】按钮 U 右侧的下拉箭头，在弹出的下拉列表中选择线型和下划线颜色，如图4－40所示。

（2）选定目标文本，打开【开始】选项卡，在【字体】组中单击右下角的对话框启动器，或右击并在快捷菜单中选择【字体】命令，打开【字体】对话框（如图4－37所示），在【下划线线型】下拉列表中选择线型，在【下划线颜色】下拉列表中选择下划线颜色，单击【确定】按钮。

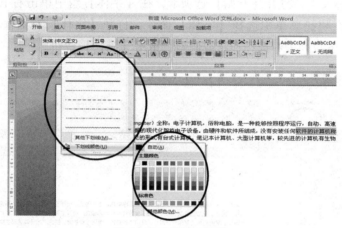

图4－40　设置下划线

5. 删除线的设置

删除线的作用是在所选文字的中间画一条线，表示这部分文字被删除。

操作方法有以下两种。

（1）选中目标文本，打开【开始】选项卡，在【字体】组中单击【删除线】按钮 abc。

（2）选中目标文本，打开【开始】选项卡，在【字体】组中单击右下角的对话框启动器，或右击并在快捷菜单中选择【字体】命令，打开【字体】对话框（如图4－37所示），在【效果】区域中选中【删除线】复选框，单击【确定】按钮。

6. 上标和下标的设置

在输入某些公式和符号时，需要将文本设置为上标或者下标。

操作方法有以下两种。

（1）选中目标文本，打开【开始】选项卡，在【字体】组中单击【上标】或【下标】按钮 x_2 x^2。

（2）选中目标文本，打开【开始】选项卡，在【字体】组中单击右下角的对话框启动器，或右击并在快捷菜单中选择【字体】命令，打开【字体】对话框（如图4－37所示），在【效果】区域中选中【上标】或【下标】复选框，单击【确定】按钮。

7. 增大字号和缩小字号

Word 2007 为用户提供了更加快捷的字号设置方法，即通过【增大字号】和【缩小字号】按钮 $\boxed{A^\cdot A_\cdot}$ 来快速实现。

操作方法是：选中目标文本，打开【开始】选项卡，在【字体】组中单击【增大字号】或【缩小字号】按钮。

8. 清除格式

清除所选内容的所有格式，只留下纯文本。

操作方法是：选中目标文本，打开【开始】选项卡，在【字体】组中单击【清除格式】按钮 $\boxed{\text{쎯}}$。

9. 拼音指南

给所选文本添加拼音。

操作方法是：选中目标文本，打开【开始】选项卡，在【字体】组中单击【拼音指南】按钮 $\boxed{\text{变}}$。

10. 字符边框的设置

在一组字符或句子周围应用边框。

操作方法是：选中目标文本，打开【开始】选项卡，在【字体】组中单击【字符边框】按钮 $\boxed{\text{Ａ}}$。

11. 带圈字符的设置

在字符周围放置圆圈或方框加以强调。操作方法如下。

（1）选中目标文本，打开【开始】选项卡，在【字体】组中单击【带圈字符】按钮 $\boxed{\text{字}}$，打开如图 4 – 41 所示的【带圈字符】对话框。

（2）选择【样式】及【圈号】。

（3）单击【确定】按钮。

图 4 – 41　【带圈字符】对话框

12. 字符底纹的设置

为所选文本添加底纹背景。

操作方法是：选中目标文本，打开【开始】选项卡，在【字体】组中单击【字符底纹】按钮 **A**。

13. 以不同颜色突出显示文本

在阅读文档时经常需要将某些文本用特殊颜色进行标记，使文字看上去像是用荧光笔做了标记一样。操作方法如下。

（1）打开【开始】选项卡，在【字体】组中单击【以不同颜色突出显示文本】按钮 **abc** 右侧的向下箭头，选择所需颜色或直接单击【以不同颜色突出显示文本】按钮。

（2）分别选中所需标记的文本即可。

14. 更改大小写

将所选文字更改为全部大写、全部小写或其他常见的大小写形式。

操作方法是：选中目标文本，打开【开始】选项卡，在【字体】组中单击【更改大小写】按钮 **Aa**，选择所需选项即可。

15. 添加着重号

当文档中的部分内容需要突出显示时，可以为其添加着重号。操作步骤如下。

（1）选定目标文本。

（2）打开【开始】选项卡，在【字体】组中单击右下角的对话框启动器 ，或右击并在快捷菜单中选择【字体】命令，打开【字体】对话框（如图 4-37 所示），在【着重号】下拉列表中选择"·"。

（3）单击【确定】按钮。

16. 字符效果的设置

字符效果包括删除线、上标、下标、阴影、空心、阳文、阴文等效果。

操作方法是：选中目标文本，打开【开始】选项卡，在【字体】组中单击右下角的对话框启动器 ，或右击并在快捷菜单中选择【字体】命令，打开【字体】对话框（如图 4-37所示），在【效果】区域选择相应的复选框即可。使用了几种效果以后的文本（如图 4-42所示）。

图 4-42　使用几种效果以后的文本

17. 字符间距的设置

字符间距是指字符与字符之间相互间隔的距离。字符间距影响了一行或者一个段落的文字的密度。对于同样长短的文档，改变字符的间距可以使文档充满页面的效果不同。操作方法如下。

(1) 选中目标文本。

(2) 打开【开始】选项卡，在【字体】组中单击右下角的对话框启动器，或右击并在快捷菜单中选择【字体】命令，【字符间距】选项卡，打开如图 4 - 43 所示的【字体】对话框，打开【字符间距】选项卡。

(3) 在【间距】下拉列表中选择合适的选项，并在右侧的数值框中输入合适的数值。

(4) 单击【确定】按钮。

图 4 - 43　【字体】对话框【字符间距】选项卡

18. 字符缩放的设置

字符缩放也是用来更改文字大小的，但是以百分比的形式进行调整。操作方法如下。

(1) 选中目标文本。

(2) 打开【开始】选项卡，在【字体】组中单击右下角的对话框启动器，或右击并在快捷菜单中选择【字体】命令，打开如图 4 - 43 所示的【字体】对话框，打开【字符间距】选项卡。

(3) 在【缩放】下拉列表中选择合适的选项。

(4) 单击【确定】按钮。

19. 字符位置的设置

如果希望将文档中某些文字的摆放位置稍稍偏离正常情况，可以设置文字的字符位置。操作方法如下。

(1) 选中目标文本。

(2) 打开【开始】选项卡，在【字体】组中单击右下角的对话框启动器，或右击并在快捷菜单中选择【字体】命令，在如图 4 - 43 所示的【字体】对话框中打开【字符间距】选项卡。

（3）在【位置】下拉列表中选择合适的选项，并在右侧的数值框中输入合适的数值。

（4）单击【确定】按钮。

【例4-7】 将选定文字设置为缩放150%，字符间距设置为加宽5磅，位置设置为提升10磅。

（1）选中目标文本。

（2）打开【开始】选项卡，在【字体】组中单击右下角的对话框启动器 ▣，或右击并在快捷菜单中选择【字体】命令，打开【字符间距】选项卡。

（3）在【缩放】下拉列表中选择"150%"；在【间距】下拉列表中选择"加宽"，磅值设置为5磅；在【位置】下拉列表中选择"提升"，磅值设置为10磅，如图4-44所示。

（4）单击【确定】按钮。

图4-44　【字符间距】选项卡

4.3.2　设置段落格式

在【开始】选项卡的【段落】组中所有的按钮都用于对段落进行格式设置。文档由一个个段落组成，段落标记即回车符。段落的格式效果对于整篇文档的效果来说至关重要。

1. 段落缩进的设置

段落缩进是指文本与页边距之间的距离。段落缩进包括首行缩进、悬挂缩进、左缩进和右缩进。

● 首行缩进：就是将段落的第一行从左向右缩进一定的距离，首行外的各行都保持不变，便于阅读和区分文章整体结构。

● 悬挂缩进：在这种段落格式中，段落的首行文本不加改变，而除首行以外的文本缩进一定的距离。

● 左缩进：段落的左边界相对左页边距的距离。

● 右缩进：段落的右边界相对右页边距的距离。

在Word 2007中，设置段落缩进的方法有以下三种。

方法一：使用标尺来设置。

（1）将插入点置于要设置缩进的段落中，或者选定段落。

（2）将鼠标指针指向水平标尺的相应缩进标记上，然后用鼠标左键拖动到合适的位置。

（3）松开鼠标左键即可。

关于水平标尺上的缩进标记在本章4.1.2节中有详细介绍（如图4－2所示）。

方法二：使用【段落】对话框来设置。

（1）选中需要设置缩进的段落。

（2）打开【开始】选项卡，在【段落】组中单击右下角的对话框启动器，或右击并在快捷菜单中选择【段落】命令，打开如图4－45所示的【段落】对话框，打开【缩进和间距】选项卡。

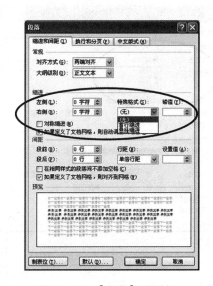

图 4－45　【段落】对话框

（3）在【缩进】区域调整"左侧缩进""右侧缩进""首行缩进"或"悬挂缩进"。

（4）单击【确定】按钮。

方法三：使用【增加缩进量】和【减少缩进量】按钮进行粗略设置。

（1）将插入点置于要设置缩进的段落中，或者选定段落。

（2）打开【开始】选项卡，在【段落】组中单击【增减缩进量】或【减少缩进量】按钮。

2. 段落对齐方式的设置

段落的对齐方式主要有"左对齐""居中对齐""右对齐""两端对齐"和"分散对齐"五种。设置段落对齐方式的方法有以下两种。

（1）选中目标段落，打开【开始】选项卡，在【段落】组中单击左对齐按钮或居中按钮或右对齐按钮或两端对齐按钮或者分散对齐按钮，如图4－46所示。

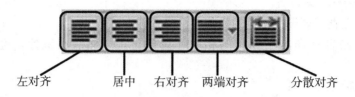

左对齐　　居中　　右对齐　　两端对齐　　分散对齐

图 4 – 46　【段落】组中的对齐方式按钮

（2）选中目标段落，打开【开始】选项卡，在【段落】组中单击右侧的对话框启动器 🔳，或右击并在快捷菜单中选择【段落】命令，打开如图 4 – 47 所示的【段落】对话框，在【缩进和间距】选项卡的【对齐方式】下拉列表中选择相应的对齐方式，单击【确定】按钮。

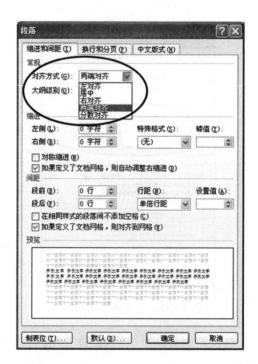

图 4 – 47　【段落】对话框中设置对齐方式

3. 行间距的设置

行间距就是指段落中行与行之间的距离。设置行间距的操作方法有以下两种。

（1）选中目标段落，打开【开始】选项卡，在【段落】组中单击【行距】按钮 🔳，在弹出的下拉列表中选择相应的选项即可。

（2）选中目标段落，打开【开始】选项卡，在【段落】组中单击右侧的对话框启动器 🔳，或右击并在快捷菜单中选择【段落】命令，打开如图 4 – 48 所示的【段落】对话框，在【缩进和间距】选项卡的【行距】下拉列表中选择相应选项，单击【确定】按钮。

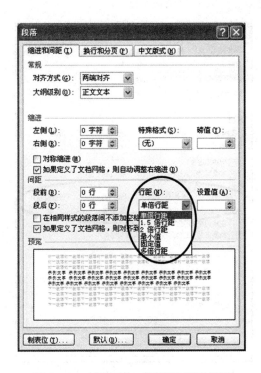

图 4 – 48　【段落】对话框中设置行距

4. 段间距的设置

段间距指的是段与段之间的距离。对于某选定的段落，分别用段前距和段后距表示该段与前一段及后一段之间的距离。设置段间距的操作方法如下。

（1）选定目标段落。

（2）打开【开始】选项卡，在【段落】组中单击右侧的对话框启动器 ，或右击并在快捷菜单中选择【段落】命令。

（3）在【缩进和间距】选项卡的【段前】和【段后】处的数值框中设置相应的数值。

（4）单击【确定】按钮。

【例 4 – 8】　将所选段落的行距设置为固定值 22 磅，将段前距设置为 0.5 行，段后距设置为 0.5 行。

（1）选中目标段落。

（2）打开【开始】选项卡，在【段落】组中单击右侧的对话框启动器 ，或右击并在快捷菜单中选择【段落】命令。

（3）在【缩进和间距】选项卡的【行距】下拉列表中选择"固定值"，设置值选择 22 磅；在【缩进和间距】选项卡的【段前】和【段后】处的数值框中分别设置为 0.5 行，如图 4 – 49 所示。

（4）单击【确定】按钮。

5. 项目符号的设置

在文档中为了使相关的内容醒目并且有序，经常需要用到项目符号。用户既可以使用已有的项目符号，也可以使用自定义的项目符号。

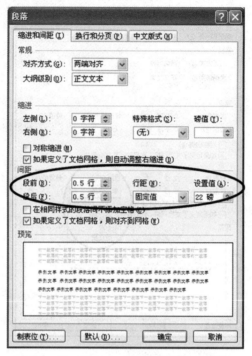

图 4-49 例 4-8 中的【段落】对话框

（1）使用已有的项目符号。为段落添加项目符号的方法有以下两种。

①选定目标段落，打开【开始】选项卡，在【段落】组中单击【项目符号】按钮 ⌄ 右侧的向下箭头，在弹出的下拉列表中单击选择相应的符号即可。

②选定目标段落，右击并在快捷菜单中选择【项目符号】命令，在级联菜单中单击选择相应的符号。

（2）使用自定义的项目符号。为段落添加自定义的项目符号的操作方法有以下两种。

①选定目标段落，打开【开始】选项卡，在【段落】组中单击【项目符号】按钮 ⌄ 右侧的向下箭头，在弹出的下拉列表中选择【定义新项目符号】选项，打开如图 4-50 所示的【定义新项目符号】对话框，选择符号或图片后单击【确定】按钮。

②选定目标段落，右击，并在弹出的快捷菜单中选择【项目符号】命令，在级联菜单中选择【定义新项目符号】命令，打开如图 4-50 所示的【定义新项目符号】对话框，选择符号或图片后单击【确定】按钮。

6. 编号的设置

为了使文档中某些段落的内容醒目且有条理，需要给这些段落添加编号。和项目符号一样，用户既可以使用已有的编号，也可以使用自定义的编号。

（1）使用已有的编号。为段落添加编号的操作方法有以下两种。

①选定目标段落，打开【开始】选项卡，在【段落】组中单击【编号】按钮 ⌄ 右侧的向下箭头，在弹出的下拉列表中单击选择相应的编号即可。

②选定目标段落，右击并在弹出的快捷菜单中选择【编号】命令，在级联菜单中单击选择相应的编号。

（2）使用自定义的编号。为段落添加自定义的编号的操作方法有以下两种。

①选定目标段落，打开【开始】选项卡，在【段落】组中单击【编号】按钮 ≣‧ 右侧的向下箭头，在弹出的下拉列表中选择【定义新编号格式】选项，打开如图 4 - 51 所示的【定义新编号格式】对话框，选择编号样式后单击【确定】按钮。

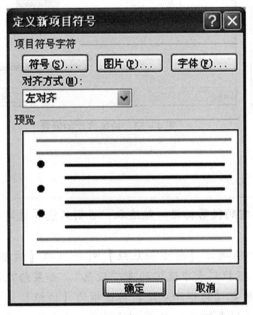
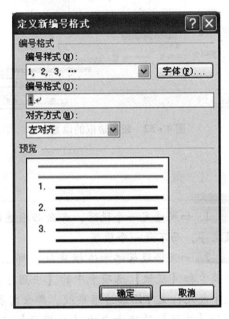

图 4 - 50　【定义新项目符号】对话框　　图 4 - 51　【定义新编号格式】对话框

②选定目标段落，右击并在快捷菜单中选择【编号】命令，在级联菜单中选择【定义新编号格式】命令，打开如图 4 - 51 所示的【定义新编号格式】对话框，选择编号样式后单击【确定】按钮。

7. 段落边框和底纹的设置

段落边框和底纹用来给段落添加边框，设置背景色，突出强调段落内容，同时也可以增强文档的编辑效果。

【例 4 - 9】　给选定段落添加宽度为 0.75 磅的红色双线边框，蓝色底纹。

（1）选定目标段落。

（2）打开【开始】选项卡，在【段落】组中单击【边框】按钮 ⊞‧ 右侧的向下箭头，选择【边框和底纹】选项。

（3）在【边框和底纹】对话框中选择【边框】选项卡，在【样式】下拉列表中选择"双线线型"，在【颜色】下拉列表中选择"红色"，在【宽度】下拉列表中选择 0.75 磅。在【应用于】下拉列表中选择"段落"，如图 4 - 52 所示。

（4）在【边框和底纹】对话框中打开【底纹】选项卡，在【填充】下拉列表中选择蓝色，在【应用于】下拉列表中选择"段落"，如图 4 - 53 所示。

（5）单击【确定】按钮。

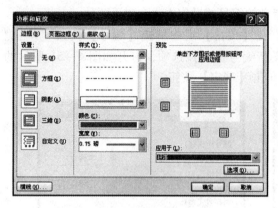
图 4-52　段落边框的设置

图 4-53　段落底纹的设置

!　注　意

1. 如果选定一个段落，那么必须连同它的段落标记一起选取，否则只能算选定一段文字，而不是一个段落。

2. 如果给段落添加边框底纹，那么必须确定【边框和底纹】对话框的【边框】选项卡和【底纹】选项卡中的【应用于】下拉列表中选定的是"段落"。如果给几个文字或几行文字添加边框底纹，那么需要确定【边框和底纹】对话框的【边框】选项卡和【底纹】选项卡中的【应用于】下拉列表中选定的是"文字"。二者的效果不同，所以不能混淆。

4.3.3　使用剪贴板

【开始】选项卡【剪贴板】组中各按钮可用于复制、剪切、粘贴、选择性粘贴等。

1. 复制、剪切、粘贴

复制，也称拷贝，将文本从一处拷贝一份完全一样的到另一处，而原来的文本依然保留。剪切，将文本从一处移动到另一处。复制和剪切文本后，都需要进行粘贴。

复制、剪切和粘贴的操作方法已经在 4.2.6 节中进行了详细讲解，这里不再重复介绍。

2. 使用格式刷

如果某些文本或段落需要设置的格式和已设置格式的文本或段落的格式相同的话，可以使用格式刷来进行格式的复制。操作方法如下。

（1）选定已设置了格式的文本或段落。

（2）打开【开始】选项卡，在【剪贴板】组中单击【格式刷】按钮，此时鼠标指针变成刷子形状。

（3）如果需要复制的是文本的格式，那么拖动鼠标选中需要设置格式的文本即可；如果需要复制的是段落的格式，那么拖动鼠标选中需要设置格式的段落标记即可。这样，被拖动选中的文本或段落就会具有相应格式了。

💡 小技巧

> 1. 单击【格式刷】按钮，格式刷只能使用一次。使用完后，鼠标指针恢复正常形状。
>
> 2. 双击【格式刷】按钮，格式刷可以使用多次。如果不需要时，再单击一下【格式刷】按钮，鼠标指针就会恢复正常形状。

3. 使用剪贴板

文本的复制、剪切和粘贴都是通过剪贴板进行的。

（1）打开剪贴板。打开【开始】选项卡，在【剪贴板】组中单击右下角的对话框启动器 。

（2）使用剪贴板。通常如果直接选择【粘贴】命令或按钮，那么默认的粘贴对象是最后一次放入剪贴板的内容，如果需要粘贴之前复制过的内容，操作方法是：将插入点定位在目标位置，打开剪贴板，单击所需复制内容的图标即可。

4.3.4　使用样式

样式是指已经命名并存储了一组字符格式和段落格式的集合。这样在设置重复格式时，先创建一个该格式的样式，然后在需要的地方套用这种样式，就无须一次次地对它们进行重复的格式化操作了。可以通过【开始】选项卡中的【样式】组来新建、使用样式。

1. 使用样式

对于已经存在的样式，用户可以直接使用。操作方法如下。

（1）选定需要使用样式的文本。

（2）打开【开始】选项卡，在【样式】组中单击右下角的对话框启动器 。打开如图 4-54 所示的【样式】列表。

（3）在【样式】列表中单击所需样式即可。

2. 新建样式

用户不仅可以使用 Word 预先定义好的样式，也可以自己创建样式。

【例 4-10】　新建一个名为"字体格式"的字符样式：四号字、华文行楷、加粗，字体颜色为红色。

（1）打开【开始】选项卡，在【样式】组中单击右下角的对话框启动器 。

（2）单击【新建样式】按钮。

（3）在【根据格式设置创建新样式】对话框中，在【名称】文本框中输入"字体格式"，在【样式类型】下拉列表中选择"字符"，在【样式基准】下拉列表中选择"默认段落字体"。在格式区域中设置"四号字、华文行楷、加粗、字体颜色红色"，如图 4-55 所示。

（4）单击【确定】按钮。

3. 修改和删除样式

如果想修改或删除已经存在的样式，可以在如图 4-54 所示的【样式】列表中，在相应样式的下拉列表中选择【修改】，或【从快速样式库中删除】。

图 4-54　【样式】窗口

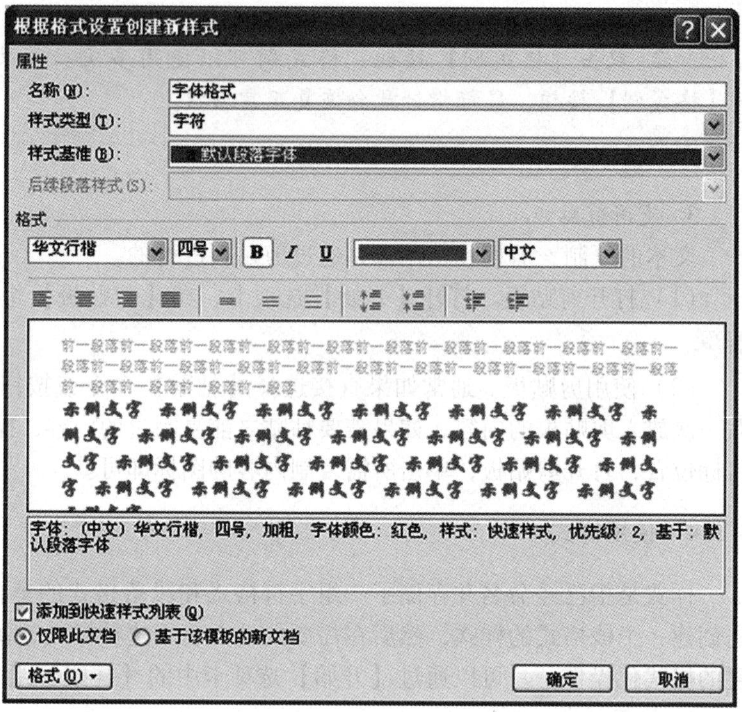

图 4-55　【根据格式设置创建新样式】对话框

4.3.5　首字下沉

图 4-56　【首字下沉】对话框

首字下沉就是在段落开头创建一个大号字符。在很多的报刊和杂志上经常能够看到这样的排版效果。设置了首字下沉效果后，文章更易吸引注意力。

【例 4-11】　将文档的第一段设置首字下沉，下沉行数为 3 行，字体为华文行楷，距正文 0.2 厘米。

（1）将插入点定位于文档第一段中。

（2）打开【插入】选项卡，在【文本】组中单击【首字下沉】按钮，打开【首字下沉选项】对话框。

（3）在【首字下沉】对话框中，【位置】区域选择"下沉"，【字体】下拉列表中选择"华文行楷"，【下沉行数】设置为 3 行，【距正文】设置为 0.2 厘米，如图 4-56 所示。

（4）单击【确定】按钮。

💡 小技巧

　　如果想取消首字下沉效果，可以选择【插入】选项卡，在【文本】组中单击【首字下沉】按钮，选择"无"。

4.3.6　分栏

　　分栏就是将文字拆分成两栏或者更多栏。在很多报刊和杂志上经常能够看到这样的排版效果。

　　【例 4 – 12】　将文档第一段分成等宽的两栏，栏宽为 12.5 字符，加分隔线。

　　（1）选中文档第一段。

　　（2）打开【页面布局】选项卡，在【页面设置】组中单击【分栏】按钮，选择【更多分栏】。

　　（3）在【分栏】对话框中选择【两栏】，【间距】设置为 12.5 字符，勾选【分隔线】复选框和【栏宽相等】复选框，如图 4 – 57 所示。

　　（4）单击【确定】按钮。

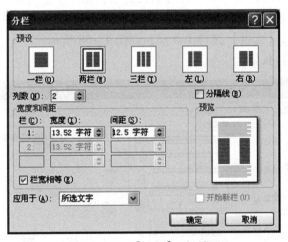

图 4 – 57　【分栏】对话框

❗ 注　意

　　1. 如果想取消分栏，可以打开【页面布局】选项卡，在【页面设置】组中单击【分栏】按钮，在【分栏】对话框中选择【一栏】。

　　2. 为了避免出现两栏长短不齐的情况，在分栏之前选定段落时，不要选中最后一段的段落标记。

4.3.7 页面背景和边框

为了使 Word 文档更具表现力，用户可以根据需要为文档设置背景和边框。

1. 页面背景

文档页面的背景既可以是一种单一颜色，也可以是某种填充效果，或者是一幅图片。设置页面背景的操作方法如下。

（1）打开【页面布局】选项卡，在【页面背景】组中单击【页面颜色】按钮。

（2）如果希望以一个单一颜色作为页面背景，那么直接单击所需颜色即可。

（3）如果希望以某种填充效果作为页面背景，那么选择【填充效果】命令，打开【填充效果】对话框，在【渐变】或【纹理】或【图案】选项卡中设置所需效果即可。

（4）如果希望以一张图片作为页面背景，那么选择【填充效果】命令，打开【填充效果】对话框，在【图片】选项卡中单击【选择图片】按钮，选择所需图片，最后单击【确定】按钮即可。

2. 页面边框

设置文档页面边框的操作方法与设置段落边框的方法类似，但使用的是【边框和底纹】对话框中的不同选项卡。

【例 4－13】 给文档页面添加绿色波浪线边框，线条宽度为 1.5 磅。

（1）打开【页面布局】选项卡，在【页面背景】组中单击【页面边框】按钮。

（2）在【边框和底纹】对话框的【页面边框】选项卡中，【样式】选择"波浪线"，【颜色】选择"绿色"，【宽度】选择 1.5 磅，如图 4－58 所示。

（3）单击【确定】按钮。

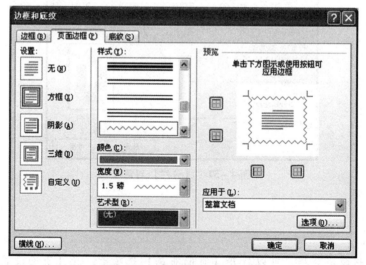

图 4－58　【页面边框】选项卡

4.3.8 水印

水印的作用是在页面内容后面插入虚影文字或图片。通常表示将文档特殊对待，如"机密"或"紧急"。

【例 4 - 14】　为文档添加文字水印，文字为"机密"，字体为华文行楷，字号为 40，颜色为红色，半透明，版式为斜式。

（1）打开【页面布局】选项卡，在【页面背景】组中单击【水印】按钮，选择【自定义水印】。

（2）在【水印】对话框中，选择【文字水印】单选项。在【文字】文本框中输入"机密"，【字体】设置为"华文行楷"，【颜色】设置为"红色"，勾选"半透明"复选项，版式选择"斜式"单选项，如图 4 - 59 所示。

图 4 -59　【水印】对话框

（3）单击【应用】按钮。

 小技巧

> 如果不需要水印，可以打开【页面布局】选项卡，在【页面背景】组中单击【水印】按钮，选择【删除水印】。

◆ 4.4　实例一：基础排版

◆ 任务描述

一篇文章，不仅需要优美的词句，也需要清新、富有美感的排版样式。标题需要醒目，重点内容需要突出，条目需要清晰……拿到一个文档，怎样才能把它变得更有可看性更有特色呢？

◆ 任务分析

1. 字符格式的设置。

2. 段落格式的设置。

3. 格式刷的使用。

4. 查找和替换。

5. 分栏。

6. 页面边框的设置。

◆ **任务要求**

1. 在桌面上新建"练习"文件夹，在"练习"文件夹中创建 Word 文档，命名为"基础排版"，并录入以下文字。

土壤——地球的皮肤

　　土壤的确非常美妙。她们是维持人类生活的主要支撑系统，为根系提供固定场所，长期容纳植物生长所需的水分，提供维系生命的营养物质。可以这样说，如果没有土壤，地球的景观就像火星一样荒芜。土壤是大量微生物的家园，在这里，微生物通过自身的代谢，完成土壤中一系列生物化学转化过程，如固定大气中的氮、分解土壤中的有机质等；同时，土壤也是我们熟悉的蚯蚓、蚂蚁和白蚁等动物的聚集场所。大部分土壤生物都生活在土壤内部，而不在地面上。

　　无论观察土壤表面还是土壤内部，或者利用土壤，我们会发现，土壤是如此丰富多彩。地球表面多样的物种以及为人类提供的各种生存环境也反映出地球表面这层皮肤的丰富多样。所以，要管理好水资源、降低其危害性，人们必须做到：

　　所有淡水的根本来源是雨水。雨水可被拦截和蒸发、渗透进土壤，或者随着破坏性的地表径流损失掉，这些都取决于土地覆盖和土壤条件。快速径流会引发洪灾、流失肥沃的土壤、侵蚀河岸，以致破坏水生生态系统，并堵塞水库和河道。渗透的水可以保持在土壤中，并被植物利用或补给地下水和地表溪流，这些过程则取决于土壤的厚度、渗透性和含水能力。

　　水是"有害"还是"有利"取决于其在土壤表面和土壤剖面中的分布情况。更确切地说，它取决于土壤类型和人们对土壤的利用管理方式。水资源可以被浪费，但如果管理得当，同样的水可提高三倍的使用效率。然而，流域水源地的农民和牧民在实施水资源管理时，真正受益的是生活在下游城市里的居民。

　　对每一个独特的水传输系统（包括气候、土壤、地形、地表水和地下水以及土地利用方式）都要有深刻的理解。

　　管理措施需应用到整个流域范围内，而不只是在特定点或特定农场区域内实施。

　　下游受益群体应给予上游管理者补偿，应使得他们实施水土资源综合管理后能获得更多的利益。

2. 将标题设置为黑体、小一号，颜色设置为蓝色，效果设置为空心。

3. 将标题中的"地""皮"两个字的位置设置为提升 10 磅，"的"字的位置设置为降低 5 磅。

4. 将标题的对齐方式设置为居中，段后距设置为 1.5 行。

5. 将文档正文中的文字"所以，要管理好水资源、降低其危害性，人们必须做到："移动到第四段之后，使其单独成为一段。

6. 将文档正文第一段文字设置为幼圆、小四号，字体颜色设置为深蓝色。

7. 将文档正文第二段文字设置为楷体、小四号，字体颜色设置为紫色。

8. 将文档正文第三段文字设置为华文新魏、小四号，字体颜色设置为绿色。

9. 将文档正文第四段文字设置为隶书、小四号，字体颜色设置为棕色。

10. 将文档正文第五段文字设置为宋体、小四号、加粗、添加红色双下划线；给"必须做到"四个字添加着重号。

11. 将文档正文第六段文字设置为华文细黑、小四号、蓝色，并给其设置样式为"1. 2. 3."的编号。

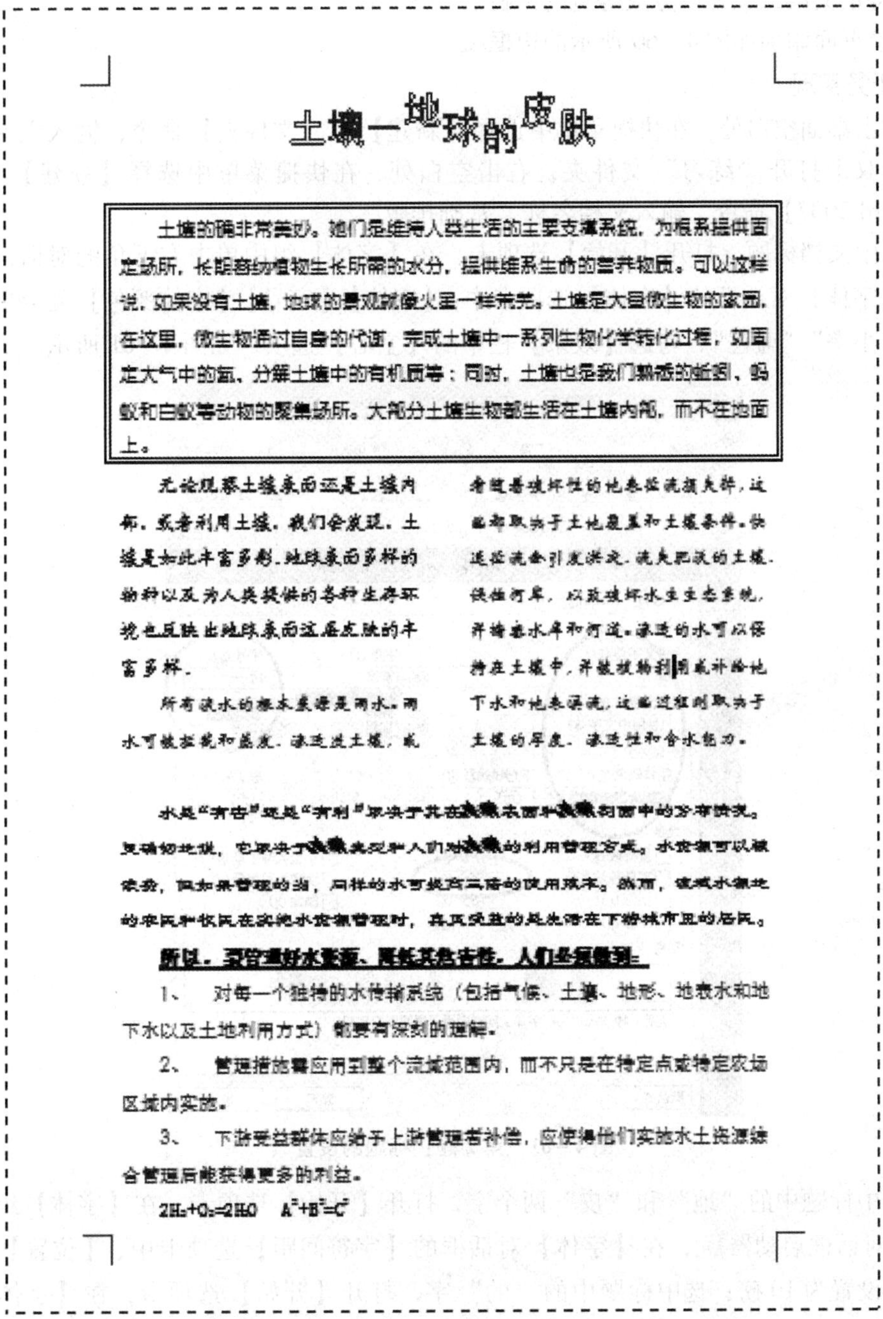

图 4-60　实例一样图

12. 使用格式刷工具，将文档第六段文字的格式应用到第七段和第八段的文字上。

13. 给文档的第一段添加如样图 4 – 60 所示的边框和底纹。

14. 将正文所有段落设置为左、右缩进 0.5 字符，首行缩进 2 字符，行距为固定值 22 磅。

15. 将正文第四段中所有的"土壤"设置为阳文效果。

16. 在文档末尾输入化学方程式和公式 $2H_2 + O_2 = 2H_2O$ $A^2 + B^2 = C^2$

17. 将正文第二、三段分成等宽的两栏。

18. 给页面添加如图 4 – 60 所示的边框。

◆ **任务实现**

1. 右击桌面空白处，在快捷菜单中选择【新建】 | 【文件夹】命令，输入文件夹名称"练习"；双击打开"练习"文件夹，右击空白处，在快捷菜单中选择【新建】 | 【Microsoft Word 2007】命令，输入文档名称"基础排版"。

2. 选中文档标题，打开【开始】选项卡，在【字体】组中单击右下角的对话框启动器 ，在【字体】对话框的【字体】选项卡中，【字体】【字号】【字体颜色】处分别设置为"黑体""小一""蓝色"，勾选【效果】栏中的【空心】选项，如图 4 – 61 所示。

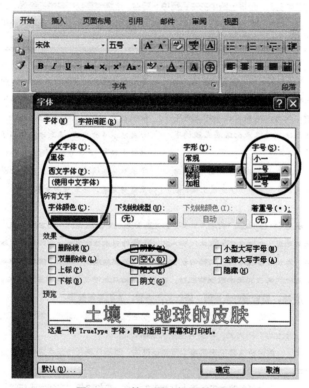

图 4 – 61　第 2 题：标题的设置

3. 选中标题中的"地"和"皮"两个字，打开【开始】选项卡，在【字体】组中单击右下角的对话框启动器 ，在【字体】对话框的【字符间距】选项卡中，【位置】处选择"提升"，设置为 10 磅；选中标题中的"的"字，打开【开始】选项卡，在【字体】组中单击右下角的对话框启动器 ，在【字体】对话框的【字符间距】选项卡中，【位置】处选择"降低",设置为 5 磅,如图 4 - 62 所示。

4. 选中标题,打开【开始】选项卡,在【段落】组中单击右下角的对话框启动器 ⬚，在【段落】对话框的【缩进和间距】选项卡中,【对齐方式】处选择"居中",【段后】间距处设置为 1.5 行,如图 4 - 63 所示。

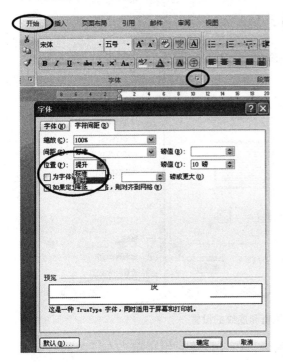

图 4 - 62　第 3 题:标题的设置　　　　　图 4 - 63　第 4 题:标题的设置

5. 选中正文中的文字"所以,要管理好水资源、降低其危害性,人们必须做到:",打开【开始】选项卡,在【剪贴板】组中单击【剪切】按钮,将插入点定位在正文第四段之后,打开【开始】选项卡,在【剪贴板】组中单击【粘贴】按钮。

6 ~ 9. 步骤略。

10. 选中正文第五段,打开【开始】选项卡,在【字体】组中单击右下角的对话框启动器 ⬚，在【字体】对话框的【字体】选项卡中,【字体】【字号】【字形】【下划线】处分别设置为"宋体""小四号""加粗""红色双下划线";选中文字"必须做到",打开【开始】选项卡,在【字体】组中单击右下角的对话框启动器 ⬚，在【字体】对话框的【字体】选项卡中,【着重号】处设置着重号。

11. 选中正文第六段,字体、字号、字体颜色的设置方法与第 2 题中的设置方法类似;选中正文第六、七、八段,打开【开始】选项卡,在【段落】组中单击【编号】按钮右侧的向下箭头,选择样式为"1.2.3."编号。

12. 选中正文第六段文字,打开【开始】选项卡,在【剪贴板】组中单击【格式刷】按钮,选中正文第七段和第八段。

13. 选中正文第一段,打开【开始】选项卡,在【段落】组中单击【边框和底纹】按钮右侧的向下箭头，选择【边框和底纹】命令，在【边框和底纹】对话框的【边框】选项卡中根据样图设置边框，在【底纹】选项卡中根据样图设置底纹，如图 4 - 64 所示。

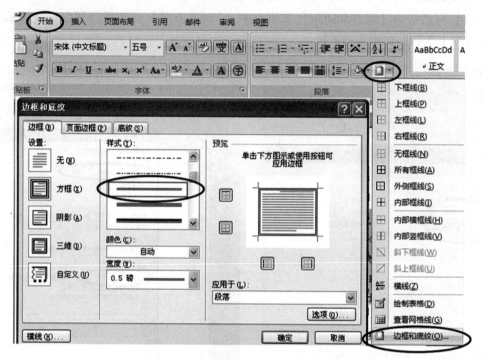

图 4 - 64　第 13 题：边框和底纹的设置

14. 选中正文所有段落，打开【开始】选项卡，在【段落】组中单击右下角的对话框启动器 按钮，在【段落】对话框的【缩进和间距】选项卡中，【左侧】缩进和【右侧】缩进处设置 "0.5 磅"，【特殊格式】处选择 "首行缩进 2 字符"，【行距】处设置为 "固定值 22 磅"。

15. 选中正文第四段的文字，打开【开始】选项卡，在【编辑】组中单击【替换】按钮，在【查找和替换】对话框的【替换】选项卡中，【查找内容】输入 "土壤"，【替换内容】输入 "土壤"，将【替换内容】中的土壤的字符效果设置为 "阳文"，单击【全部替换】按钮。

16. 在文档末尾输入 2H2 + O2 = 2H2O，选中第二个、第三个和第五个 "2"，打开【开始】选项卡，在【字体】组中单击【下标】按钮；在文档末尾输入 A2 + B2 = C2，选中所有的 "2"，打开【开始】选项卡，在【字体】组中单击【上标】按钮。

17. 选中正文第二、三段，打开【页面布局】选项卡，在【页面设置】组中单击【分栏】按钮，选择【两栏】。

18. 打开【页面布局】选项卡，在【页面背景】组中单击【页面边框】按钮，在【边框和底纹】对话框的【页面边框】选项卡中【艺术型】处按照样图 4 - 60 所示进行选择，单击【确定】按钮。

◆ 4.5　插入和编辑各种对象

在编辑 Word 文档时，为了让文档图文并茂，更加美观，用户可以在文档中插入图形、艺术字、文本框等对象。

4.5.1　插入图片

与文字内容相得益彰的图片能够美化文档。

1. 插入图片

在文档中插入图片，包括 Office 自带的剪贴画和用户自己收集的图片。

（1）插入 Office 自带的剪贴画。将剪贴画插入文档，包括绘图、影片、声音或库存照片，以展示特定的概念。在文档中插入剪贴画的操作方法如下。

①将插入点定位在文档中需要插入剪贴画的位置。

②打开【插入】选项卡，在【插图】组中单击【剪贴画】按钮，打开如图 4 - 65 所示的【剪贴画】窗口。

③在【剪贴画】窗口的【搜索文字】文本框输入所需剪贴画的关键字，在【搜索范围】下拉列表中选择所需剪贴画所在的范围，在【结果类型】下拉列表中选择文件类型。

④单击【搜索】按钮。

（2）插入用户自己收集的图片。现在网络上有丰富的图片素材，用户可以将自己喜欢的图片收集起来，在合适的时候用到 Word 文档排版中。在 Word 文档中插入图片的操作方法如下。

①将插入点定位在文档中需要插入图片的位置。

②打开【插入】选项卡，在【插图】组中单击【图片】按钮，打开如图 4 - 66 所示的【插入图片】对话框。

③在【插入图片】对话框的【查找范围】处选择图片所在的位置，单击选择所需图片。

④单击【插入】按钮。

2. 调整图片

将图片插入到文档中后，不一定符合用户的要求。这时，可以对图片进行大小、位置、环绕方式等方面的调整。

（1）选定图片。用鼠标单击图片即可选定图片。被选定的图片四周会出现 8 个小方块，称为尺寸控点。

选定图片之后，在 Word 窗口的功能区中会自动出现如图 4 - 67 所示的【格式】选项卡，取消选中图片后，【格式】选项卡自动消失。

（2）调整图片大小。图片被插入到文档中后，一般会采用原有的尺寸。用户可以根据需要进行调整。

图 4 - 65　【剪贴画】窗口

图 4-66 【插入图片】对话框

图 4-67 图片的【格式】选项卡

很多图片有固定的纵横比例，用户在调整图片大小时图片会自动保持这个比例。如果希望将图片调整为任意大小，那么需要取消锁定纵横比。取消锁定纵横比的操作方法有以下两种。

①选定图片，打开【格式】选项卡，在【大小】组中单击右下角的对话框启动器 ，打开如图 4-68 所示的【大小】对话框。取消选中【锁定纵横比】复选框。

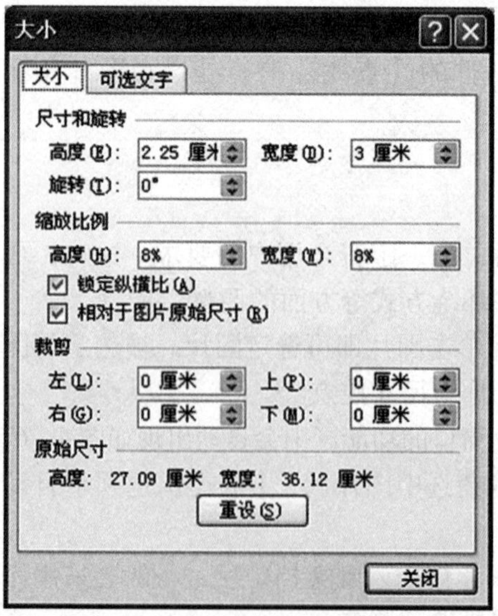

图 4-68 【大小】对话框

②右击图片，在快捷菜单中选择【大小】命令，打开如图 4－68 所示的【大小】对话框。取消选中【锁定纵横比】复选框。

调整图片大小的操作方法有以下三种。

①用鼠标粗略调整大小。选定图片，将鼠标指针放在某个尺寸控点上，等鼠标指针变成双向箭头，按住鼠标左键并拖动以改变图片大小。

②精确设置图片大小。选定图片，打开【格式】选项卡，在【大小】组的【高度】和【宽度】区域中输入数值。

③精确设置图片大小：选定图片，打开【格式】选项卡，在【大小】组单击右下角的对话框启动器▣，或右击图片并在快捷菜单中选择【大小】命令，打开如图 4－68 所示的【大小】对话框，在【高度】和【宽度】处输入数值。

用户不仅可以将图片调整为固定的高度和宽度，也可以在如图 4－68 所示的【大小】对话框的【缩放比例】处将图片按一定的比例缩放。

（3）设置图片的文字环绕方式。图片被插入到文档中以后，有时要求文字环绕图片，有时要求图片衬于文字下方等。设置图片的文字环绕方式可以实现以上效果。

【例 4－15】 将图片的文字环绕方式设置为四周型环绕。操作方法有以下两种。

①选定图片，打开【格式】选项卡，在【排列】组中单击【文字环绕】按钮选择【四周型环绕】。

②右击图片，在快捷菜单中选择【文字环绕】｜【四周型环绕】命令。

（4）裁剪图片。裁剪图片，可以删除图片不需要的部分。操作方法有以下两种。

方法一：粗略裁剪

①选定图片。

②打开【格式】选项卡，在【大小】组中单击【裁剪】按钮。

③将鼠标指针移到图片的某个尺寸控点上，按住鼠标左键并向内拖动，这时会出现一个随之移动的虚线框，到合适的位置松开鼠标即可。凡是在虚线框以外的内容将被裁剪掉。

方法二：精确裁剪

①选定图片。

②打开【格式】选项卡，在【大小】组中单击右下角的对话框启动器▣，或右击图片并在快捷菜单中选择【大小】命令，打开如图 4－68 所示的【大小】对话框。

③在【裁剪】区域分别给出相对原始图片在上、下、左、右被裁剪掉的尺寸。

④单击【确定】按钮。

（5）调整图片形状。插入到文档中的图片可以更改形状。操作方法如下。

选定图片，打开【格式】选项卡，在【图片样式】组中单击【图片形状】按钮，单击选择所需形状即可。

（6）设置图片边框。设置图片边框的操作方法如下。

选定图片，打开【格式】选项卡，在【图片样式】组中单击【图片边框】按钮，选择所需的线型、颜色和粗细。

（7）设置图片效果。对图片应用某种视觉效果，如阴影、发光、映像或三维旋转。操作方法如下。

选定图片，打开【格式】选项卡，在【图片样式】组中单击【图片效果】按钮，选择所需的效果即可。

（8）设置图片的外观样式。图片的总体外观样式是 Word 2007 提供的一些已经设置好边框、形状等效果的样式。对图片应用某种外观样式的操作方法如下。

选定图片，打开【格式】选项卡，在【图片样式】组中，在【图片外观样式】区域中单击选择所需样式。

（9）重新着色。对图片重新着色，使图片具有某种效果。操作方法如下。

选定图片，打开【格式】选项卡，在【调整】组中单击【重新着色】按钮。

在 Word 2007 中，对于背景色只有一种颜色的图片，可以将该图片的纯色背景色设置为透明，从而使图片更好地融入文档中。操作方法如下。

选定图片，打开【格式】选项卡，在【调整】组中单击【重新着色】按钮，选择【设置透明色】，单击图片的背景色部分即可。

4.5.2　绘制形状

利用 Word 的形状工具，用户可以轻松、快速地绘制出各种外观专业、效果生动的图形。

1. 绘制形状

在 Word 2007 的【形状】工具中包含了 100 多种能够任意改变形状的自选图形工具。用户可以在文档中使用这些工具来绘制所需的图形。

【例 4 – 16】　在 Word 文档中绘制一个矩形。

（1）打开【插入】选项卡，在【插图】组中单击【形状】按钮，打开如图 4 – 69 所示的【自选图形】列表。

图 4 – 69　【自选图形】列表

（2）在【自选图形】列表中的【星与旗帜】组中单击选择"矩形"图标，这时鼠标指针变成十字形。

（3）单击要插入图形的位置，按照默认设置插入矩形，或者拖动鼠标插入一个自定义尺寸的矩形。

💡 小技巧

如果希望保持图形的宽与高的比例，使图形不扭曲失真，可以在拖动鼠标时按住Shift 键。比如，在插入圆形或者正方形时，按住 Shift 键的同时拖动鼠标，这样能够保证插入的是正圆和正方形。画线时按住 Shift 键拖动鼠标，可以限制此直线与水平线的夹角为 15°、30°和 45°等。

2. 调整形状

将某形状插入到文档中后，用户可以对形状进行大小、位置、文字环绕方式等调整。

对于形状的选定、大小、文字环绕方式、外观样式的设置与图片的设置方法相同，用户可以参考 4.5.1 节中图片的相关操作。形状的【格式】选项卡如图 4 – 70 所示。

图 4 – 70 形状的【格式】选项卡

（1）设置形状的对齐方式。对于插入到文档中的一个或多个对象，可以将它们设置为某种对齐方式。操作方法如下。

选定对象，打开【格式】选项卡，在【排列】组中单击【对齐】按钮，单击选择所需的对齐方式即可。

（2）设置形状的叠放次序。对于插入到文档中的叠放在一起的多个形状，可以设置每个形状的叠放次序，从而使所选形状置于其他所有对象的前面或后面。操作方法如下。

选定形状，打开【格式】选项卡，在【排列】组中单击【置于顶层】按钮或【置于底层】按钮。

（3）组合多个形状。在 Word 文档中插入多个形状后，希望这些形状能够作为一个整体被处理，这时需要用到【组合】工具。操作方法如下。

选定多个形状，打开【格式】选项卡，在【排列】组中单击【组合】按钮，选择【组合】。如果需要取消组合，则在【组合】按钮的下拉列表中选择【取消组合】。

（4）设置形状的三维效果。为形状添加三维效果的方法如下。

选定形状，打开【格式】选项卡，在【三维效果】组中单击【三维效果】按钮，单击选择所需的三维效果即可。

（5）设置形状的阴影效果。为形状添加阴影效果的方法如下。

选定形状，打开【格式】选项卡，在【阴影效果】组中单击【阴影效果】按钮，单击选择所需的阴影效果即可。

（6）设置形状的填充颜色。使用纯色、渐变、纹理或图片填充选定的形状。

【例 4 - 17】　将形状的填充效果设置为双色：红色和白色。

①选定形状。

②打开【格式】选项卡，在【形状样式】组中选择【形状填充】按钮｜【渐变】｜【其他渐变】命令，打开如图 4 - 71 所示的【填充效果】对话框。

③在【填充效果】对话框中选择【渐变】选项卡，选中"双色"单选项，【颜色 1】选择为红色，【颜色 2】选择为白色。

④单击【确定】按钮。设置后的形状如图 4 - 72 所示。

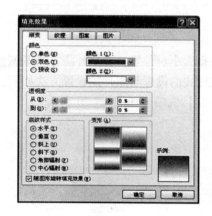

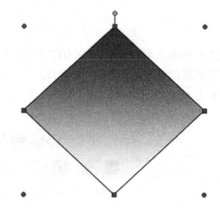

图 4 - 71　【填充效果】对话框　　　　图 4 - 72　设置填充效果后的形状

（7）设置形状的轮廓颜色。指定选定形状轮廓的颜色、宽度和线型。

【例 4 - 18】　将形状的轮廓设置为绿色、3 磅的短画线。

①选定形状。

②打开【格式】选项卡，在【形状样式】组中单击【形状轮廓】按钮，打开如图 4 - 73 所示的【形状轮廓】列表。

③在【形状轮廓】列表中，【颜色】选择为绿色；【粗细】选择为 3 磅，【虚线】选择为短画线。设置后的形状如图 4 - 74 所示。

（8）在形状中添加文字。在各类形状中，除了直线、箭头等线条图形外，其他所有形状都允许向其中添加文字。操作方法有以下两种。

①选定形状，打开【格式】选项卡，在【插入形状】组中单击【编辑文本】按钮。

②右击形状，在快捷菜单中选择【添加文字】命令。

对于向形状中添加的文字，用户可以像设置正文一样设置其字体格式和段落格式。要编辑形状中的文字，直接单击这些文字即可进入编辑状态。

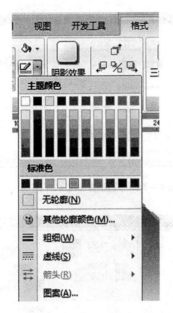

图 4 – 73　形状轮廓列表

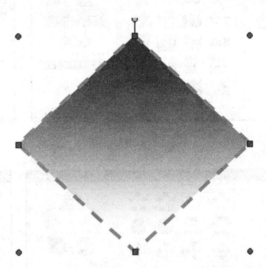

图 4 – 74　设置形状轮廓后的形状

4.5.3　插入 SmartArt 图形

SmartArt 图形是 Word 2007 中新增加的一项图形功能，相对于 Word 2003 等以前 Word 版本中提供的图形功能，SmartArt 图形功能更强大、种类更丰富、效果更生动。

1. 插入 SmartArt 图形

SmartArt 图形是信息和观点的视觉表示形式。可以通过从多种不同布局中进行选择来创建 SmartArt 图形，从而快速、轻松、有效地传达信息。在文档中插入 SmartArt 图形的操作方法如下。

（1）将插入点定位在需要插入 SmartArt 图形的位置。

（2）打开【插入】选项卡，在【插图】组中单击【SmartArt】按钮，打开如图 4 – 75 所示的【选择 SmartArt 图形】对话框。

（3）选择 SmartArt 图形的类型后继续选择所需的样式。

（4）单击【确定】按钮。

Word 2007 中的 SmartArt 图形包括七种类型，分别介绍如下。

● 列表型：显示非有序信息或分组信息，主要用于强调信息的重要性，如图 4 – 75 所示。

● 流程型：表示任务流程的顺序或步骤，如图 4 – 76 所示。

● 循环型：表示阶段、任务或事件的连续序列，主要用于强调重复过程，如图 4 – 77 所示。

● 层次结构型：用于显示组织中的分层信息或上下级关系，最广泛地应用于组织结构图，如图 4 – 78 所示。

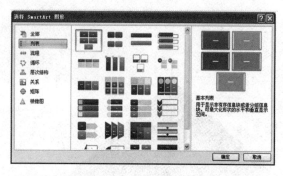

图 4 – 75　列表型 SmartArt 图形

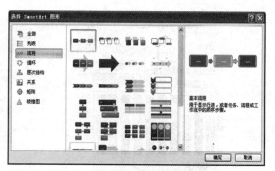

图 4 – 76　流程型 SmartArt 图形

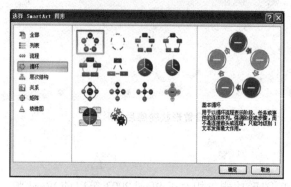

图 4 – 77　循环型 SmartArt 图形

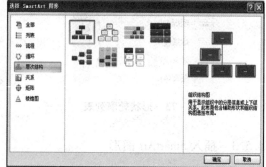

图 4 – 78　层次结构型 SmartArt 图形

● 关系型：用于表示两个或多个项目之间的关系，或者多个信息集合之间的关系，如图 4 – 79 所示。

● 矩阵型：用于以象限的方式显示部分与整体的关系，如图 4 – 80 所示。

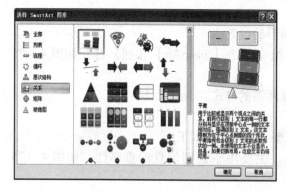

图 4 – 79　关系型 SmartArt 图形

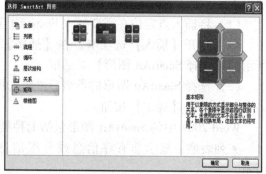

图 4 – 80　矩阵型 SmartArt 图形

● 棱锥图型：用于显示比例关系、互连关系或层次关系，最大的部分置于底部，向上渐窄，如图 4 – 81 所示。

【例 4 – 19】　在文档中插入层次结构中的组织结构图，如图 4 – 82 所示。

（1）将插入点定位在需要插入图形的位置。

（2）打开【插入】选项卡，在【插图】组中单击【SmartArt】按钮。

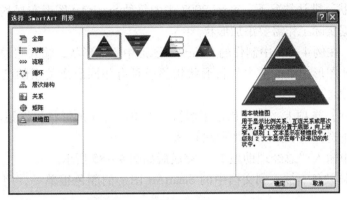

图 4 – 81 棱锥图型 SmartArt 图形

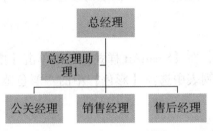

图 4 – 82 例 4 – 19 样图

（3）在【选择 SmartArt 图形】对话框中，选择【层次结构】类型，并选择其中的第一个"组织结构图"。

（4）在每个形状中输入相应文字。

2. 调整 SmartArt 图形

插入到文档中的 SmartArt 图形不一定符合要求，用户可以根据需要进行调整。

SmartArt 图形的大小、图形中每个形状的填充颜色和轮廓颜色的设置方法与形状的设置方法相同。用户可以参照 4.5.2 节中形状的相关操作。

选中 SmartArt 图形后，Word 窗口的功能区中会出现如图 4 – 83 所示的【设计】选项卡和如图 4 – 84 所示的【格式】选项卡。

图 4 – 83 SmartArt 图形的【设计】选项卡

图 4 – 84 SmartArt 图形的【格式】选项卡

（1）添加形状。默认情况下，Word 2007 中的每种 SmartArt 图形布局均有固定数量的形状。用户可以根据实际工作需要添加形状。

【例 4 – 20】 在例 4 – 19 中制作的 SmartArt 图形中添加形状，输入"总经理助理 2"。

①在 SmartArt 图形中单击选中与新形状相邻或具有相同层次关系的已有形状。即选中"总经理助理 1"形状。

②打开【设计】选项卡，在【创建图形】组中单击【添加形状】按钮。

③在下列表中选择【在后面添加形状】选项。

④在新形状中输入"总经理助理 2"。完成后如图 4 – 85 所示。

（2）更改整体颜色。插入到文档中的 SmartArt 图形的颜色很单一，用户可以根据自己的喜好进行修改。

【例 4 – 21】 将例 4 – 20 中的 SmartArt 图形的颜色更改为【彩色】中的"彩色范围 – 强调文字颜色 4 至 5"。

①选定 SmartArt 图形。

②打开【设计】选项卡，在【SmartArt 样式】组中单击【更改颜色】按钮。

③在【更改颜色】下拉列表中选择【彩色】中的"彩色范围 – 强调文字颜色 4 至 5"。完成后如图 4 – 86 所示。

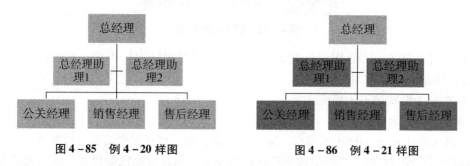

图 4 – 85 例 4 – 20 样图 　　　　　图 4 – 86 例 4 – 21 样图

（3）设置 SmartArt 图形的总体外观样式。Word 2007 中有一些已经设置好效果的 SmartArt 图形样式，用户可以根据需要进行选择。

【例 4 – 22】 将例 4 – 21 中的 SmartArt 图形的外观样式设置为【三维】中的【优雅】。

①选定 SmartArt 图形。

②打开【设计】选项卡，选择【SmartArt 样式】组。

③在【SmartArt 图形样式】区域中单击选择【三维】中的"优雅"。完成后如图 4 – 87 所示。

（4）设置图形中的文字格式。SmartArt 图形中的文字也可以设置为不同的效果。

【例 4 – 23】 将例 4 – 22 中的 SmartArt 图形中的文字"总经理"设置为紫色填充，白色轮廓，并添加"左上对角透视"阴影效果。

①选中"总经理"图形。

②打开【格式】选项卡，在【艺术字样式】组中打开【文本填充】，选择紫色，打开【文本轮廓】，选择白色。

③单击【文本效果】按钮，选择【阴影】｜【透视】｜【左上对角透视】命令。完成后如图 4 – 88 所示。

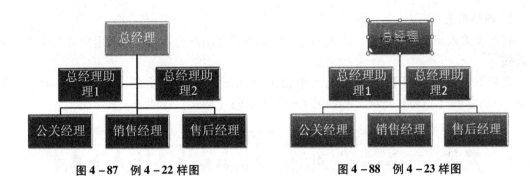

图 4 - 87　例 4 - 22 样图　　　　　　　图 4 - 88　例 4 - 23 样图

4.5.4　插入图表

插入图表，用于演示和比较数据。

1. 插入图表

在 Word 文档中插入图表，首先需要提供数据并选择图表类型。

【例 4 - 24】　根据表 4 - 1 成绩表中的数据在 Word 文档中插入簇状柱形图。

表 4 - 1　成绩表

姓名	数学	语文	外语	计算机
张强	88	89	59	90
李玲	100	86	89	78
王美玉	89	74	84	89
李启亮	80	89	60	98

（1）将插入点定位在需要插入图表的位置。

（2）打开【插入】选项卡，在【插图】组中单击【图表】按钮。

（3）在【插入图表】对话框中选择图表类型为【柱形图】中的"簇状柱形图"。

（4）单击【确定】按钮。

（5）在弹出的【Microsoft Office Word 中的图表】Excel 表格中从 A1 单元格开始输入表 4 - 1 中的内容。

（6）关闭 Excel 表格即可。创建的图表如图 4 - 89 所示。

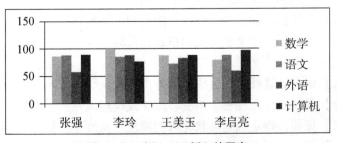

图 4 - 89　例 4 - 24 插入的图表

2. 调整图表

将图表插入到文档中之后，图表的样式可能不符合用户的要求，那么用户可以对图表进行调整。

选定图表后，Word 窗口的功能区中会出现如图 4 - 90 所示的【设计】选项卡，如图 4 - 91 所示的【布局】选项卡和如图 4 - 92 所示的【格式】选项卡。

图 4 - 90　图表的【设计】选项卡

图 4 - 91　图表的【布局】选项卡

图 4 - 92　图表的【格式】选项卡

（1）【设计】选项卡。

- 【更改图表类型】按钮：将图表更改为其他类型的图表。
- 【选择数据】按钮：更改图表中包含的数据区域。
- 【编辑数据】按钮：显示此图表所依据的数据。
- 【图表布局】区域：更改图表的整体布局。
- 【图表样式】区域：更改图表的整体外观样式。

（2）【布局】选项卡。

- 【图表标题】按钮：添加、删除或放置图表标题。
- 【坐标轴标题】按钮：添加、删除或放置用于设置每个坐标轴标签的文本。
- 【图例】按钮：添加、删除或放置图表图例。
- 【数据标签】按钮：添加、删除或放置图表的数据标签。
- 【坐标轴】按钮：更改每个坐标轴的格式和布局。

（3）【格式】选项卡。

- 【外观样式】区域：选择形状或线条的外观样式。
- 【形状填充】按钮：使用纯色、渐变、图片或纹理填充选定形状。
- 【形状轮廓】按钮：指定选定形状轮廓的颜色、宽度和线型。
- 【形状效果】按钮：对选定形状应用外观效果（如阴影、发光、映像或三维旋转）。
- 【文本填充】按钮：使用纯色、渐变、图片或纹理填充文本。

- 【文本轮廓】按钮：指定文本轮廓的颜色、宽度和线型。
- 【文本效果】按钮：对文本应用外观效果（如阴影、发光、映像或三维旋转）。
- 【文字环绕】按钮：更改图表周围文字的环绕方式。
- 【大小】区域：设置图表的高度和宽度。

4.5.5　插入页眉、页脚和页码

要创建页眉、页脚和页码，用户只需要在其中某一页上进行设置，Word 会把它们自动加到每一页上。页眉、页脚和页码只有在页面视图或打印预览时才是可见的。页眉、页脚和页码与文档的正文处于不同的层次上，因此，在编辑页眉、页脚和页码时不能编辑文档正文。同样，在编辑文档正文时也不能编辑页眉、页脚和页码。

1. 插入页眉和页脚

页眉和页脚常用于显示文档的附加信息，可以插入时间、图形、公司徽标、文档标题、文件名或作者姓名等。页眉是文档中每个页面的顶部区域。页脚是文档中每个页面的底部区域。

（1）创建页眉和页脚。在文档中创建页眉和页脚的操作方法如下。

打开【插入】选项卡，在【页眉和页脚】组中单击【页眉】或【页脚】按钮，在弹出的下拉列表中选择一种页眉或页脚样式，或选择【编辑页眉】或【编辑页脚】命令，Word 进入页眉和页脚编辑状态，并显示如图 4 - 93 所示的【设计】选项卡，直接在页眉或页脚区域输入所需内容即可。编辑完毕，单击【设计】选项卡中的【关闭页眉和页脚】按钮。

图 4 - 93　页眉和页脚的【设计】选项卡

如果需要在页眉和页脚之间进行切换，可以单击【设计】选项卡中的【转至页眉】或【转至页脚】按钮。

（2）创建首页不同或奇偶页不同的页眉和页脚。在文档编辑过程中，有时需要为文档的首页与其他页设置不同的页眉和页脚。有时需要为文档的奇数页和偶数页设置不同的页眉和页脚。用 Word 可以轻松实现这两种设计。操作方法如下。

①打开【插入】选项卡，在【页眉和页脚】组中单击【页眉】或【页脚】按钮，进入页眉或页脚的编辑状态。

②打开【设计】选项卡，在【选项】组中选择【首页不同】复选框或【奇偶页不同】复选框。此时文档中的首页和其他页或者奇数页和偶数页分别以不同的文字进行标识，如图 4 - 94所示。

③在相应位置输入所需内容。

2. 插入页码

在文档中插入页码的方法与插入页眉和页脚类似，打开【插入】选项卡，在【页眉和页脚】组中单击【页码】按钮，在弹出的下拉列表中选择一种样式即可。

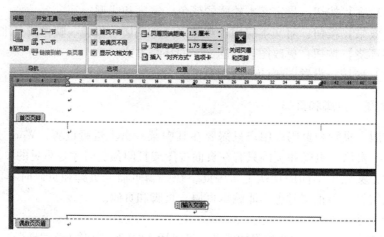

图 4 - 94   设置首页不同或奇偶页不同的页眉和页脚

4.5.6 插入文本框

文本框是指一种可移动、可调大小的文字或图形容器。使用文本框，可以在一页上放置数个文字块，或使文字按与文档中其他文字不同的方向排列。

1. 插入文本框

在文档中可以插入已经设定好样式的文本框，也可以绘制一个文本框；可以插入横排文本框，也可以插入竖排文本框。

插入文本框的操作方法如下。

（1）打开【插入】选项卡，在【文本】组中单击【文本框】按钮。

（2）在弹出的下拉列表中选择一种样式，或选择【绘制文本框】选项。

（3）在文档中的所需位置单击或拖动绘制出文本框。

2. 调整文本框

文本框插入到文档中以后，文本框的样式可能不符合用户的要求，用户可以对文本框的颜色、效果和大小等方面进行调整。

文本框的样式、填充效果、轮廓效果、大小和文字环绕方式等效果的调整方法与 4.5.2 节中形状的调整方法基本相同，用户可以参照 4.5.2 节中的相关操作。

4.5.7 插入艺术字

字体格式化可以将文字设置为多种字体和颜色，但是这远远不能满足文字处理工作中对文字的设计需求。Word 2007 提供的艺术字工具，可以创建出效果更多样化的文字。

1. 插入艺术字

Word 2007 给用户提供了一个艺术字库，用户可以任选所需的样式进行创建。

在文档中插入艺术字的操作方法如下。

（1）打开【插入】选项卡，在【文本】组中单击【艺术字】按钮，打开如图 4 - 95 所示的艺术字列表。

（2）单击选中一种艺术字样式，打开如图 4 - 96 所示的【编辑艺术字文字】对话框。

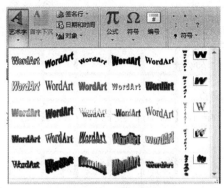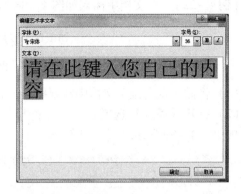

图 4 - 95　艺术字列表　　　　　　　　图 4 - 96　【编辑艺术字文字】对话框

（3）在【编辑艺术字文字】对话框中的【文本】文本框中输入所需内容，在【字体】下拉列表中选择字体，在【字号】下拉列表中选择字号，设置加粗或倾斜。

（4）单击【确定】按钮。

2．调整艺术字

在文档中插入艺术字后，选中艺术字会出现如图 4 - 97 所示的【格式】选项卡。艺术字的填充效果、轮廓效果、阴影效果、三维效果、文字环绕方式和大小的调整方法与 4.5.2 节中形状的调整方法类似。用户可以参照 4.5.2 节中的相关操作。

图 4 - 97　艺术字的【格式】选项卡

（1）编辑文字。艺术字被插入到文档中后，文字内容及字体、字形和字号可以再次进行修改。操作方法如下。

①选定艺术字。

②打开【格式】选项卡，在【文字】组中单击【编辑文字】按钮。

③在【编辑艺术字文字】对话框中进行修改。

④单击【确定】按钮。

（2）调整艺术字间距。艺术字的间距是指更改文字的字符间距。操作方法如下。

选定艺术字，打开【格式】选项卡，在【文字】组中单击【间距】按钮，在下拉列表中选择所需选项即可。

（3）竖排文字。竖排文字就是垂直绘制文本，字母间互相叠加。操作方法如下。

选定艺术字，单击【格式】选项卡，在【文字】组中单击【竖排文字】按钮即可。

（4）更改艺术字样式。艺术字被插入到文档中后，艺术字的样式可以进行修改。操作方法如下。

选定艺术字，打开【格式】选项卡，在【艺术字样式】区域中单击选择所需样式即可。

4.5.8　插入公式

在 Word 2007 中可以插入常见的数学公式，或者使用数学符号库构造自己的公式。

【例 4 – 25】 在文档中插入如图 4 – 98 所示的公式。

$$\tan(\alpha \pm \beta) = \frac{\tan\alpha \pm \tan\beta}{1 \mp \tan\alpha\tan\beta}$$

图 4 – 98 例 4 – 25 的公式

（1）将插入点定位于文档中需要插入公式的位置。

（2）打开【插入】选项卡，在【符号】组中单击【公式】按钮。Word 窗口的功能区中出现如图 4 – 99 所示的【设计】选项卡。

图 4 – 99 公式的【设计】选项卡

（3）打开【设计】选项卡，在【结构】组中单击【函数】按钮，在下拉列表中单击【三角函数】中的"正切函数"。

（4）将插入点定位于正切函数后面的方框中，单击【结构】组中的"方括号"。

（5）将插入点定位于方括号的方框中，单击【符号】组中的"α""±"和"β"。

（6）在方括号的右侧输入"="。

（7）将插入点定位于等号的右侧，单击【结构】组，选择【分数】|"分数（竖式)"命令。

（8）将插入点定位于分子的方框中，按照之前的方法插入所需内容。

4.6 实例二：图文混排

◆ 任务描述

现实生活中经常看到各种贺卡、请柬或者宣传海报，学习了 Word 以后，你也能够做出精美的卡片。

◆ 任务分析

1. 插入、设置文本框。

2. 插入、设置艺术字。

3. 插入、设置图片。

4. 页面设置。

5. 水印。

◆ 任务要求

1. 在桌面上新建"练习"文件夹，在"练习"文件夹中创建 Word 文档，命名为"图文混排"。

2. 将纸张大小设置为 32 开，页面方向为横向。（该题所涉及的知识点会在 4.9.1 节中详细讲解）

3. 为文档设置如样图（图 4 – 100）所示的图片水印，缩放为 50%，无"冲蚀"效果。

4. 根据样图在文档中插入艺术字"请柬"，艺术字样式选择"艺术字样式 6"，字体为华文行楷，字号为 48 号，文字环绕方式为四周型环绕；将该艺术字的形状填充颜色和形状

图 4－100 实例二样图

轮廓颜色都设置为粉红色。将该艺术字移动到合适的位置。

5. 根据样图在文档中插入艺术字"Invitation"，艺术字样式选择"艺术字样式 17"，字体为华文新魏，字号为 40 号，文字环绕方式为衬于文字下方；将该艺术字的形状填充颜色设置为浅粉色，形状轮廓设置为无轮廓。将该艺术字移动到合适的位置。

6. 根据样图在文档中插入文本框（以下称"文本框 1"），将"文本框 1"的大小设置为高度 4.5 厘米，宽度 8 厘米。

7. 在"文本框 1"中录入相应文字，字体设置为幼圆，字号为小四号，字体颜色为粉红色，加粗。姓名部分字体设置为隶书，字号为四号，字体颜色为梅红色，加粗。"文本框 1"内文本的行距设置为 1.5 倍行距。

8. 将"文本框 1"的形状填充设置为无填充颜色；形状轮廓设置为无轮廓。将该文本框移动到合适的位置。

9. 根据样图在文档中插入文本框（以下称"文本框 2"），将"文本框 2"的大小设置为高度 3 厘米，宽度 6 厘米。

10. 在"文本框 2"中输入相应文字，字体为幼圆，字号为小四号，字体颜色为粉红色，加粗。"文本框 2"内文本的行距设置为 1.5 倍行距。

11. 将"文本框 2"的形状填充设置为无填充颜色；形状轮廓设置为无轮廓。将该文本框移动到合适的位置。

12. 根据样图在文档中插入图片，将图片的大小设置为缩放 28%，文字环绕方式设置为衬于文字下方。使用裁剪工具将图片上方灰色的文字去掉。将图片的白色背景设置为透明色。将该图片移动到合适的位置。

◆ 任务实现

1. 步骤略。

2. 单击【页面布局】选项卡，在【页面设置】组中单击【纸张大小】按钮，选择【32 开】，选择【纸张方向】｜【横向】命令。（该题所涉及的知识点会在 4.9.1 节中详细讲解）

3. 打开【页面布局】选项卡，在【页面背景】组中选择【水印】｜【自定义水印】命令，在【水印】对话框里选择"图片水印"，单击【选择图片】按钮进行图片的选择，打开【缩放】下拉列表选择 50%，取消选中"冲蚀"。

4. 操作步骤如下。

（1）打开【插入】选项卡，单击【艺术字】按钮选择"艺术字样式 6"，输入"请柬"两个字，字体设置为华文行楷，字号设置为 48 号，如图 4 – 101 所示。

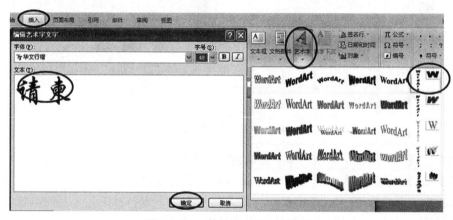

图 4 – 101　第 4 题：插入艺术字

（2）选中艺术字，打开【格式】选项卡，在【排列】组中单击【文字环绕】按钮，选择【四周型环绕】，如图 4 – 102 所示。

（3）选中艺术字，打开【格式】选项卡，在【艺术字样式】组中单击【形状填充】按钮，单击【其他填充颜色】按钮，选择粉红色，如图 4 – 103 所示。

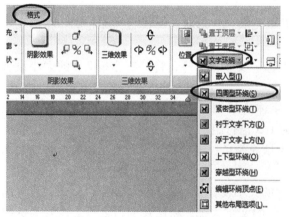

图 4 – 102　第 4 题：艺术字的文字环绕设置

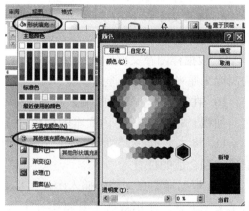

图 4 – 103　第 4 题：艺术字形状填充设置

（4）选中艺术字，打开【格式】选项卡，在【艺术字样式】组中单击【形状轮廓】按钮，单击【其他轮廓颜色】按钮，选择粉红色，如图 4 – 104 所示。

5. 本题的操作与第 4 题的操作类似。

6. 操作步骤如下。

（1）不选中任何对象，打开【插入】选项卡，在【文本】组中单击【文本框】按钮，选择【简单文本框】，如图 4 - 105 所示。

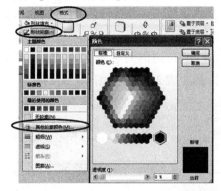

图 4 - 104　第 4 题：艺术字形状轮廓设置

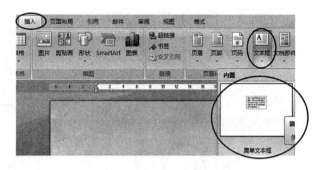

图 4 - 105　第 6 题：插入文本框

（2）选中"文本框 1"，打开【格式】选项卡，在【大小】组中，在形状高度框中输入 4.5 厘米，在形状宽度框中输入 8 厘米，如图 4 - 106 所示。

图 4 - 106　第 6 题：文本框大小设置

7. 在"文本框 1"中录入文字，选中文字，打开【开始】选项卡，在【字体】组中设置字体、字形、字号、字体颜色，在【段落】组中单击【行距】按钮，选择【1.5】。

8. 选中"文本框 1"，打开【格式】选项卡，在【文本框样式】组中单击【形状填充】按钮，选择【无填充颜色】｜【形状轮廓】｜【无轮廓】命令，如图 4 - 107 所示。

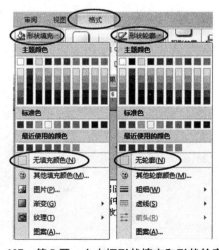

图 4 - 107　第 8 题：文本框形状填充和形状轮廓设置

9. 本题的操作与第 6 题的操作类似。

10. 本题的操作与第 7 题的操作类似。

11. 本题的操作与第 8 题的操作类似。

12. 操作步骤如下。

（1）不选中任何对象，打开【插入】选项卡，在【插图】组中单击【图片】按钮，选择所需图片，如图 4 - 108 所示。

（2）选中图片，打开【格式】选项卡，单击【大小】组右侧的对话框启动器 ，将【大小】选项卡的【缩放比例】中的【高度】和【宽度】都改成 28%，如图 4 - 109 所示。

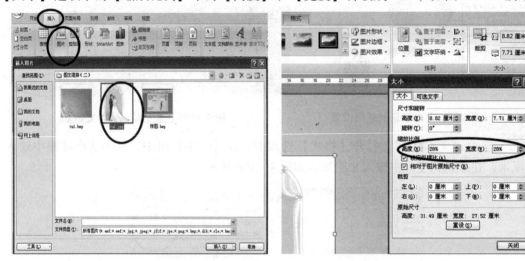

图 4 - 108　第 12 题：插入图片　　　　　　图 4 - 109　第 12 题：图片大小设置

（3）图片文字环绕的设置与第 4 题中艺术字文字环绕的设置方法类似。

（4）选中图片，打开【格式】选项卡，在【大小】组中单击【裁剪】按钮，拖动图片上的黑色粗线，去掉灰色文字，单击文档空白处，如图 4 - 110 所示。

图 4 - 110　第 12 题：图片的裁剪

（5）选中图片，打开【格式】选项卡，在【调整】组中单击【重新着色】按钮，选择【设置透明色】，单击图片上的白色背景部分，如图 4 – 111 所示。

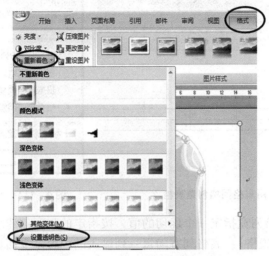

图 4 – 111　第 12 题：图片白色背景设置

完成后的效果图如图 4 – 100 所示。

◆ 4.7　表格

4.7.1　创建表格

一个设计合理的表格可以生动、形象地表现文本内容。

创建一个表格首先要确定表格的行数与列数。Word 2007 给用户提供了三种创建表格的方法。

（1）用表格网格创建表格。这种方法适用于创建行数、列数较少，并且具有规范的行高和列宽的表格。这是创建表格的最快捷的方法。操作方法如下。

①将插入点定位于文档中需要插入表格的位置。

②打开【插入】选项卡，在【表格】组单击【表格】按钮，在弹出的下拉列表中的网格区域拖动鼠标，选择表格的行、列的数量。此时，所选网格会突出显示，同时文档中显示出要创建的表格，如图 4 – 112 所示。

③选定所需的行数与列数后，单击鼠标，完成表格的创建。

（2）用【插入表格】对话框创建表格。用这种方法可以创建任意大小的表格。这是创建表格的最常用的方法。操作方法如下。

①将插入点定位于文档中需要插入表格的位置。

②打开【插入】选项卡，在【表格】组中单击【表格】按钮。打开如图 4 – 113 所示的【插入表格】对话框。

③在【插入表格】对话框的【列数】和【行数】框中输入表格的列数与行数。

④在【"自动调整"操作】选项区选择一种定义列宽的方式。

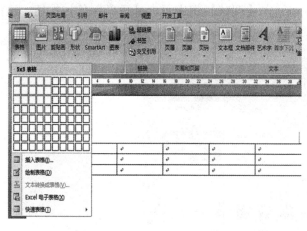 

图 4 – 112　用表格网格创建表格　　　　　图 4 – 113　【插入表格】对话框

- 【固定列宽】：给列宽指定一个确切的值，按指定的列宽创建表格。
- 【根据内容调整表格】：表格列宽随每一列输入的内容多少而自动调整。
- 【根据窗口调整表格】：表格的宽度将与正文区的宽度相同，列宽等于正文区的宽度除以列数。

⑤单击【确定】按钮。

（3）绘制表格。使用绘制表格工具可以灵活地绘制或修改表格，特别是对于行高、列宽不规则的复杂表格更易创建。操作方法如下。

①打开【插入】选项卡，在【表格】组中单击【表格】按钮，在弹出的下拉列表中选择【绘制表格】选项。

②将鼠标指针移动到要绘制表格的位置，鼠标指针在文档窗口内变成铅笔形状。拖动鼠标，出现一个虚线框。

③松开鼠标左键，即可画出表格的矩形边框。

④移动鼠标指针到表格的左边框，按下鼠标左键，并从左边界开始从左向右拖动鼠标，当文档中出现水平虚线后松开鼠标，即可画出表格中的一条横线。用类似的方法还可以在表格中绘制竖线或斜线。重复上述操作，直到绘制出需要的表格为止。

4.7.2　编辑表格

表格被插入到文档中后，可能不符合用户的要求。用户可以对表格进行编辑和调整。

当插入点定位于表格内任意处，功能区会出现如图 4 – 114 所示的【设计】选项卡和如图 4 – 115 所示的【布局】选项卡。

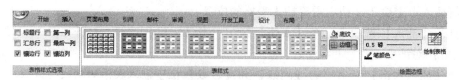

图 4 – 114　绘制表格的【设计】选项卡

图 4 – 115　绘制表格的【布局】选项卡

1. 选中单元格、行、列、全表

（1）选中单元格。选中表格中的某个单元格的方法是：将鼠标指针移动到目标单元格的左前方，当鼠标指针变成黑色斜向右上方箭头时，单击鼠标左键，即可选中该单元格。

（2）选中行。选中表格中某行的方法是：将鼠标指针移动到目标行的左前方，当鼠标指针变成白色斜向右上方箭头时，单击鼠标左键，即可选中该行。

（3）选中列。选中表格中某列的方法是：将鼠标指针移动到目标列的上方，当鼠标指针变成黑色向下箭头时，单击鼠标左键，即可选中该列。

（4）选中全表。选中全表的方法是：将鼠标指针移动到表格左上角的 标志处，单击鼠标左键，即可选中全表。

2. 在单元格中输入文本

单元格是一个小的文本编辑单元，在单元格中输入文本或进行编辑操作与在文档中是一样的。将插入点定位于某个单元格中，即可在相应单元格中输入文本。

3. 移动或复制单元格、行、列中的内容

在单元格中移动或复制文本与在文档中的操作基本相同，可以用拖动、使用命令按钮或组合键等方法移动或复制单元格、行或列中的内容。

（1）移动或复制单元格内容。

①选中要移动或复制的单元格。

②打开【开始】选项卡，在【剪贴板】组中单击【剪切】或【复制】按钮。

③将插入点定位于目标单元格的左上角。

④打开【开始】选项卡，在【剪贴板】组中单击【粘贴】按钮。

（2）移动或复制表格的行、列。

①选中要移动或复制的行或列。

②打开【开始】选项卡，在【剪贴板】组中单击【剪切】或【复制】按钮。

③将插入点定位于目标行或目标列的第一个单元格中，或选中该行或该列。

④打开【开始】选项卡，在【剪贴板】组中单击【粘贴】按钮。

4. 插入行或列

如果用户需要在已有表格中插入行或列，操作方法如下。

（1）根据所需插入的行或列的相对位置，选中目标行或列。（如果需要插入多行或多列，可以连续选中多行、多列）。

（2）打开【布局】选项卡，在【行和列】组中单击【在上方插入】按钮或【在下方插入】按钮或【在左侧插入】按钮或【在右侧插入】按钮。

5. 删除行或列

用户删除行或列，操作方法如下。

（1）选中目标行或列。

（2）打开【布局】选项卡，在【行和列】组中单击【删除】按钮，在下拉列表中选择【删除行】或【删除列】选项。

6. 精确调整表格的行高和列宽

要精确调整表格的行高与列宽，操作方法如下。

（1）选中目标行或列。

（2）打开【布局】选项卡，在【表】组中单击【属性】按钮，打开如图4-116所示的【表格属性】对话框。

（3）在【表格属性】对话框的【行】选项卡中，选择【指定高度】复选框，并在数值框中输入相应数值。

（4）在【表格属性】对话框的【列】选项卡中，选择【指定宽度】复选框，并在数值框中输入相应数值。

（5）单击【确定】按钮。

7. 合并及拆分单元格

合并及拆分单元格是编辑复杂表格时常用的操作。

（1）合并单元格。操作方法如下。

选定要合并的单元格，打开【布局】选项卡，在【合并】组中单击【合并单元格】按钮。

（2）拆分单元格。操作方法如下。

选定要拆分的一个或多个单元格，打开【布局】选项卡，在【合并】组中单击【拆分单元格】按钮，打开如图4-117所示的【拆分单元格】对话框，在其中的【列数】与【行数】数值框中输入所需数值，单击【确定】按钮即可。

图4-116　【表格属性】对话框

图4-117　【拆分单元格】对话框

8. 设置单元格对齐方式

单元格对齐方式是指单元格中文本的排列对齐方式。操作方法如下。

选定要设置文本对齐方式的单元格，打开【布局】选项卡，在【对齐方式】组中单击所需的对齐方式即可。单元格对齐方式如图4-118所示。

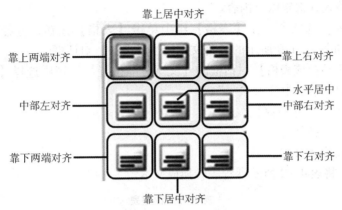

图 4 – 118 单元格对齐方式

9. 绘制斜线表头

在有些表格中，需要绘制斜线表头。用户可以利用 Word 2007 方便地绘制斜线表头。操作方法如下。

（1）将插入点定位于表格的表头位置。

（2）打开【布局】选项卡，在【表】组中单击【绘制斜线表头】按钮，打开如图 4 – 119所示的【插入斜线表头】对话框。

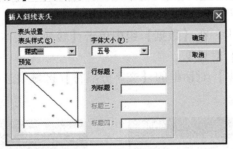

图 4 – 119 【插入斜线表头】对话框

（3）在【插入斜线表头】对话框的【表头样式】下拉列表中选择一种斜线样式，在【行标题】和【列标题】框中分别输入表头中的内容，在【字体大小】下拉列表中设置表头文字的字体大小。单击【确定】按钮。

10. 表格与文字的转换

表格与文字的转换包括文字转换成表格和表格转换成文字两种转换方式。

（1）将文本转换成表格。

【例 4 – 26】 将以下文本转换成表格。

姓名 * 地址 * 邮编 * TEL
王宏 * 北京大学计算机系 * 10000 * 0010 – 685468
黎明 * 南京大学中文系 * 21000 * 0025 – 6859646
张杰 * 安徽大学电子信息工程系 * 23000 * 00551 – 4569543
刘丽 * 厦门大学软件学院 * 36100 * 00592 – 4785123

①在文档中输入并选定以上内容。

②打开【插入】选项卡，在【表格】组中单击【表格】按钮，选择【文本转换成表格】选项。打开如图4-120所示的【将文字转换成表格】对话框。

③在【将文字转换成表格】对话框的【文字分隔位置】区域中选择【其他字符】单选按钮，并在后面的文本框中输入"*"。

④设置【行数】与【列数】。

⑤单击【确定】按钮。

（2）将表格转换成文本。

【例4-27】 将表4-2所示课程表转换成文本。

表4-2 课程表

	星期一	星期二	星期三	星期四	星期五
1、2节	数学	计算机	英语	报关	报检
3、4节	语文	数学	日语	体育	货代
5、6节	英语	语文	语文	专英	计算机
7、8节	自习	自习	自习	专英	报关
晚自习	自习	自习	自习	自习	体活

①在文档中输入并选定以上表格。

②打开【布局】选项卡，在【数据】组中单击【转换为文本】按钮，打开如图4-121所示的【表格转换成文本】对话框。

③在【表格转换成文本】对话框的【文字分隔符】区域中选择【制表符】单选项。

④单击【确定】按钮。

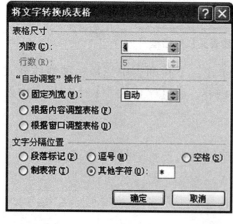

图4-120 【将文字转换成表格】对话框

图4-121 【表格转换成文本】对话框

11. 调整表样式

Word 2007文档创建表格时，创建一个最普通的表格，没有任何的美化效果。Word 2007为用户提供了一些样式，可以用来美化表格。操作方法如下。

选定表格，打开【设计】选项卡，在【表样式】组中，在【表样式】区域中单击所需的样式即可。

12. 设置边框和底纹

创建一个表格时，Word 2007 会以默认的 0.5 磅的单实线表示表格的边框，并且没有底纹效果。用户可以对表格的边框和底纹根据需要进行设置。

【例 4 - 28】 将表 4 - 2 所示课程表的外边框设置为 3 磅蓝色单实线，内边框设置为 0.5 磅粉色双实线；将表格第一行和第一列设置黄色底纹。

（1）选中表格。

（2）打开【设计】选项卡，在【表样式】组中单击【边框】按钮，在下拉列表中选择【边框和底纹】选项，打开【边框和底纹】对话框。

（3）在【边框】选项卡中，选择蓝色、3 磅，并单击【方框】按钮，如图 4 - 122 所示。

（4）单击【确定】按钮。

（5）在【边框】选项卡中，选择双实线、粉色，并在【预览】框中单击内部的横线和竖线，如图 4 - 122 所示。

（6）单击【确定】按钮。

（7）选中表格第一行。

（8）打开【设计】选项卡，在【表样式】组中单击【边框】按钮，在下拉列表中选择【边框和底纹】选项。

（9）在【底纹】选项卡中的【填充】下拉列表中选择黄色，如图 4 - 123 所示。

（10）单击【确定】按钮。

（11）选中表格第一列。

（12）打开【设计】选项卡，在【表样式】组中单击【边框】按钮，在下拉列表中选择【边框和底纹】选项。

（13）在【底纹】选项卡中的【填充】下拉列表中选择黄色。

（14）单击【确定】按钮。

图 4 - 122 【边框】选项卡

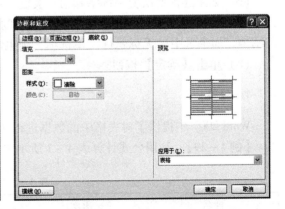

图 4 - 123 【底纹】选项卡

4.7.3 排序

按字母顺序排列所选文字或对数据按数值排序。操作方法如下。

（1）选中表格中需要进行排序的区域。

（2）打开【布局】选项卡，在【数据】组中单击【排序】按钮，打开如图 4 – 124 所示的【排序】对话框。

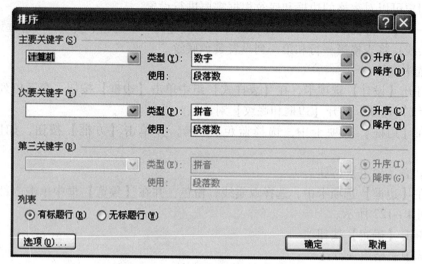

图 4 – 124　【排序】对话框

（3）在【排序】对话框的【主要关键字】下拉列表中选择一种排序依据。

（4）在【类型】下拉列表中选择一种排序类型。

- 笔画：以笔画数量的多少作为排序的依据。
- 数字：按数据的大小排序。
- 日期：按日期的先后排序。
- 拼音：对于汉字，可以按拼音字母的顺序排序。

（5）选择"升序"或"降序"单选项。

（6）如果还需要次要关键字和第三关键字可以继续进行选择和设置。

（7）在【列表】区域中如果选中"有标题行"单选项，则排序时不把标题行算在排序范围内；如果选中"无标题行"单选项，则也对标题行进行排序。

（8）单击【确定】按钮。

4.7.4　计算

Word 2007 中提供了对表格中的数据进行简单计算的功能。

【例 4 – 29】　利用公式计算表 4 – 3 所示成绩表中语文的平均分。

表 4 – 3　成绩表

姓名	语文	数学	英语
张红	95	60	84
王丽	87	75	88
平均分			

（1）将插入点定位于放置计算结果的单元格。

（2）打开【布局】选项卡，在【数据】组中单击【公式】按钮，打开如图 4 - 125 所示的【公式】对话框。

（3）删除【公式】对话框【公式】文本框中除"="以外的内容；在【粘贴函数】下拉列表中选择"AVERAGE"，这时"AVERAGE（）"会出现在【公式】框中的"="后面。

（4）在【公式】框中的（）中输入"above"，如图 4 - 126 所示。

（5）单击【确定】按钮。

图 4 - 125　【公式】对话框

图 4 - 126　例 4 - 29 的【公式】对话框

◆ 4.8　实例三：表格制作与计算

◆ 任务描述

学习了表格的相关知识后，用户可以根据自己的需要进行表格的制作，并且实现简单的计算。例如，学校中经常用到的成绩表。

◆ 任务分析

1. 插入表格。

2. 设置行高与列宽。

3. 绘制斜线表头。

4. 合并单元格。

5. 设置单元格对齐方式。

6. 设置表格边框和底纹。

7. 求和计算、求平均计算。

8. 排序。

◆ 任务要求

1. 在"桌面"新建"练习"文件夹，在"练习"文件夹中创建 Word 文档，命名为"表格"。

2. 在"表格"文档中插入 10 行 6 列的表格。

3. 删除第 6 列。

4. 设置第 1 列的列宽为 3.02 厘米，其余列的列宽为 2.5 厘米；第 1 行的行高为 1 厘米，其余各行的行高为 0.6 厘米。

5. 设置表格外框线为 3 磅蓝色实线，内框线为 0.25 磅黑色实线。

6. 把第 1 行的下框线和第 1 列的右框线设置成 0.5 磅红色双窄线。

7. 给表格绘制如表 4–4 所示的斜线表头。

8. 给表格的后三行设置灰色底纹。

9. 利用合并和拆分单元格的方法，把表格的第 1 列的后 3 行修改成如表 4–4 所示的形式。

10. 在表格中用五号、宋体字输入表中的内容，并把第 1 行的内容加粗，后 3 行以蓝色字体显示。

11. 将各单元格内容设为中部居中。

12. 利用公式分别计算出"平均分""最高分""最低分"。

13. 以"计算机"成绩为关键字进行降序排序。

14. 在表格的最后添加一行，并对该行进行合并，然后输入如表 4–4 中所示的内容，并以红色字体显示。

15. 将整个表格居中。

表 4–4　实例三样表

姓名 ＼ 课程	数学	英语	计算机	平均分
李玲	88	90	60	
杨梅花	66	77	80	
万科	88	78	67	
张家明	67	76	75	
汤木化	77	65	62	
吴华	68	77	76	
☺ 平均分				
最高分				
最低分				
总评：该班的单科平均成绩及格				

◆ **任务实现**

1. 步骤略。

2. 打开【插入】选项卡，选择【表格】|【插入表格】命令，在【插入表格】对话框中列数设置为 6，行数设置为 10。

3. 将鼠标指针放在第 6 列的正上方，当鼠标指针变成黑色向下箭头时，单击鼠标左键，选中该列。右击，在快捷菜单中选择【删除列】命令。

4. 选中第一列，右击，在快捷菜单中选择【表格属性】|【列】命令，选择【指定宽度】为 3.02 厘米；选中其余列，右击，在快捷菜单中选择【表格属性】|【列】命令，选择【指定宽度】为 2.5 厘米。选中第一行，右击，在快捷菜单中选择【表格属性】|【行】命令，选择【指定高度】为 1 厘米；选中其余行，右击在快捷菜单中选择【表格属性】|【行】命令，选择【指定高度】为 0.6 厘米。

5. 选中全表，右击，在快捷菜单中选择【边框和底纹】｜【边框】命令，【样式】选择实线，【颜色】选择蓝色，【宽度】选择 3 磅，在【预览】框中单击表格外边框，添加所设置的线型；再次选择【样式】为实线，【颜色】为黑色，【宽度】为 0.25 磅，在【预览】框中单击内边框，添加所设置的线型。

6. 选中第一行，右击，在快捷菜单中选择【边框和底纹】｜【边框】命令，【样式】为双窄线，【颜色】为红色，【宽度】为 0.5 磅，在【预览】框中单击【下边框】，添加所设置的线型；选中第一列，右击，在快捷菜单中选择【边框和底纹】｜【边框】命令，【样式】为双窄线，【颜色】为红色，【宽度】为 0.5 磅，在【预览】框中单击 "右边框"，添加所设置的线型。

7. 将插入点定位在表格左上角的第一个单元格内，单击【布局】｜【绘制斜线表头】命令，【表头样式】选择样式一，【字体大小】为五号，【行标题】为课程，【列标题】为姓名，单击【确定】按钮。

8. 选中表格后三行，右击，在快捷菜单中，选择【边框和底纹】｜【底纹】｜【填充】｜灰色，单击【确定】按钮。

9. 选中第 8 行第 1 列的单元格，选择【布局】｜【合并】｜【拆分单元格】命令，在【拆分单元格】对话框中，【列数】输入 "2"，【行数】输入 "1"；分别选中第 9 行第 1 列单元格和第 10 行第 1 列单元格，执行以上操作；连续选中第 8、9、10 行第 1 列的三个单元格，选择【布局】｜【合并】｜【合并单元格】命令。

10. 步骤略。

11. 选中全表，选择【布局】｜【对齐方式】｜【水平居中】命令。

12. 将插入点定位在数学平均分应放置的单元格中，选择【布局】｜【数据】｜【公式】命令，在【公式】对话框中，删除【公式】框中除 " ＝ " 以外的内容，在【粘贴函数】下拉列表中选择求平均函数 "AVERAGE"，在【公式】框的 （ ） 中输入 "above"，单击【确定】按钮。按照这个方法计算其他的数值。

13. 选中表格中的第 1 行到第 7 行，打开【布局】选项卡，在【数据】组中单击【排序】按钮，【主要关键字】选择 "计算机"，选择 "降序" 单选项，单击【确定】按钮。

14. 选中最后一行右击，在快捷菜单中选择【插入】｜【在下方插入行】命令。选中新插入的行，右击选择【合并单元格】。

15. 选中表格，选择【开始】｜【段落】｜【居中】命令。

◆ 4.9　页面设置与打印

文档的编辑不仅包括对字符、段落格式的设置，也包括对文档页面的设置。完成文档编辑后，往往还需要对文档进行打印。

4.9.1　页面设置

文档的页面设置包括对纸张大小、方向、页边距的调整。

1. 设置纸张大小和方向

默认情况下，Word 文档页面的默认大小是 A4，并且是纵向排版。用户可以根据需要进行调整。操作方法如下。

（1）打开【页面布局】选项卡，在【页面设置】组中单击【纸张大小】或【纸张方向】按钮，在下拉列表中选择所需大小和方向。

（2）如果需要更精确地进行设置，可选择【其他页面大小】选项。在如图 4 – 127 所示的【页面设置】对话框，打开【纸张】选项卡进行设置。

（3）单击【确定】按钮。

2．调整页边距

默认情况下，文档页面上端和下端各留有 2．54 厘米，左边和右边各留有 3．17 厘米的页边距。用户可以根据需要修改页边距，如果需要装订，也可以同时进行设置。

操作方法如下。

（1）将插入点定位于需要设置页边距的页面中。

（2）打开【页面布局】选项卡，在【页面设置】组中单击【页边距】按钮，在下拉列表中选择所需页边距。

（3）如果需要进行精确调整，可单击【自定义边距】选项，在如图 4 – 128 所示的【页面设置】对话框中【页边距】选项卡中进行设置。

（4）单击【确定】按钮。

 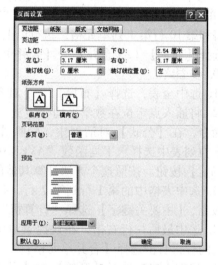

图 4 – 127　【纸张】选项卡　　　　　　图 4 – 128　【页边距】选项卡

4.9.2　打印预览和打印

在工作和生活中，经常需要将编辑好的文档打印出来。Word 2007 所见即所得的特点为用户打印文档提供了很大的便利。

1．打印预览

对文档进行打印设置后可以通过【打印预览】来预先查看文档的打印效果。如果效果不满意，可以重新对页面进行设置；如果满意，便可在打印机上打印输出。

操作方法如下。

选择【Office 按钮】｜【打印】｜【打印预览】命令。

2．打印

打印文档的操作方法如下。

　　（1）选择【Office 按钮】｜【打印】｜【打印】命令，打开如图 4 – 129 所示的【打印】对话框。

　　（2）从打印机的【名称】列表中选择要使用的打印机。

　　（3）在【页面范围】面板中设置要打印的文档范围。如果选中【全部】单选项，则打印文档中的所有页；如果选中【当前页】单选项，则打印插入点所在的页；如果选中【页码范围】单选项，在后面输入所需打印的起始页码和结束页码，则可以按页码范围进行打印。

图 4 – 129　【打印】对话框

　　（4）在【份数】数值框中输入打印的份数。

　　（5）若要设置打印机的相关属性，可单击【属性】按钮，打开打印机的属性对话框进行设置。不同的打印机，其属性对话框内容也不相同。

　　（6）所有打印参数设置完毕后，单击【确定】按钮，即可开始打印文档内容。

！注　意

　　1. 办公自动化系统硬件环境：计算机设备、计算机常用外部设备（如打印机、扫描仪）、文件复印设备（如复印机、制版机）、办公通信设备（如传真机、对讲机）、网络设备（调制解调器、路由器）、其他办公设备（如考勤机、碎纸机、点钞机）。

　　2. 办公自动化软件选择：Microsoft Office 系列（如 Word、Excel、PowerPoint）、金山的 WPS Office 系列（如金山文字、金山表格、金山演示文稿）、Adobe 系列（如 Adobe Photoshop、Adobe Acrobat、Adobe Reader）。

◆ 4.10　实例四：页面设置

◆ 任务描述

　　创建文档的主要目的是为了保护和发布信息，因此经常需要将编辑的文档打印输出。通过页面设置可以使打印出来的文档整体效果更好，文档内容与纸张的配合更加协调。

◆ 任务分析

　　1. 纸张大小。

2. 纸张方向。

3. 页边距。

4. 页面背景。

5. 页面边框。

6. 分栏。

7. 水印。

◆ 任务要求

1. 在桌面上新建"练习"文件夹，在"练习"文件夹中创建 Word 文档，命名为"页面设置"，并录入以下文字。

静夜思

李白

床前明月光，

疑是地上霜。

举头望明月，

低头思故乡。

这首诗写的是在寂静的月夜思念家乡的感受。

诗的前两句"床前明月光，疑是地上霜"，是写诗人在作客他乡的特定环境中一刹那间所产生的错觉。一个独处他乡的人，白天奔波忙碌，倒还能冲淡离愁，然而一到夜深人静的时候，心头就难免泛起阵阵思念故乡的波澜。何况是在月明之夜，更何况是月色如霜的秋夜。"疑是地上霜"中的"疑"字，生动地表达了诗人睡梦初醒，迷离恍惚中将照射在床前的清冷月光误作铺在地面的浓霜。而"霜"字用得更妙，既形容了月光的皎洁，又表达了季节的寒冷，还烘托出诗人漂泊他乡的孤寂凄凉之情。

诗的后两句"举头望明月，低头思故乡"，则是通过动作神态的刻画，深化思乡之情。"望"字照应了前句的"疑"字，表明诗人已从迷蒙转为清醒，他翘首凝望着月亮，不禁想起，此刻他的故乡也正处在这轮明月的照耀下。于是自然引出了"低头思故乡"的结句。"低头"这一动作描画出诗人完全处于沉思之中。而"思"字又给读者留下丰富的想象：那家乡的父老兄弟、亲朋好友，那家乡的一山一水、一草一木，那逝去的年华与往事……无不在思念之中。一个"思"字所包含的内容实在太丰富了。

这首五言绝句从"疑"到"望"到"思"形象地揭示了诗人的内心活动，鲜明地勾勒出一幅月夜思乡图。诗歌的语言清新朴素，明白如话；表达上随口吟出，一气呵成。但构思上却是曲折深细的。诗歌的内容容易理解，但诗意却体味不尽。

2. 将纸张大小设置为 B5，方向为横向；页边距上、下为 2 厘米，左、右为 2.5 厘米。

3. 给文档添加页眉，页眉内容为"古诗赏析"。

4. 将正文前六段的字体设置为华文行楷、二号，颜色为深蓝色。

5. 将文字"床前明月光，疑是地上霜。举头望明月，低头思故乡。"的字符间距设置为加宽 5 磅。

6. 将正文前六段设置为居中对齐。

7. 将正文后四段设置为宋体、五号，颜色为深蓝色。

8. 将正文后四段分成两栏，加分隔线。

9. 给文档设置如样图（图 4 – 130）所示的图片水印，缩放 125%，无冲蚀。

10. 按照样图给页面添加边框。

图 4 – 130 实例四样图

◆ **任务实现**

1. 步骤略。

2. 打开【页面布局】选项卡，在【页面设置】组中单击【纸张大小】按钮，选择【B5】选项，单击【纸张方向】按钮，选择【横向】选项，单击【页边距】按钮，选择【自定义边距】选项，输入上下左右页边距，如图 4 – 131 所示。

3. 打开【插入】选项卡，在【页眉和页脚】组中单击【页眉】按钮，选中任意一种样式，在页眉区域输入"古诗赏析"，单击【关闭页眉和页脚】按钮。

4. 选中正文前六段，打开【开始】选项卡，在【字体】组设置字体、字号、字体颜色；

5. 选中"床前明月光，疑是地上霜。举头望明月，低头思故乡。"，打开【开始】选项卡，在【字体】组单击右侧的对话框启动器 ，在【字体】对话框的【字符间距】选项卡中设置字符间距。

6. 选中正文前六段，打开【开始】选项卡，在【段落】组中单击【居中】按钮。

7. 此题的操作与第 3 题字体、字号、字体颜色的设置操作类似。

8. 选中正文后四段，打开【页面布局】选项卡，在【页面设置】组中单击【分栏】按钮，选择【更多分栏】，选择【两栏】，勾选【分隔线】，单击【确定】按钮，如图 4 – 132 所示。

9. 打开【页面布局】选项卡，在【页面背景】组中单击【水印】按钮，选择【自定义水印】选项，在【水印】对话框中选择"图片水印"，单击【选择图片】按钮，选择所需的图片，在【缩放】处输入"125%"，取消选中"冲蚀"，单击【确定】按钮，如图4－133所示。

10. 打开【页面布局】选项卡，在【页面背景】组中单击【页面边框】按钮，在【边框和底纹】对话框的【页面边框】选项卡中选择线条样式和颜色，单击【确定】按钮，如图4－134所示。

完成后的效果见图4－130。

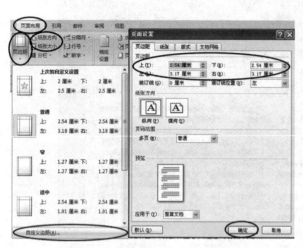

图4－131　第2题：页面设置

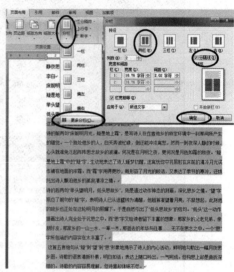

图4－132　第8题：分栏

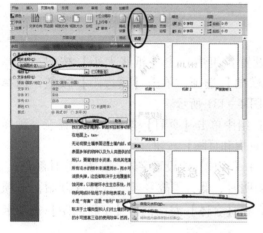

图4－133　第9题：水印的设置

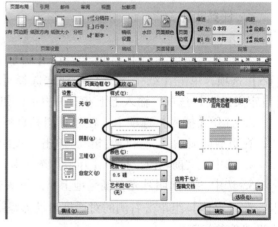

图4－134　第10题：页面边框的设置

◆ 4.11　目录

目录是长文档不可缺少的部分，有了目录你可以很容易地知道每个章节的内容，并且可以轻松地查看每个章节。

在文档中生成目录的操作方法如下。

（1）将内置的标题样式应用到文档中的各级标题上。

（2）将插入点定位于需要创建目录的位置。

（3）打开【引用】选项卡，在【目录】组中单击【目录】按钮，在下拉列表中选择【插入目录】选项。打开如图 4 - 135 所示的【目录】对话框。

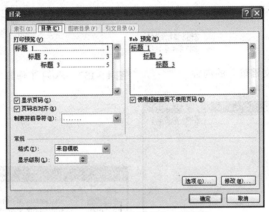

图 4 - 135　【目录】对话框

（4）选中【显示页码】复选框，则在目录项的右侧显示页码；选中【页码右对齐】复选框，则页码以右对齐的方式显示。

（5）在【制表符前导符】下拉列表中选择目录项和页码之间的连接符号。

（6）在【格式】下拉列表中，可以选择使用现有的样式格式，也可以选择 Word 内置的其他格式。

（7）在【显示级别】数值框中，可以设置创建目录的标题样式级别。

（8）单击【确定】按钮。

◆ 4.12　邮件合并

邮件合并指的是在 Office 中建立两个文档：一个 Word 文档，是包括所有文件共有内容的主文档（比如未填写的请柬等）；另一个是包括变化信息的数据源 Excel 工作簿（比如需要填写的收件人等），然后使用邮件合并功能在主文档中插入变化的信息，合成后的文件可以保存为 Word 文档，可以打印出来，也可以以邮件形式发出去。

【例 4 - 30】　创建一个 Word 文档，文档内输入如图 4 - 136 所示的内容。创建一个 Excel 工作簿，在 Sheet1 工作表中输入如图 4 - 137 所示的内容。以 Word 文档为邮件合并主文档，套用信函的形式创建主文档，数据源为 Excel 工作簿 Sheet1 工作表的内容。合并完成后显示全部内容。

（1）在 Word 文档中，打开【邮件】选项卡，在【开始邮件合并】组中单击【开始邮件合并】按钮，在下拉列表中选择【信函】选项。

（2）在 Word 文档中，打开【邮件】选项卡，在【开始邮件合并】组中单击【选择收件人】按钮，在下拉列表中选择【使用现有列表】选项。打开如图 4 – 138 所示的【选取数据源】对话框，在该对话框中选择打开刚刚创建的 Excel 工作簿。打开如图 4 – 139 所示的【选择表格】对话框，选择 Sheet1，单击【确定】按钮。

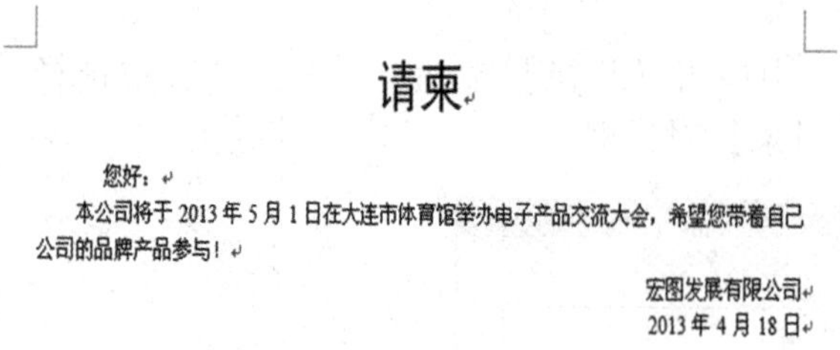

请柬

您好：
本公司将于 2013 年 5 月 1 日在大连市体育馆举办电子产品交流大会，希望您带着自己公司的品牌产品参与！

宏图发展有限公司
2013 年 4 月 18 日

图 4 – 136　Word 文档输入的内容

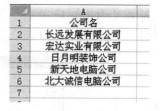

图 4 – 137　Excel 工作簿 Sheet1 工作表中输入的内容

图 4 – 138　【选取数据源】对话框

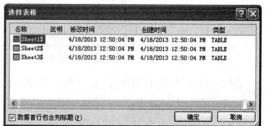

图 4 – 139　【选择表格】对话框

（3）在 Word 文档中打开【邮件】选项卡，在【开始邮件合并】组中单击【编辑收件人列表】按钮，打开如图 4 – 140 所示的【邮件合并收件人】对话框，在该对话框中对收件人进行编辑。单击【确定】按钮。

（4）将插入点定位于"您好"的前面，在 Word 文档中打开【邮件】选项卡，在【编写和插入域】组中单击【插入合并域】按钮，在下拉列表中选择【公司名】选项。

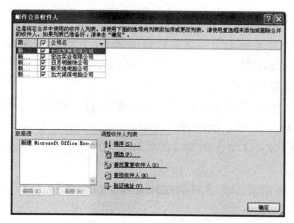

图 4 – 140　【邮件合并收件人】对话框

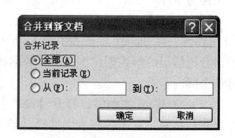

图 4 – 141　【合并到新文档】对话框

（5）在 Word 文档中打开【邮件】选项卡，在【完成】组中单击【完成并合并】按钮，在下拉列表中选择【编辑单个文档】选项，打开如图 4 - 141 所示的【合并到新文档】对话框。

（6）在【合并到新文档】对话框中选择【全部】选项，单击【确定】按钮，即可完成合并，并在新文档中显示全部合并的内容。

◆ 4.13 理论习题

一、单选题

1. Word 2007 是（   ）公司开发的文字处理软件。

A. 微软（Microsoft）   B. 联想（Legend）   C. 方正（Founder）   D. 莲花（Lotus）

2. 在 Word 2007 中，切换"插入"和"改写"编辑状态，可以按（   ）键。

A. Enter   B. Insert   C. Delete   D. Backspace

3. Word 2007 程序启动后就自动打开一个名为（   ）的文档。

A. Noname   B. Untitled   C. 文件 1   D. 文档 1

4. 在 Word 2007 中，如果已存在一个名为 nol. docx 的文件，要想将它换名为 NEW. docx，可以选择（   ）命令。

A. 另存为   B. 保存   C. 全部保存   D. 新建

5. 如果要使 Word 2007 编辑的文档可以用 Word 2003 打开，下列说法正确的是(   )。

A. 选择【Office 按钮】|【另存为】|【Word 97 - 2003 文档】命令

B. 选择【Office 按钮】|【另存为】|【Word 文档】命令

C. 将文档直接保存即可

D. Word 2007 编辑保存的文件不可以用 Word 2003 打开

6. Word 2007 文件的扩展名是（   ）。

A. doc   B. docx   C. doxc   D. dcx

7. 退出 Word 2007 的正确操作是（   ）。

A. 单击【Office 按钮】中的【退出】命令

B. 单击文档窗口上的关闭窗口按钮

C. 单击【文件】菜单中的【退出】命令

D. 单击 Word 窗口的最小化按钮

8. 在 Word 2007 中输入文字时，正确的操作是（   ）。

A. 每行文字输入结束后，按 Enter 键进行换行

B. 每段文字输入结束后，按 Enter 键进行换行

C. 每段文字输入结束后，按多次空格键进行换行

D. 整篇文字输入结束后，才能按 Enter 键盘进行换行

9. 在 Word 2007 文档操作中，按 Enter 键其结果是（   ）。

A. 产生一个段落结束符   B. 产生一个行结束符

C. 产生一个分页符　　　　　　　　　　　D. 产生一个空行

10. 在 Word 2007 中，要将文档中一部分选定的文字移动到指定的位置去，首先对它进行的操作是（　　　）。

A. 单击【开始】选项卡中的【复制】按钮

B. 单击【开始】选项卡中的【清除】按钮

C. 单击【开始】选项卡中的【剪切】按钮

D. 单击【开始】选项卡中的【粘贴】按钮

11. Word 2007 程序允许打开多个文档，用（　　　）选项卡可以实现文档窗口之间的切换。

A. 开始　　　　　　　　B. 窗口　　　　　　　　C. 视图　　　　　　　　D. 页面布局

12. 下面关于 Word 2007 的说法，错误的是（　　　）。

A. 在操作过程中，要遵循"先选定，后操作"的原则

B. Word 2007 文档中默认的英文字体是 Times New Roman，中文字体是黑体

C. 移动被选定的文字，可以使用【开始】选项卡中的【剪切】按钮和【粘贴】按钮

D. 文档的排版主要是对文字格式进行设置

13. 如果需要将 Word 2007 文档中的一段文字设置为"黑体"，则应该先（　　　）。

A. 在【开始】选项卡的【字体】下拉列表中，选择"黑体"

B. 单击【开始】选项卡，在【字体】组中单击【加粗】按钮

C. 单击【开始】选项卡，在【字体】组中单击右下角的对话框启动器 ▣

D. 选定这些文字

14. 在 Word 2007 中，如果要调整文档中的字符间距，可以使用【开始】选项卡中的（　　　）按钮。

A. 字体　　　　　　　　B. 段落　　　　　　　　C. 制表位　　　　　　　　D. 样式

15. 在 Word 2007 中，要使文档的标题位于页面居中位置，应使标题（　　　）。

A. 两端对齐　　　　　　B. 居中对齐　　　　　　C. 分散对齐　　　　　　D. 右对齐

16. 对于选定的一段文字执行"剪切"操作，那么可以使用"粘贴"操作的次数是（　　　）。

A. 0　　　　　　　　　　B. 1　　　　　　　　　　C. 12　　　　　　　　　　D. 无数次

17. 下面关于 Word 2007 中的"格式刷"工具的说法，不正确的是（　　　）。

A. "格式刷"工具可以用来复制文字

B. "格式刷"工具可以用来快速设置文字格式

C. "格式刷"工具可以用来快速设置段落格式

D. 双击【开始】选项卡中的【格式刷】按钮，可以多次复制同一格式

18. 下面关于 Word 2007 文档中"分栏"的说法，不正确的是（　　　）。

A. 可以对某一段文字进行分栏

B. 选择【页面布局】选项卡，单击【分栏】按钮，可以实现分栏操作

C. 在【分栏】对话框中，可以设置各栏的"宽度""间距"

D. 只能对整篇文档进行分栏

19. 在制作节日贺卡时，需要在贺卡周围绘制一圈装饰图案，可以在【边框和底纹】对话框中的（　　）选项卡中进行设置。

A. 边框　　　　　　　　B. 页面设置　　　　　　C. 底纹　　　　　　　　D. 颜色和线条

20. 下列方法中，不能删除 Word 文档中被选择剪贴画的是（　　）。

A. 按 Delete 键

B. 按 Backspace 键

C. 选择【开始】选项卡中的【剪切】按钮

D. 选择【开始】选项卡中的【复制】按钮

21. 插入 Word 文档中的剪贴画，默认的文字环绕方式是（　　）。

A. 嵌入型　　　　　　　B. 四周型环绕　　　　　C. 浮于文字上方　　　　D. 衬于文字下方

22. 在绘制正方形时，应按（　　）的同时拖动鼠标。

A. Alt 键　　　　　　　B. Tab 键　　　　　　　C. Shift 键　　　　　　D. Ctrl 键

23. 在 Word 2007 文档中绘制一个圆形，在此圆形中添加文字的方法是（　　）。

A. 单击此圆，然后输入文字

B. 双击此圆，然后输入文字

C. 在此圆上右击鼠标，在弹出的快捷菜单中选择【添加文字】命令，然后输入文字

D. 不能在圆上添加文字

24. 在 Word 2007 中，若要同时选中多个图形对象，可以先按住（　　）不放，然后再分别单击各个对象。

A. Ctrl 键　　　　　　　B. Alt 键　　　　　　　C. Shift 键　　　　　　D. Tab 键

25. 在（　　）视图下可以插入页眉和页脚。

A. 普通　　　　　　　　B. 大纲　　　　　　　　C. 页面　　　　　　　　D. 主控文档

26. 在 Word 2007 文档中，页眉和页脚上的文字（　　）。

A. 不可以设置其字体、字号、颜色等

B. 可以对其字体、字号、颜色等进行设置

C. 仅可设置字体，不能设置字号和颜色

D. 不能设置段落格式，如行间距、段落对齐方式等

27. 下列关于艺术字的说法，不正确的是（　　）。

A. 艺术字可以改变形状　　　　　　　　　B. 艺术字可以自由旋转

C. 艺术字是文字对象　　　　　　　　　　D. 艺术字是图形对象

28. 在 Word 2007 中要建立一个表格，方法是（　　）。

A. 用↑、↓、→、←光标键画表格

B. 用 Alt 键、Ctrl 键和↑、↓、→、←光标键画表格

C. 用 Shift 键和↑、↓、→、←光标键画表格

D. 选择【插入】选项卡中的【表格】命令

29. 在打印工作前就能看到实际打印效果的操作是（　　）。

A. 仔细观察工作表　　　B. 打印预览　　　　　　C. 按 F8 键　　　　　　D. 分页预览

30. 下列能打印输出当前编辑的文档的操作是（　　）。

A. 选择【Office 按钮】中的【打印】命令

B. 单击【开始】选项卡中的【打印】按钮

C. 单击【页面设置】选项卡中的对话框启动器 ⬛

D. 选择【Office 按钮】中的【打印预览】命令

二、填空题

1. 选择全文按_____键。

2. 段落缩进有四种，分别是左缩进、右缩进、悬挂缩进和_____。

3. Word 2007 是目前非常流行的一款_____软件。

4. 在编辑 Word 文档时，选择某段文字后，把鼠标指针置于选中文本的任意位置，按 Ctrl 键并按住鼠标左键不放，拖到另一个位置才放开鼠标，这个操作可以_____这段文字。

5. Word 2007 文档有五种视图方式，分别是_____、_____、大纲视图、Web 版式视图和阅读版式视图。

6. 在 Word 2007 文档中，_____用于控制文档在屏幕上显示的大小。

7. 在 Word 文档中，如果想选中单个字或词可以用鼠标在要选定的文字上_____。

8. 在 Word 2007 中，可以利用_____选项卡中的【查找】按钮查找指定内容。

9. 按下键盘上的 Delete 键，可以删除插入点所在位置_____侧的文字。

10. 用户要清除文本中的格式，可以选中要清除格式的文本或段落，在_____组中单击_____按钮即可。

11. 在 Word 2007 中，给段落设置项目符号，需要单击_____选项卡中的_____按钮。

12. 在 Word 2007 中，如果想创建一个新样式，需要在【样式】窗口中单击_____按钮。

13. 如果想给文档添加页面边框，需要在【边框和底纹】对话框中的_____选项卡中添加。

14. 在 Word 2007 中，如果文档中的内容在一页没满的情况下需要强制换页，需要单击_____选项卡中的_____按钮。

15. 如果要在文档的指定位置插入一幅图片，可以使用_____选项卡中的【图片】按钮。

16. 在 Word 2007 中，如果要插入"页眉"，则应单击_____选项卡中的【页眉】按钮。

17. 如果想在 Word 2007 文档中插入特殊符号，需要在【插入】选项卡中单击_____按钮。

18. 在 Word 2007 中，若要对表格的一行数据求和，应输入公式_____。

19. 在 Word 2007 中，如果想将纸张大小由 A4 改成 B5，则应该选择_____选项卡中的_____按钮。

20. 打印页码 2 – 5，表示打印的是_____。

三、思考题

1. 简述"保存"与"另存为"的区别。

2. 在 Word 文档中插入表格有哪几种方法？

3. 启动 Word 2007 的方法有哪几种？

4. 样式有什么功能？

5. 格式刷有什么作用？

6. 什么是文本框？文本框有什么作用？

7. 通过【字体】对话框可以进行哪些格式设置？

8. 通过【段落】对话框可以进行哪些格式设置？

9. 通过【页面设置】对话框可以进行哪些格式设置？

10. Word 2007 有哪几种视图方式？分别有什么特点？

◆ 4.14　上机实训

一、制作图文混排文档

1. 在桌面创建"练习"文件夹，在"练习"文件夹中创建 Word 文档，命名为"综合排版一"，在文档中录入以下文字。

世界各地新年风俗

庆贺新年伊始是世界各国各地区的普遍习俗。"百里不同风，千里不同俗"，由于各个国家和地区其历史、文化、宗教信仰、民族习惯不同，因此也都有自己不同的庆祝元旦的习俗。世界各国所处的经度位置不同，各国的时间也不同，所以各国"元旦"的日期也不同。如大洋洲的岛国汤加位于日界线的西侧，它是世界上最先开始的一天的地方，也是最先庆祝元旦的国家。而位于日界线东侧的西萨摩亚则是世界上最迟开始新的一天的地方。

缅甸——泼水嬉戏

缅甸人的新年，是在每年四月中旬的泼水节的最后一天，因此，缅甸人的泼水节和新年已合二为一了。泼水节通常历时三、四天，在节日的第二天，男女老少都有洗头的习惯，除非当天与生日相克，才改在第三天。节日期间，无论城乡，人人都身着盛装，互相泼水嬉戏，表示涤旧迎新之意。有的人用番樱桃花枝，从银钵中蘸取浸有玫瑰花瓣的清水，轻轻地向别人身上抖洒。更多的人则喜欢整桶整盆地泼，甚至用水龙管喷射。小孩用水枪向大人进攻，也不会受责骂。人们被泼得愈多，就愈高兴。反之，如果在泼水节期间不曾被他人泼水，新的一年将是不吉利的。每年一次的泼水节，也是青年们在良辰美景中交际的好时机，不少青年人借此良机结成良缘。

缅甸泼水节的来历传说不一。一种说法是：有一年，缅王在宫中遇到神仙下凡，缅王龙心大悦，命人用香料和清水混合，泼洒在文武百官的身上，表示涤旧除污，迎新接福。

泰国——抬着"宋干女神"游行

泰国传统的新年，是公历的每年四月十三日至十五日的"宋干节"（"宋干"是梵语的译音，意为"求雨"），也叫"泼水节"，北部泰族地区又称为"枇迈"。新年的元旦早晨，家家户户洒扫清洁。人们抬着或用车载着巨大的佛像出游，佛像后面跟着一辆辆花车，车上站着化了装的"宋干女神"。成群结队的男女青年，身着色彩鲜艳的民族服装，敲着长鼓，载歌载舞。在游行队伍中经过的道路两旁，善男信女夹道而行，用银钵

里盛着的掺有香料的水洒到佛像和"宋干女神"身上，祈求新年如意，风调雨顺。然后，人们互相洒水，喜笑颜开地祝长辈健康长寿，祝亲朋至爱新年幸运。未婚的青年男女，端着大盆小盆的净水互相追逐泼水，以次来表示彼此之间的爱慕之情。泰国人在新年第一天都在窗台、门口端放一盆清水，家家户户都要到郊外江河中去进行新年沐浴。为庆贺新年，泰国人举行"赛象大会"，内容有人象拔河、跳象拾物、象跨人身、大象足球赛、古代象阵表演等。很是精彩动人。

2. 页面设置：将纸张大小设置为 A4，纸张方向设置为纵向；上、下、左、右页边距均为 2 厘米。

3. 按照样图（见图 4 – 142）在文档中插入页眉，并输入文字"新年风俗"；设置页眉距边界 1.5 厘米。

图 4 – 142　图文混排文档

4. 用文本框制作文档标题的背景部分，将文本框的大小设置为高 2.5 厘米，宽 13 厘米；文本框的填充效果设置为"预设 – 熊熊火焰"，底纹样式为"垂直"；文本框的形状轮廓为"无轮廓";将文本框的文字环绕方式设置为"紧密型"。

5. 将文档标题的文字内容移动到以上的文本框内,将文字设置为华文彩云、小初、加粗、白色;字符间距设置为加宽 3 磅;将"世""各""风"三个字的位置设置为提升 10 磅;将"新"字的位置设置为降低 5 磅。

6. 将文档正文的文字设置为华文细黑、小四;行距设置为固定值 18 磅。

7. 将文档第一段字体颜色设置为深紫色;首行缩进 2 字符,分成两栏。

8. 将文档第二段和第五段文字设置为加粗、红色;并给文字设置浅粉色底纹。将这两段设置为居中对齐,段前距和段后距均为 0.5 行。

9. 将文档第三段和第四段文字设置为棕色;首行缩进 2 字符;给第三段设置首字下沉,下沉行数为 3 行。

10. 将文档最后一段文字设置为蓝色;首行缩进 2 字符;并设置首字下沉,下沉行数为 3 行。

11. 在文档起始部位插入如样图(图 4 – 142)所示的形状,将形状的填充效果设置为"单色 – 黄色",底纹样式为"中心辐射";将形状的轮廓设置为"无轮廓";将形状的阴影样式设置为"阴影样式 20"。

12. 在第三段和第四段中间插入如样图(图 4 – 142)所示的图片,将图片的大小设置为缩放 50%;图片形状为"椭圆";图片边框为"无轮廓";图片效果为"发光 – 强调文字颜色 2,5pt 发光";文字环绕方式为"四周型环绕"。

13. 在最后一段中间插入如样图(图 4 – 142)所示的图片,将图片的高度设置为 3 厘米,宽度为 5 厘米;图片为"圆角矩形";图片边框为 4.5 磅、浅粉色实线;文字环绕方式为"紧密型环绕"。

14. 插入艺术字,输入文字"世界各地新年风俗",字体为幼圆、加粗、36 号;将艺术字的填充效果设置为"预设 – 彩虹出岫",底纹样式为"垂直";形状轮廓为"白色";将艺术字的形状设置为"正三角";艺术字的阴影样式设置为"阴影样式 20";文字环绕方式设置为"衬于文字下方",并将艺术字放到如样图(图 4 – 142)所示的位置。

15. 将文档的页面颜色设置为"双色 – 粉色、白色",底纹样式为"斜上"。

16. 给文档设置如样图(图 4 – 142)所示的页面边框。

完成后的效果见图 4 – 142。

二、制作订餐卡

1. 在"桌面"新建"练习"文件夹,在"练习"文件夹中创建 Word 文档,命名为"综合排版二";在该文档中根据样图图 4 – 143 和题目要求完成制作"订餐卡"。

2. 在文档中插入一个简单文本框,大小设置为高 10 厘米,宽 14.9 厘米;将填充效果设置为如样图 4 – 143 所示的图片。

3. 左上角图片标志的制作:在文档中插入如样图 4 – 143 所示的图片,将图片的背景白色部分设置为透明色;文字环绕设置为"浮于文字上方";改变成合适的大小,拖动到文本框的左上角。

4. 左上角文字标志的制作:在文档中插入文本框,在文本框中输入两行文字"美美订餐"和"meimei";将文字"美美订餐"设置为方正舒体、五号,将字符"meimei"设置为 Bauhaus 93、五号;将文本框改成合适的大小,拖动到图片标志的下方。

5. 在文档中插入文本框，大小设置为高 1.59 厘米，宽 10.9 厘米；填充效果设置为"渐变 – 双色 – 浅紫色和白色"，底纹样式为"斜上"；形状轮廓设置为"无轮廓"。

6. 再次插入文本框，在文本框中输入文字"是一家专业的订餐机构，以其独特的服务内容，全方位服务于餐饮业与消费者。我们贴心的订餐服务一定会让您满意"，文字设置为宋体、小五号；文本框大小设置为高 1.4 厘米，宽 10.71 厘米；填充效果设置为"渐变 – 双色 – 深粉色和浅粉色"，底纹样式为"垂直"；形状轮廓设置为"无轮廓"。

7. 再次插入文本框，输入文字"美美"，将文字设置为方正舒体、四号，并将该文本框的大小设置为高 1.14 厘米、宽 1.54 厘米；将颜色填充设置为"无填充颜色"，形状轮廓设置为"无轮廓"。

8. 将这三个文本框按照样图所示进行拖动组合。

9. 在文档中插入艺术字，文字为"订"，字体为华文琥珀，36 号；填充效果设置为"预设 – 双色 – 绿色和浅绿色"，形状轮廓设置为 1 磅的白色实线；文字环绕方式设置为浮于文字上方；阴影样式设置为"阴影样式6"，阴影颜色为浅粉色。

10. 再次在文档中插入艺术字，文字为"餐"，字体为华文琥珀，36 号；填充效果设置为"预设 – 双色 – 绿色和浅绿色"，底纹样式为"垂直"，形状轮廓设置为 1 磅的白色实线；文字环绕方式设置为浮于文字上方；阴影样式为"阴影样式6"，阴影颜色为浅粉色。

11. 再次在文档中插入艺术字，文字为"卡"，字体为华文琥珀，36 号；填充效果设置为"预设 – 双色 – 绿色和浅绿色"，底纹样式为"斜上"，形状轮廓设置为 1 磅的白色实线；文字环绕方式设置为浮于文字上方；阴影样式为"阴影样式6"，阴影颜色为浅粉色。

12. 将三个艺术字按照样图所示拖动到合适的位置。

13. 在文档中插入文本框，并输入文字"美美订餐期待各界的光临与惠顾！"，字体为华文琥珀、四号、绿色，文字效果为阴文，字符间距为加宽 3 磅；将文本框的颜色填充设置为"无填充颜色"，形状轮廓设置为"无轮廓"。将文本框按照样图移动到合适位置。

14. 按照样图所示插入三张菜品展示的图片，每张图片用裁剪工具将多余的图片背景部分裁剪掉；图片大小都设置为高 1.4 厘米，宽 2.2 厘米；图片形状都设置为圆角矩形；图片的文字环绕方式都设置为浮于文字上方。

15. 在文档中插入形状：流程图 – 文档，填充颜色设置为紫色，形状轮廓为无轮廓，大小设置为高 1.85 厘米，宽 14.88 厘米。按照样图移动到合适的位置。

16. 在文档中插入三个文本框，分别输入

"地址：辽宁省大连市沙河口区 621 号 电话：0411 – 84597854"，字体为宋体、9 号，颜色为白色；

"LIAONINGDALIAN"，字体设置为 Calibri，10 号，颜色为浅粉色；

"MEIMEIDINGCAN"，字体设置为 Calibri，10 号，颜色为浅粉色；

17. 文本框都设置为无填充颜色、无轮廓，将三个文本框移动到样图所示的位置。

18. 在文档中插入如样图 4 – 143 右下角所示的图片，使用裁剪工具将图片背景上的文字部分去掉；将图片的白色背景设置为透明色；文字环绕方式设置为浮于文字上方；将图片缩放到合适的大小拖动到文本框的右下角。

完成后的效果见图 4 – 143。

图 4 – 143　订餐卡

三、制作班报

完成后的效果如图 4 – 144 所示。

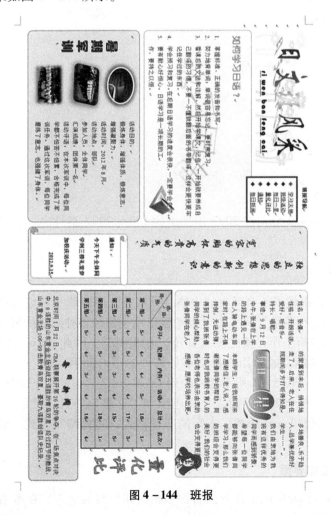

图 4 – 144　班报

第 5 章

电子表格软件 Excel 2007

知 识 点 导 读

◆ 基础知识

工作簿、工作表、单元格的概念

列标、行号的概念

页面设置和打印

◆ 重点知识

工作表的建立与编辑

单元格格式的设置

函数及公式的应用

图表的制作与编辑

排序、筛选和分类汇总

◆ 5.1 初识 Excel

Excel 2007 是 Microsoft 公司在 2007 年推出的 Office 2007 组件之一，是一款功能强大的电子表格软件。

5.1.1 Excel 2007 简介

Excel 2007 为用户提供了一个巨大的表格，供用户方便地填写和编辑表格内容，可以利用公式和函数对数据进行各种计算，也可以把数据用表格和各种图表的形式表现出来，甚至还可以进行一些数据分析工作，使之图文并茂，直观明了。因此，Excel 以其友好的人机界面和强大的数据处理功能，成为用户日常事务处理的得力助手，被广泛地应用于财务、金融、经济和统计等领域。图 5 - 1 所示是一个用 Excel 2007 制作的电子表格。

Excel 2007 除了拥有全新的界面之外，还添加了许多新特性，使软件应用更加方便快捷。如新的 Office 主题和 Excel 样式，丰富的条件格式，轻松编写公式，新的 OLAP 公式和多维数据集函数等。

5.1.2 Excel 2007 工作界面

Excel 2007 与 Word 2007 的工作界面有许多相同和相似的地方，在本书第 4 章中已经做

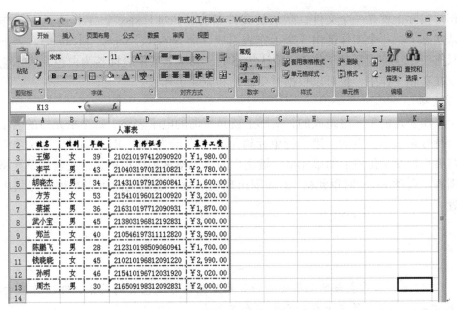

图 5 - 1　Excel 工作表

了介绍，本节主要介绍其不同点。

1. 工作簿和工作表

启动 Excel 2007 之后，系统会自动创建一个名为"Book1"的空白工作簿，选择一张空白的工作表（如 Sheet1）就可以输入具体的表格内容。如图 5 - 2 所示。

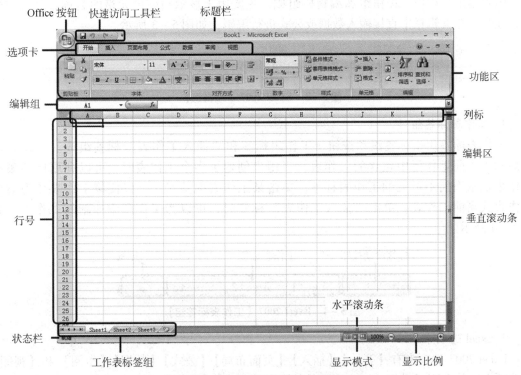

图 5 - 2　Excel 2007 工作界面

工作簿实际上就是一个文件，默认的文件名为"Book1.xlsx"。工作簿是由工作表组成的，默认状态下，一个工作簿由 3 个工作表组成，即 Sheet1、Sheet2 和 Sheet3。当前工作的工作表只有一个，称为活动工作表。默认状态下，Sheet1 工作表标签为白色，表示它为活动工作表。在实际工作中，也可以根据需要添加和删除工作表。

2. 单元格

每个工作表是由单元格组成的，实际上就是所谓的电子表格。每个单元格的名字由交叉的列标、行号来表示。例如，第一行单元格位置可表示为 A1、B1、C1 等，D6 单元格表示第 4 列与第 6 行交叉位置上的单元格。被选中的单元格称为活动单元格或当前单元格，被粗边框包围着。启动 Excel 时单元格 A1 周围出现粗边框，表示此时可以在该单元格中进行不同的设置。

！注 意

1. 工作簿、工作表与单元格之间的关系是包含与被包含的关系，即工作表由多个单元格组成，而工作簿又包含一个或多个工作表。

2. Excel 2007 的一个工作簿中最多可包含 255 张工作表，每张工作表最多由 65 536 行×256 列组成。

3. 编辑组

编辑组由名称框、按钮组和编辑栏组成，主要用于显示当前单元格的名称、公式或数据，还可以在编辑栏中直接输入数据或公式进行编辑，如图 5 - 3 所示。

图 5 - 3　Excel 2007【编辑组】

4. 工作表标签组

工作表标签组由标签滚动按钮、工作表标签和"插入工作表"标签组成。工作表标签显示了当前工作簿中包含的工作表。当用户创建了多个工作表时，可以利用标签滚动按钮来显示当前不可见的工作表标签。单击某工作表标签时，可以使该工作表变为活动工作表或当前工作表。单击"插入工作表"标签时，可以为工作簿添加新的工作表，如图 5 - 4 所示。

图 5 - 4　Excel 2007【工作表标签组】

5. Excel 选项卡

Excel 2007 选项卡有【开始】【插入】【页面布局】【公式】【数据】【审阅】和【视图】等选项卡。其中不同于 Word 2007 选项卡的有【公式】【数据】两个选项卡。

【公式】选项卡主要用于函数和公式的计算，如图 5-5 所示。

图 5-5　【公式】选项卡

【数据】选项卡主要用于对表格中的数据进行排序、筛选及分类汇总，如图 5-6 所示。

图 5-6　【数据】选项卡

◆ 5.2　工作簿和工作表的基本操作

工作簿和工作表的基本操作是学习 Excel 必须掌握的技能。主要包括工作簿的基本操作、工作表的基本操作、单元格的基本操作及输入与编辑数据。

5.2.1　工作簿的基本操作

在 Excel 2007 中，工作簿是保存 Excel 文件的基本单位，其基本操作包括新建、保存、打开、关闭和保护等。

1. 创建工作簿

新建空白工作簿的常用方法有以下 3 种。

（1）选择【开始】｜【程序】｜【Microsoft Office】｜【Microsoft Office Excel 2007】命令。

（2）单击【Office 按钮】，选择【新建】｜【空工作簿】｜【创建】命令。

（3）按 Ctrl + N 组合键。

！ 注　意

> 新建的工作簿依次自动默认取名为 Book1，Book2，Book3，……。工作簿的最终名字由用户在保存工作簿或重命名时指定。

2. 保存工作簿

对工作表进行操作时，应经常保存 Excel 工作簿，避免因为一些突发状况而丢失数据。常用的保存工作簿方法有以下 3 种。

（1）单击【快速访问工具栏】的【保存】按钮。

（2）单击【Office 按钮】，选择【保存】命令。

（3）按 Ctrl + S 组合键。

!注　意

1. 当第一次保存 Excel 工作簿时，系统会自动打开【另存为】对话框。在对话框中可以设置工作簿的保存名称、位置等。当工作簿保存后，再次执行保存操作时，系统会根据第一次保存时的相关设置直接保存工作簿，不会弹出【另存为】对话框。

2. 如果要将已经保存的工作簿重命名并进行保存，则应选择【另存为】命令，在打开的【另存为】对话框中重新设置工作簿的保存名称、路径等。

3. 在一个工作簿中，无论有多少张工作表，保存时不是对每张工作表单独保存，而是都保存在同一个工作簿中。

4. 在【另存为】对话框的【保存类型】下拉列表框中可以将保存类型设置为"Excel97 - 2003 工作簿"格式，以便可以在旧版本中打开该工作簿。Excel 2007 工作簿的扩展名为 .xlsx，而旧版本工作簿的扩展名为 .xls。

💡小技巧

为了防止突然断电或死机等意外事件的发生，工作簿即使未编辑完也要随时保存。有时，可能由于太专注的原因，会疏忽保存的工作。在 Excel 2007 中可以设置自动保存时间间隔，步骤如下。

选择【Office 按钮】|【Excel 选项】|【保存】|【保存自动恢复信息时间间隔】，并指定自动保存的时间间隔。

【例 5 - 1】　新建一个 Excel 工作簿，保存为"基本操作"。

（1）启动 Excel 2007 应用程序，新建一个空白工作簿。

（2）单击【快速访问工具栏】的【保存】按钮🖫，打开【另存为】对话框。在【保存位置】下拉列表中选择保存路径；在【文件名】文本框中输入文字"基本操作"，如图 5 - 7 所示。

（3）单击【保存】按钮，保存工作簿。在标题栏中显示工作簿的名称，如图 5 - 8 所示。

3. 打开工作簿

当工作簿被保存后，可在 Excel 2007 中再次打开该工作簿。打开工作簿的常用方法有以下 3 种。

（1）双击该文件图标，即可打开。

（2）单击【Office 按钮】，选择【打开】命令。

（3）按 Ctrl + O 组合键。

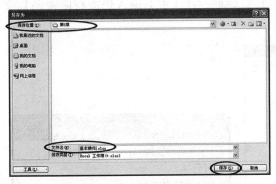

图 5-7　【另存为】对话框

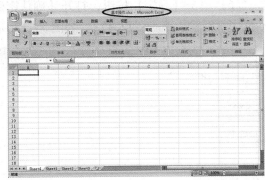

图 5-8　标题栏中显示工作簿的保存名称

4. 关闭工作簿

完成了工作，或者需要为其他应用程序释放内存时，可以退出 Excel。

（1）单击【标题栏】右上角的【关闭】按钮 ⊠ 。

（2）单击【Office 按钮】，选择【关闭】命令。

（3）按 Alt + F4 组合键。

!　注　意

如果在关闭工作簿之前未对工作簿进行保存，Excel 会自动弹出一个信息框，询问用户是否保存其修改的内容。

【例 5-2】　关闭例 5-1 中保存的工作簿"基本操作"，然后再重新打开。

（1）单击【标题栏】右上角的【关闭】按钮 ⊠ ，即可关闭"基本操作"。

（2）双击"基本操作"工作簿文件，即可打开"基本操作"。

5. 保护工作簿

为了防止他人对重要工作簿中的窗口或结构进行修改，可以在 Excel 2007 中设置工作簿的保护功能。

【例 5-3】　创建一个新工作簿"加密保存练习"，设置保护密码为"12345"。

（1）启动 Excel 2007 应用程序，打开新的空白工作簿。

（2）选择【Office 按钮】|【保存】命令，打开【另存为】对话框，在【保存位置】下拉列表中选择保存路径，在【文件名】文本框中输入文字"加密保存练习"。

（3）单击【另存为】对话框左下角的【工具】按钮，在弹出的菜单中选择【常规选项】，如图 5-9 所示，打开【常规选项】对话框。

（4）在【打开权限密码】和【修改权限密码】文本框中均输入密码"12345"，如图 5-10 所示。

（5）单击【确定】按钮，打开【确认密码】对话框，在【重新输入密码】文本框中重新输入密码"12345"，如图 5-11 所示。

（6）单击【确定】按钮，打开【确认密码】对话框，在【重新输入修改权限密码】文本框中重新输入密码"12345"，如图 5－12 所示。

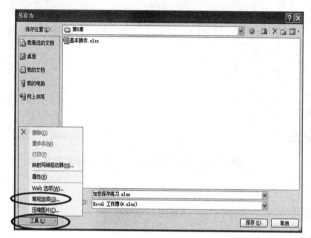

图 5－9　【另存为】对话框

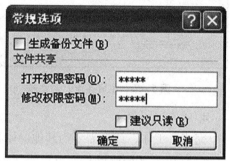

图 5－10　【常规选项】对话框

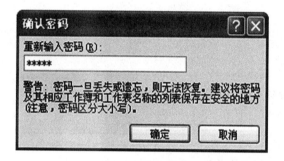

图 5－11　【确认密码】对话框

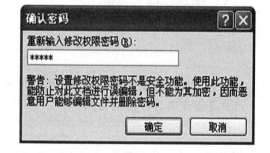

图 5－12　重新输入修改权限密码

（7）单击【确定】按钮，返回到【另存为】对话框，单击【保存】按钮将工作簿保存。

（8）重新打开"加密保存练习"工作簿时，将依次打开如图 5－11 和图 5－12 所示的【密码】对话框，当在【密码】文本框中输入正确的密码时，才能打开工作簿。

⚠ 注　意

1. 密码是区分大小写的，在输入密码时须注意。

2. 如果密码丢失，将无法打开受密码保护的文件，建议用户将密码写下并保存在安全位置。

3. 如果不需要为工作簿设置打开密码，而只对工作簿的结构和窗口进行保护，那么可以在【审阅】选项卡的【更改】组中单击【保护工作簿】按钮，在弹出的菜单中选择【保护结构和窗口】命令，在打开的【保护结构和窗口】对话框中设置保护的选项和密码。

5.2.2　工作表的基本操作

新建一个空白工作簿后，系统会自动在该工作簿中添加 3 个空白工作表，并依次命名为 Sheet1、Sheet2 和 Sheet3，本节将详细介绍工作表的常用操作。

1. 选定工作表

由于一个工作簿中常包含多个工作表，因此操作前需要选定工作表。选定工作表的常用操作包括以下 4 种。

（1）选定一张工作表，直接单击该工作表的标签即可。图 5 – 13 所示为选定 Sheet2 工作表。

（2）选定多张连续的工作表，首先选定第一张工作表标签，然后按住 Shift 键并单击其最后一张工作表的标签即可。图 5 – 14 所示为同时选定 Sheet1 和 Sheet2 两张工作表。

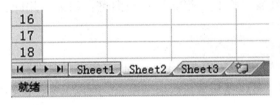

图 5 – 13　选定一张工作表

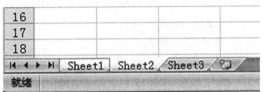

图 5 – 14　选定相邻工作表

（3）选定多张不连续的工作表，首先选定第一张工作表标签，然后按住 Ctrl 键并逐个单击想要选定的工作表标签即可。图 5 – 15 所示为同时选定 Sheet1 和 Sheet3 两张工作表。

（4）选定所有工作表，右击任意一个工作表标签，在弹出的菜单中选择【选定全部工作表】命令即可，如图 5 – 16 所示。

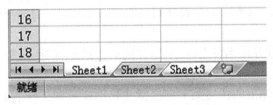

图 5 – 15　选定不相邻工作表

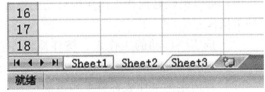

图 5 – 16　选定所有工作表

2. 插入工作表

Excel 工作簿中默认的工作表是 3 个，有时需要插入一些新的工作表。有以下 3 种操作方法。

（1）单击工作表下方 Sheet3 后的"插入工作表"标签，即可产生 Sheet4、Sheet5 等工作表，如图 5 – 17 所示。

（2）在选定的工作表标签上右击鼠标，从弹出的快捷菜单中选择【插入】命令，打开【常用】选项卡，选择【工作表】命令，即可在选定的工作表之前插入一个工作表，如图 5 – 18 所示。

（3）按 Shift + F11 组合键。

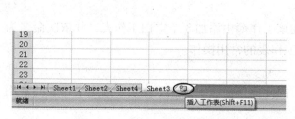

图 5 -17 "插入工作表"标签   图 5 -18 插入工作表

3. 删除工作表

在选定的工作表标签上右击鼠标，从弹出的快捷菜单中选择【删除】命令，即可删除选定的工作表。如果删除的工作表为空工作表，则系统会直接将其删除；否则，系统会打开一个对话框，询问是否确定删除。如果确定删除，单击【删除】按钮即可；如果不删除，单击【取消】按钮即可。

4. 重命名工作表

创建多个工作表后，Excel 中的"Sheet1""Sheet2"很难让用户记起工作表中包含什么内容，为了快速分辨每个工作表中包含的内容，可以重新命名这些工作表。有以下两种操作方法。

（1）双击要重新命名的工作表标签，此时，该工作表标签呈反白显示，输入新的工作表名称覆盖原有的名称，按 Enter 键确定即可，如图 5 -19 所示。

（2）在选定的工作表标签上右击鼠标，从弹出的快捷菜单中选择【重命名】命令，即可在选定的工作表上重命名。

5. 移动工作表

用户可以很轻易地在工作簿内移动工作表，或者将工作表移到其他的工作簿中。有以下两种常操作方法。

（1）选定要移动的工作表，按住鼠标左键并沿着工作表标签行拖动，松开鼠标左键，工作表就被移到新位置处。

（2）在选定的工作表标签上右击鼠标，从弹出的快捷菜单中选择【移动或复制工作表】命令，出现【移动或复制工作表】对话框，如图 5 -20 所示。在【工作簿】列表框中，选择用来接收工作表的目标工作簿，默认在本工作簿中移动；在【下列选定工作表之前】列表框中，选择要放置工作表的位置。单击【确定】按钮，即可将选定的工作表移到新位置。

6. 复制工作表

用户可以很轻易地在工作簿内复制工作表，或者将工作表复制到其他的工作簿中。有以下两种操作方法。

（1）选定要移动的工作表，按住鼠标左键并沿着工作表标签行拖动时，需要同时按住 Ctrl 键，松开鼠标左键和 Ctrl 键后，工作表就被复制到相应的位置。

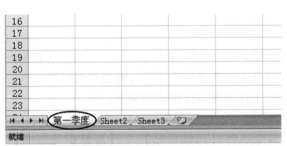

图 5-19　重命名工作表　　　　　　　图 5-20　【移动或复制工作表】对话框

（2）在选定的工作表标签上右击鼠标，从弹出的快捷菜单中选择【移动或复制工作表】命令，出现如图 5-20 所示的对话框。在【工作簿】列表框中，选择用来接收工作表的目标工作簿，默认在本工作簿中复制；在【下列选定工作表之前】列表框中，选择要放置工作表的位置；同时需选中【建立副本】复选框。单击【确定】按钮，即可将选定的工作表复制到新位置。

> **！注　意**
>
> 　　1. 移动或复制工作表操作中，在拖动工作表时，Excel 用黑色的倒三角指示工作表要放置的目标位置。如果要放置的目标位置不可见，只要沿工作表标签行拖动，Excel 会自动滚动工作表标签行。
> 　　2. 复制的工作表自动命名为原来工作表名称后附加用括号括起来的数字。例如，原工作表名为 Sheet1，则第一次复制的工作表名为 Sheet1（2），依次类推。
> 　　3. 在不同工作簿之间移动或复制工作表，要求原工作簿和目标工作簿均处于打开状态。

7. 改变工作表标签颜色

右击工作表标签，从弹出的快捷菜单中选择【工作表标签颜色】命令，选择所需的颜色。单击其他工作表时，即可看见改变了颜色的工作表标签。

8. 拆分工作表窗口

拆分工作表窗口时把当前活动工作表窗口拆分成窗格，并且在每个被拆分的窗格中都可通过各自的滚动条来显示工作表的每一个部分。拆分工作表窗口步骤如下。

（1）选定单元格。其所在的位置将成为拆分的分割点，并且该单元格将成为右下角窗格的第一个单元格。

（2）打开【视图】选项卡，在【窗口】组中选择【拆分】。

! 注 意

若要取消窗口的拆分，可再打开【视图】选项卡，在【窗口】组中单击【拆分】。

9. 冻结工作表窗口

冻结工作表窗口是在活动工作表中选定单元格，该单元格将成为冻结点，该点以上和该点左边的所有单元格都将被冻结，一直显示在屏幕上。通常用于冻结行标题和列标题，然后通过滚动条来查看工作表其他部分的内容。冻结工作表窗口操作步骤如下。

（1）选定单元格，其所在的位置将成为冻结点。

（2）打开【视图】选项卡，在【窗口】组中选择【冻结窗格】|【冻结拆分窗格】。选定单元格的上边和左边的所有单元格都将被冻结，始终显示在屏幕上。

! 注 意

若要取消窗口的冻结，可再打开【视图】选项卡，在【窗口】组中选择【冻结窗格】|【取消冻结窗格】。

5.2.3 单元格的基本操作

单元格是构成电子表格的基本元素，对表格输入和编辑数据就是对单元格输入和编辑数据。对单元格的基本操作主要有单元格的选择、插入、行高与列宽、拆分与合并、删除等。

1. 单元格的选定

在向工作表输入数据之前，应该先选定单元格或单元格区域。

（1）选定一个单元格。鼠标单击要选定的单元格。

（2）选定整行单元格。单击该行的行号，即可选定整行单元格，如图5-21所示。

（3）选定整列单元格。单击该列的列标，即可选定整列单元格，如图5-22所示。

（4）选定连续的单元格区域。单击要选定区域左上角的单元格，按住鼠标左键拖至右下角，松开鼠标左键，结果如图5-23所示。

 小技巧

选定连续的较大范围的单元格区域：先单击要选定的第一个单元格（左上角单元格），再按住Shift键，单击要选定的最后一个单元格（右下角单元格）。

（5）选定不连续的单元格区域。用鼠标拖动选定第一个单元格区域，按住Ctrl键，选定另一个单元格区域，如图5-24所示。

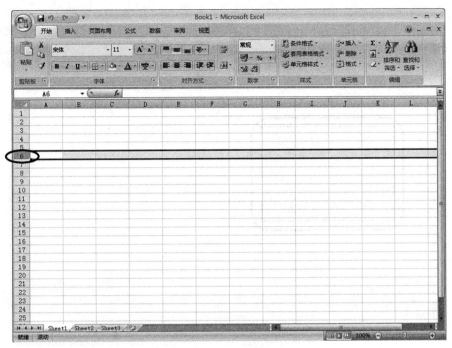

图 5 – 21　选定整行

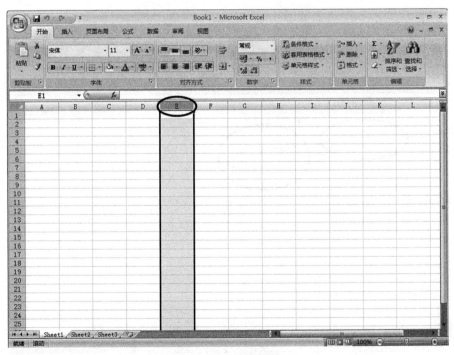

图 5 – 22　选定整列

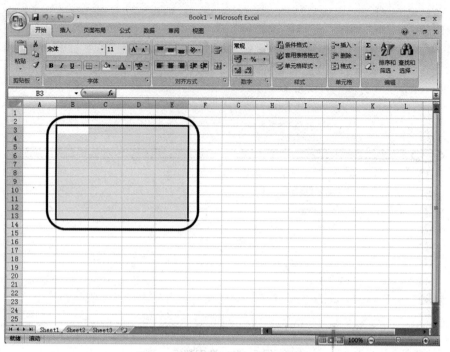

图 5 – 23　选定连续的单元格区域

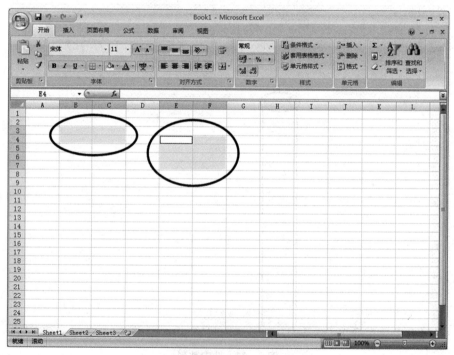

图 5 – 24　选定不连续的单元格区域

（6）选定当前工作表的全部单元格。单击工作表左上角行号与列标交叉的【全选】按钮，或者按 Ctrl + A 组合键，即可选定当前工作表的全部单元格，如图 5 – 25 所示。

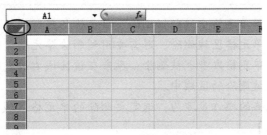

图 5 – 25　选定所有单元格

2. 单元格的插入

在 Excel 中，当需要在工作表中插入额外的空间时，可以在已存在的数据中间插入行、列和单元格。

（1）插入行。右键单击某单元格，选择【插入】｜【整行】，即在该单元格的上方插入一空行。

（2）插入列。右键单击某单元格，选择【插入】｜【整列】，即在该单元格的左边插入一空列。

!　注　意

【插入】对话框中，【活动单元格右移】是指从选定的单元格开始，往右的内容依次向右移动一个单元格；【活动单元格下移】是指从选定的单元格开始，往下的内容依次向下移动一个单元格。

【例 5 – 4】　打开工作簿"基本操作"，在行 1 和行 2 之间添加一行，在列 A 前添加一列。

（1）打开工作簿"基本操作"。

（2）右键单击 A2 单元格，选择【插入】｜【整行】，即在该单元格的上方插入一空行。

（3）右键单击 A2 单元格，选择【插入】｜【整列】，即在该单元格的左边插入一空列。

3. 单元格内容的删除

当不需要工作表中的某些数据时，可以将其删除。有以下两种操作方法。

（1）选定要删除内容的单元格区域，右键单击，选择【清除内容】。

（2）选定要删除内容的单元格区域，按 Delete 键，将所选的内容删除，而在工作表中留下空白单元格。

```

**！注　意**

　　清除单元格是指将单元格中的数据删除，单元格仍保留在原处。如果需要一起将包含数据的行、列、单元格区域删除，则需要用到删除单元格。删除是指不仅删除单元格中的数据，而且单元格本身也被删除。原来在该区域右边或下边的单元格会自动左移或上移来填充到被删除的区域中。

　　常用的删除单元格的操作步骤为：选定要删除的单元格区域，右击，在弹出的快捷菜单中选择【删除】。

**4. 单元格数据的移动与复制**

在 Excel 中，可以很方便地将某些单元格的数据移动或复制到别的位置。

（1）移动单元格的数据。

方法一：用鼠标拖动。

选定单元格，将鼠标指针放在单元格边框上，出现带箭头的"十"形时，按住鼠标左键，将该单元格拖动到目的单元格，松开鼠标。

方法二：用快捷菜单。

选定单元格，右击，在弹出的快捷菜单中选择【剪切】命令，然后在目的单元格上右击，在弹出的快捷菜单中选择【粘贴】命令。

方法三：用组合键。

选定单元格，按 Ctrl + X 组合键剪切，然后按 Ctrl + V 组合键粘贴到目的单元格。

（2）复制单元格的数据。

方法一：用鼠标拖动。

选定要复制的单元格，按住 Ctrl 键不放，将鼠标指针放在单元格边框上，出现"十"形时，按住鼠标左键将该单元格拖动到目的单元格，松开鼠标。

方法二：用快捷菜单。

选定要复制的单元格，右击，在弹出的快捷菜单中选择【复制】命令，然后在目的单元格上右击，在弹出的快捷菜单中选择【粘贴】命令。

方法三：用组合键。

选定要复制的单元格，按 Ctrl + C 组合键复制，然后按 Ctrl + V 键粘贴到目的单元格。

（3）复制单元格中的特定内容。除了复制整个单元格外，还可以有选择地复制单元格中的特定内容。例如，只复制公式的结果而不复制公式本身。具体操作步骤如下。

①选定要复制的单元格，按 Ctrl + C 组合键复制。

②选定粘贴区域的左上角单元格，右击，在弹出的快捷菜单中选择【选择性粘贴】命令，出现【选择性粘贴】对话框，如图 5 - 26 所示。

③选择所需的选项。

- 【全部】粘贴单元格的所有内容和格式。
- 【公式】只粘贴单元格中的公式。
```

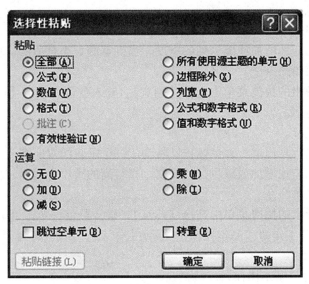

图 5 – 26　【选择性粘贴】对话框

- 【数值】只粘贴单元格中显示的数值，而不是实际的公式。
- 【格式】只粘贴单元格中设置的格式。
- 【批注】只粘贴单元格中添加的批注。
- 【有效性验证】将复制区域的有效性规则粘贴到目标区域中。
- 【所有使用源主题的单元】粘贴使用复制数据应用的文档主题格式的所有单元格内容。
- 【边框除外】除了边框，粘贴单元格的所有内容和格式。
- 【列宽】只粘贴单元格的列宽。
- 【公式和数字格式】只粘贴单元格中的公式和数字的格式。
- 【值和数字格式】只粘贴单元格中的值和数字的格式。

④单击【确定】按钮。

!　注　意

　　选择性粘贴也可打开【开始】选项卡，在【剪贴板】组中选择【粘贴】｜【选择性粘贴】命令来实现。

5. 调整列宽或行高

　　在向单元格输入文字或数据时，经常会出现这样的现象：有的单元格中的文字只能显示一半；有的单元格中显示一串"#"号，而在编辑栏中却能看见对应单元格的数据。原因在于单元格的宽度或高度不够，不能将这些字符正确地显示出来。因此，需要对工作表中单元格的高度和宽度进行适当的调整。

　　（1）调整列宽。

方法一：使用鼠标。

将鼠标指针指向列标边框上，鼠标指针将变成一个水平的双向箭头，按住鼠标左键向左或向右拖动，可以相应地增加或减少列的宽度。当列宽的大小合适后，松开鼠标左键。

方法二：使用菜单命令。

右击列标，在弹出的快捷菜单中选择【列宽】，输入数值，单击【确定】按钮。

（2）调整行高。

方法一：使用鼠标。

将鼠标指针指向行号边框上，鼠标指针将变成一个垂直的双向箭头，按住鼠标左键向上或向下拖动，可以相应地增加或减少行的高度。当行高的大小合适后，松开鼠标左键。

方法二：使用菜单命令。

右击行号，在弹出的快捷菜单中选择【行高】，输入数值，单击【确定】按钮。

【例5－5】 打开工作簿"基本操作"，设置工作表行1的行高为28，行2~5的行高为16，列D的列宽为35。

（1）打开工作簿"基本操作"。

（2）选定行1，右击，在弹出的快捷菜单中选择【行高】，打开【行高】对话框。在【行高】文本框中输入28，单击【确定】按钮。

（3）同时选定行2~5，右击，在弹出的快捷菜单中选择【行高】，打开【行高】对话框。在【行高】文本框中输入16，单击【确定】按钮。

（4）选定列D，右击，在弹出的快捷菜单中选择【列宽】，打开【列宽】对话框。在【列宽】文本框中输入35，单击【确定】按钮。

（5）单击【保存】按钮，保存设置的行高和列宽。

6. 合并及拆分单元格

使用 Excel 2007 制作表格时，有时需要将多个单元格合并成一个单元格，如表格的标题。为了使表格更加专业、美观，还会将单元格进行拆分。

【例5－6】 打开工作簿"基本操作"，在 Sheet1 工作表中对单元格进行合并。

（1）打开工作簿"基本操作"。

（2）选定 A1：E1 单元格，打开【开始】选项卡，在【对齐方式】组中单击【合并后居中】按钮，即可快速合并所选定的单元格。

（3）单击【保存】按钮，保存合并的单元格。

! 注 意

1. 如果选中的单元格区域中有多个单元格包含数据，那么执行合并操作后只保留第一个单元格中的内容。

2. 如果要拆分已经合并的单元格，可以再次单击【合并后居中】按钮。

5.2.4 输入与编辑数据

创建工作表后，首先要在单元格中输入数据，然后根据需要对工作表进行格式化操作。

用户可以在单元格中手动输入文字、数字、日期和时间等，也可以使用自动填充功能快速填写有规律的数据。

为了向某个单元格中输入数据，首先要使该单元格成为活动单元格，只需用鼠标单击该单元格即可输入数据，还可以通过键盘上的方向箭头来移到特定的单元格。在单元格中输入数据的操作方法有以下 3 种。

方法一：单击要输入数据的单元格，然后直接输入数据。

方法二：单击要输入数据的单元格，然后在【编辑栏】中输入数据。

方法三：双击已经输入数据的单元格，插入点会自动出现在单元格中，把插入点移到适当的位置再进行编辑。

输入完毕后，需单击 Enter 键或【编辑组】中的【输入】按钮☑确认输入；如果要放弃刚才的输入，可以单击 Esc 键或【编辑组】中的【取消】按钮☒。

1. 输入文本

文本包含了英文字母、汉字、数字及其他特殊字符的组合。默认情况下，单元格中的文本为左对齐。

如果要将一些长的数字作为文字显示，如身份证号码、电话号码、邮政编码等，只要先加上一个英文的单引号，然后输入数字，Excel 会将其视为文字；否则，Excel 会将其理解为数字格式。

如果输入的文字超过当前单元格的列宽，会有如下两种情况。

（1）如果右边的单元格中没有数据，则所输入的文字可以超格显示。

（2）如果右边的单元格中有数据，则所输入超过列宽部分的文字，会被截断而不显示出来。但实际文字数据仍然存在，只要改变列宽后，即可恢复正常显示。

 小技巧

> 如果想在一个单元格中显示多行文本，可以把插入点移到单元格中要换行的位置，按 Alt + Enter 组合键。

2. 输入数字

默认情况下，单元格中的数字为右对齐。

当单元格中以科学计数法表示数字，或者填满了"#"符号时，意味着当前单元格宽度太小，需要改变数字格式或者改变列宽。例如，当输入的数值超过 11 位时，如输入"123456789012"，按 Enter 键即会自动转成"1.23457E + 11"的形式。

在输入一个分数时，应该在数字前加一个 0 和空格。例如，要在单元格中显示"5/6"，则需输入"0 5/6"；否则，Excel 会将其理解为"5 月 6 日"日期型格式。

3. 输入日期和时间

默认情况下，单元格中的日期和时间为右对齐。

日期型数据的格式通常为"年/月/日"或"年 – 月 – 日"，也可指定为其他格式。

时间型数据的格式通常为"时：分：秒"，也可指定为其他格式。日期和时间之间需加空格。

💡 小技巧

> 　　输入当前系统日期可按 Ctrl + ；组合键，输入当前系统时间可按 Ctrl + Shift + ；组合键。

4. 自动输入数据

如果某一行或某一列的数据为有规律的数据，或是一组固定序列的数据，则可以使用自动填充功能快速输入数据。

（1）填充相同的数据。可以先选定单元格区域，然后输入数据；输入完毕后，先按住 Ctrl 键不放，再按 Enter 键。这样选定的单元格区域都可填上相同的数据，如图 5 – 27 所示。

图 5 – 27　填充相同的数据

（2）使用鼠标填充序列。将鼠标放在选定的单元格右下角的填充柄上，当鼠标指针变成"十"形时，按住左键向要填充的单元格方向拖动即可。

●选定单元格中的内容是纯字符或是纯数字时，填充相当于复制。如果选定单元格中的内容是"计算机"，则填充的内容也是"计算机"。

●选定单元格中的内容是字符与数字的混合时，填充内容中，字符部分不变，数字部分逐渐增大或减小。如果选定单元格中的内容是"计算机 1"，则填充的内容是"计算机 2，计算机 3，……"。

●选定单元格中的内容与 Excel 预设的填充序列正好相同时，按照预设的序列填充。如果选定单元格中的内容是"星期一"，则向下和向右填充时会是"星期二，星期三，星期四，……"。

●选定的内容是一个等差数列时，选定要填充区域的第一个单元格，并输入序列中的初始值。如果序列中的步长不是 1，请再选定区域的下一个单元格，并输入序列中的第二个数值，两个值之间的差将决定序列的步长。例如，选定 A4 和 A5 单元格可以确定初始值和步长值。再将鼠标移到选定区域的填充柄上，在包含序列的区域上拖动，如图 5 – 28 所示；松开鼠标左键时，完成填充工作，结果如图 5 – 29 所示。

图 5 - 28　拖动填充柄

图 5 - 29　填充序列

（3）使用"填充序列"。用户在创建数据时，若要输入一些数值序列，如等差序列、等比序列等，可以使用"填充序列"。

【例 5 - 7】　要在单元格区域 A1：F1 中创建以 2 为公比的等比序列"2、4、8、16、32、64、128"，具体操作步骤如下。

（1）在单元格 A1 中输入初值 2，并选中 A1 单元格。

（2）打开【开始】选项卡，在【编辑】组中单击【填充】按钮 🔽，选择【系列】，打开【序列】对话框。

（3）在【序列产生在】选项组中单击"行"单选按钮。

（4）在【类型】选项组中单击"等比序列"单选按钮。

（5）在【步长值】文本框中输入 2，在【终止值】文本框中输入 128。

（6）单击【确定】按钮。

5. 输入公式或函数

在工作表中不仅可以输入文本、数字、日期和时间，还可以输入公式或函数对数据进行计算。在 Excel 中的公式必须以等号"＝"开头，后面是参与运算的运算数和运算符。输入公式或函数的方法详见 5.6 节。

6. 输入有效数据

在输入数据时，难免会发生错误。例如，在输入学生成绩时，将 90 输成 900 等。如果工作表的数据很多，查找输入错误的数据是一项艰苦的工作。可以对预设区域中单元格的数据设置数据类型和范围，对超出范围的数据会给出错误提示信息。

【例 5 - 8】　输入学生成绩时，输入的分数值应大于等于 0 且小于等于 100，并允许出现空白单元格。其数据有效性设置步骤如下。

（1）选定要设置有效数据的单元格区域。

（2）打开【数据】选项卡，在【数据工具】组中选择【数据有效性】｜【数据有效性】，打开【数据有效性】对话框。

（3）在【设置】选项卡中设置有效性条件。在【允许】下拉列表框中选择"整数"，在【数据】下拉列表框中选择【介于】，在【最小值】和【最大值】文本框中分别输入 0 和 100，并选中【忽略空值】复选框。

（4）在【输入信息】选项卡中设置输入数据时的提示信息。如【标题】文本框中可输入"学生成绩"，【输入信息】文本框中可输入"必须在 0~100 之间"。此步骤根据实际情况可省略。

（5）在【出错警告】选项卡中设置出错警告信息。如【标题】文本框中可输入"输入数据错误"，【出错信息】文本框中可输入"输入的成绩超出了 0 到 100 的范围"。

（6）单击【确定】按钮。数据有效性设置完毕，当选定某个单元格时，就会出现步骤（4）中的提示信息。如果输入的数据无效，就会出现步骤（5）中的错误警告信息。

7. 编辑数据

在输入数据时，难免会出现输入错误的现象，就需要对已经输入的数据进行修改。

（1）编辑单元格中的所有内容时。选定单元格，输入所需的新内容，原内容被覆盖，单击 Enter 键或【编辑组】中的【输入】按钮✔确定此次修改。

（2）编辑单元格中的部分内容时。在该单元格中双击鼠标左键或者按 F2 键，该单元格中出现插入点，即可修改，如图 5-30 所示。也可以单击要编辑的单元格，其内容显示在【编辑栏】中，在【编辑栏】中单击鼠标以设置插入点，然后对其中的内容进行编辑。

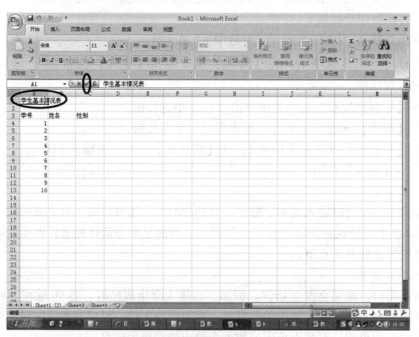

图 5-30　单元格中出现插入点

◆ 5.3　实例一：新建工作簿并输入数据

◆ 任务描述

使用 Word 也可以制作表格，但遇到需要计算的单元格时，只能依靠手工输入公式完成计算，效率低下。而且在制作电子表格时，通常要在其中输入批量数据，如果一个一个地输入，十分麻烦且浪费时间。因此，可采取特定的方法来输入大批量的数据，以提高工作效率。

◆ 任务分析

1. 创建、保存、重命名工作簿。

2. 重命名工作表。

3. 输入各种数据。

◆ 任务要求

1. 在"桌面"新建"练习"文件夹，在"练习"文件夹中创建 Excel 工作簿，命名为"新建工作簿"。

2. 在工作表 Sheet1 中输入如图 5-31 所示的数据，并改名为"人事表"。

	A	B	C	D	E	F
1	人事表					
2	姓名	性别	年龄	身份证号	基本工资	
3	王娜	女	39	210210197412090920	1980	
4	李平	男	43	210403197012110821	2780	
5	赵志刚	男	24	210325198902061631	1390	
6	胡晓杰	男	34	214310197912060841	1600	
7	方芳	女	53	215410196012100920	3200	
8	蔡振	男	36	216310197712090931	1870	
9	陈鹏飞	男	28	212310198509060941	1700	
10	钱晓晓	女	45	210210196812091220	2990	
11	孙明	女	46	215410196712031920	3020	
12	周杰	男	30	216509198312092831	2000	
13						

图 5-31　人事表

3. 在工作表 Sheet2 中创建如图 5-27 所示的数据，并改名为"课程表"。

4. 在工作表 Sheet3 前 10 列中用"自动输入数据"的方法输入以下数据，并改名为"自动输入数据"。

（1）"星期一、星期二、星期三、……"

（2）"Monday、Tuesday、Wednesday、……"

（3）"一月、二月、三月、……"

（4）"January、February、March、……"

（5）"一、二、三、……"

（6）"甲、乙、丙、……"

（7）"子、丑、寅、……"

（8）"2013001、2013004、2013007、……、2013028"

（9）"2、4、8、16、……、1024"

5. 保存工作簿。

◆ **任务实现**

1. 步骤略。

2. 输入身份证号时，要在数据前加英文半角单引号。

3. 输入"星期一，星期二，……"和"1，2……"时，采用使用鼠标自动填充序列的方法；输入相同的课程名时，采用填充相同数据的方法。

4. 操作步骤如下。

（1）单击 Sheet3，选定 A1 单元格，并输入初始值"星期一"；再将鼠标移到 A1 单元格右下角的填充柄上，按住鼠标左键拖动到 J1 单元格；松开鼠标左键时，完成填充工作。

（2）选定 A2 单元格，并输入初始值"Monday"；再将鼠标移到 A2 单元格右下角的填充柄上，按住鼠标左键拖动到 J2 单元格；松开鼠标左键时，完成填充工作。

（3）、（4）、（5）、（6）、（7）均按此步骤完成。

（8）选定 A8 单元格，并输入初始值"2013001"，并在 B8 单元格中输入"2013004"；选中 A8：B8 单元格区域，将鼠标移到填充柄上，按住鼠标左键拖动到 J8 单元格；松开鼠标左键时，完成填充工作。

（9）在单元格 A9 中输入初值 2，并选中 A9 单元格；打开【开始】选项卡在【编辑】组单击【填充】按钮，选择【系列】，打开【序列】对话框；在【序列产生在】选项组中单击【行】单选按钮，在【类型】选项组中单击【等比序列】单选按钮，在【步长值】文本框中输入 2，在【终止值】文本框中输入 1024；单击【确定】按钮。

（10）右击 Sheet3 工作表标签，选择【重命名】，输入"自动输入数据"，按 Enter 键。效果如图 5-32 所示。

5. 单击【保存】按钮。

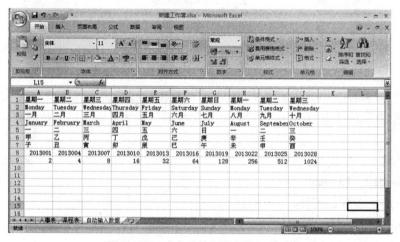

图 5-32 "自动输入数据"工作表

5.4 设置单元格格式

工作表不仅要有详细的数据，还要有美观、大方的外观格式。通过设置工作表的数字格式、字体、对齐方式、边框等，可以制作出各种漂亮的表格。

对于简单的格式化操作，可以直接通过【开始】选项卡中的按钮来进行，如设置字体、对齐方式或数字格式等。对于比较复杂的格式化操作，则需要在【设置单元格格式】对话框中来完成。Excel 2007 与 Word 2007 的【开始】选项卡有许多相同和相似的地方，在本书第 4 章中已经做了介绍，本节主要介绍其不同点。

1.【开始】选项卡中的【单元格】组（如图 5 - 33 所示）

图 5 - 33 【单元格】组

- 【插入】在工作表或表中插入单元格、行或列。
- 【删除】删除表格或工作表中的行或列。
- 【格式】更改行高或列宽、组织工作表，或者保护或隐藏单元格，如图 5 - 34 所示。

（1）选择【格式】|【设置单元格格式】命令，在【设置单元格格式】对话框中打开【数字】选项卡（如图 5 - 35 所示）

图 5 - 34 【格式】命令   图 5 - 35 设置单元格数字格式

- 【常规】常规单元格格式，不包含任何特定的数字格式。
- 【数值】用于一般数字的表示。货币和会计格式则提供货币值计算的专用格式。
- 【货币】用于一般货币数值的表示。
- 【日期】用于将日期和时间系列数值显示为日期型。

- 【时间】用于将日期和时间系列数值显示为时间型。
- 【百分比】将单元格中数值乘以 100，并以百分数形式显示。
- 【科学记数】将数值以科学计数法显示，是一种表示很大或很小的数字的方法。如 150 000 000 000，用科学计数法表示为 1.5E + 11；而 0.000 000 000 015，用科学计数法表示为 1.5E − 11。
- 【文本】数字作为文本处理，单元格中显示的内容与输入的内容完全一致。

（2）选择【格式】 | 【设置单元格格式】，打开【对齐】选项卡。对所选单元格中的文字设置对齐方式。

（3）选择【格式】 | 【设置单元格格式】，打开【字体】选项卡。对所选单元格中的文字设置字体格式。

（4）选择【格式】 | 【设置单元格格式】，打开【边框】选项卡。对所选单元格添加边框。

（5）选择【格式】 | 【设置单元格格式】，打开【填充】选项卡。对所选单元格添加底纹。

！ 注 意

1. 单击【开始】选项卡的【字体】组、【对齐方式】组或【数字】组中单击对话框启动器▣，都可以打开如图 5-35 所示的【设置单元格格式】对话框。

2. 右击选中单元格区域，弹出的快捷菜单中，也有【设置单元格格式】命令。

2. 【开始】选项卡中的【对齐方式】组（如图 5-36 所示）

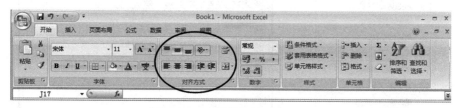

图 5-36 设置单元格对齐方式

- 【顶端对齐】沿单元格顶端对齐文字。
- 【垂直居中】使文字在单元格中上下居中对齐。
- 【底端对齐】沿单元格底端对齐文字。
- 【文本左对齐】将文字左对齐。
- 【文本居中】将文字水平居中对齐。
- 【文本右对齐】将文字右对齐。
- 【合并后居中】将选中的多个单元格合并为一个单元格，同时将单元格中的内容居中。

3.【开始】选项卡中的【编辑】组

● 【填充】 将模式扩展到一个或多个相邻单元格，可以在任意方向填充单元格，并可把单元格填充到任意范围的相邻单元格中。

● 【清除】 删除单元格中所有内容，或者有选择地删除格式、内容或批注。

4.【开始】选项卡中的【样式】组

● 【条件格式】根据条件使用数据条、色阶和图标集，以突出显示相关单元格，强调异常值，以及实现数据的可视化效果。

● 【套用表格格式】通过选择预定义表样式，快速设置一组单元格的格式，并将其转换为表。

● 【单元格样式】通过选择预定义样式，快速设置单元格格式，也可定义自己的单元格样式。

【例 5 - 9】　设置单元格的条件格式：将大于等于 90 分的单元格设置为"浅红色填充深红色文本"。操作步骤如下。

（1）选定要设置的单元格区域。

（2）打开【开始】选项卡，在【样式】组中选择【条件格式】 | 【突出显示单元格规则】 | 【介于】，如图 5 - 37 所示。

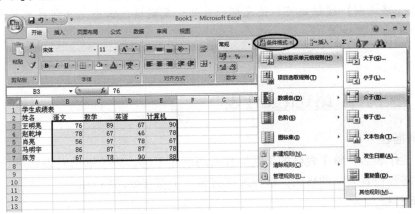

图 5 - 37　条件格式

（3）弹出如图 5 - 38 所示的【介于】对话框，设置单元格数值为 90 到 100，在【设置为】下拉列表中选择"浅红填充色深红文本"。

图 5 - 38　【介于】对话框

（4）单击【确定】按钮，效果如图 5 - 39 所示。

5. 格式刷

对于已经格式化的单元格，如果其他区域也要使用同样的格式，可以用格式刷来快速完

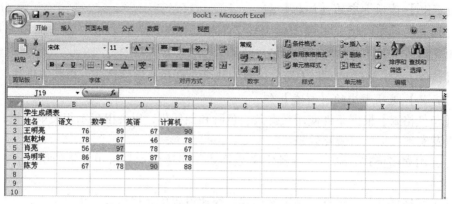

图 5 - 39　条件格式后的效果

成。具体操作步骤为：先选定已设置格式的单元格，再打开【开始】选项卡，在【剪贴板】
组中单击【格式刷】按钮 ，然后用鼠标单击目标单元格或拖动鼠标即可。

💡 小技巧

> 双击【格式刷】按钮 可以使光标一直处于复制格式状态，直到再次单击该按钮
> 才能退出复制格式状态。

◆ 5.5　实例二：格式化工作表

◆ 任务描述

创建了工作表后，整个表格的美观度和实用度还不够，应该继续对表格进行美化修饰，
在打印之前需要设置表格的格式，这样才能得到一份符合要求的表格。

◆ 任务分析

1. 插入、删除行。
2. 调整行高和列宽。
3. 合并及居中边框和底纹。
4. 字体格式设置。
5. 对齐方式。
6. 边框和底纹。

◆ 任务要求

1. 在"桌面"新建"练习"文件夹，在"练习"文件夹中导入本章 5.3 节中的"新建
工作簿"，并将其改名为"格式化工作表"。

2. 将"人事表"中的第 5 行删除，并在第 7 行后面插入两个空行，输入如图 5 - 40 所
示的内容。

3. 把第一行的标题合并居中。

| 武小宝 | 男 | 45 | 213803196812192831 | 3000 |
| 郑兰 | 女 | 40 | 210546197311112820 | 3590 |

图 5 - 40　新添加的两行记录

4. 把第二行的表头字段名设为"华文行楷"字体，加粗显示。

5. 在"基本工资"这一列的数据前面加上人民币符号"￥"，且保留两位小数。

6. 将 B，C 列的列宽调整为 6，把 D 列的列宽调整为 20，把所有行的行高调整为 18。

7. 把"人事表"的内容（不含标题）设为水平居中和垂直居中方式。

8. 给"人事表"的内容区域加红色的双窄线外框，蓝色的点画线内框。

9. 保存所作操作。

◆ **任务实现**

1. 步骤略

2. 右击第 5 行行号，选择【删除】命令，右击第 8 行行号，选择【插入】，如图 5 - 41 所示。连续两次，插入两个空行，输入如图 5 - 40 所示的数据。

3. 选中 A1：E1 单元格区域，打开【开始】选项卡，单击【对齐方式】｜合并后居外 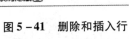 按钮。

4. 选中 A2：E2 单元格区域，打开【开始】选项卡，单击【字体】｜ 华文行楷 和 **B** 按钮。

5. 选中 E3：E13 单元格区域，右击该区域，选择【设置单元格格式】｜【数字】｜【货币】，货币符号选择"￥"，小数位数选择"2"，单击【确定】按钮。如图 5 - 42 所示。

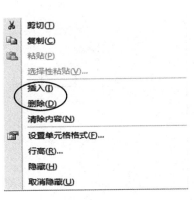

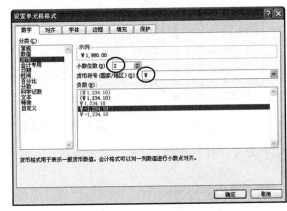

图 5 - 41　删除和插入行　　　　图 5 - 42　设置货币格式

6. 选中 B 和 C 列的列标，右击该区域，选择【列宽】，输入6，单击【确定】按钮；调整 D 列列宽和所有行行高进行同样操作。

7. 选中 A2：E13 单元格区域，右击该区域，选择【设置单元格格式】｜【对齐】，水平对齐和垂直对齐均选择"居中"，单击【确定】按钮，如图 5 - 43 所示。

8. 选中 E3：E13 单元格区域，右击该区域，选择【设置单元格格式】｜【边框】；选择红色双窄线，单击【外边框】按钮；选择蓝色点画线，单击【内部】按钮；单击【确定】按钮。效果如图 5 - 44 所示。

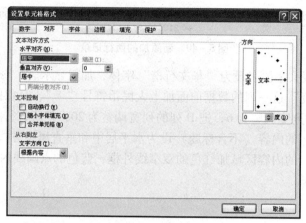

图 5 – 43　设置对齐方式

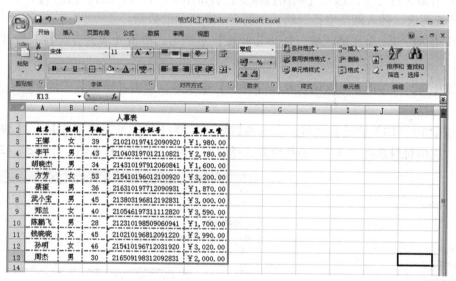

图 5 – 44　完成后的效果

9. 单击【保存】按钮。

5.6　数据计算

　　数据计算是 Excel 最具魅力的功能之一，它的计算功能既可以由用户自己编写的公式来完成，也可以由 Excel 提供的大量函数来完成，这样就避免了手工计算的繁杂和容易发生的错误。另外，数据修改后，相关的公式的计算结果也会自动更新，这更是手工计算无法相比的。

5.6.1　使用公式

　　公式可由运算符、常量、单元格引用和函数组成。

1. 输入公式

在 Excel 中，输入公式时首先应输入等号"="，再输入公式内容。

【例 5 – 10】　在成绩表中，计算每个同学各科的总分，操作方法有以下 3 种。

（1）单击 F3 单元格，在 F3 单元格中输入公式"= B3 + C3 + D3 + E3"，按 Enter 键，如图 5 – 45 所示。

（2）单击 F3 单元格，在编辑栏中输入公式"= B3 + C3 + D3 + E3"，按 Enter 键。

（3）单击 F3 单元格，输入"="，单击 B3 单元格，输入"+"，单击 C3 单元格，输入"+"，单击 D3 单元格，输入"+"，单击 E3 单元格，按 Enter 键。

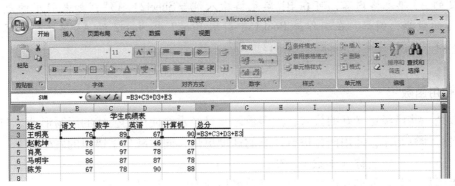

图 5 – 45　输入公式

💡 小技巧

> 1. 如果单元格内的公式类似，则无须逐个输入公式，可利用按住左键拖动填充柄的方法，将公式填充到其他单元格即可。
>
> 2. 快速复制公式：借助 Ctrl + C 和 Ctrl + V。
>
> 3. 如果只复制公式计算后的数值，可以复制后，打开【开始】选项卡，在【剪贴板】组中选择【粘贴】|【选择性粘贴】命令，打开【选择性粘贴】对话框。在【粘贴】选项区域选中【数值】单选按钮，单击【确定】按钮。

2. 单元格引用

在公式中参与运算的是存放数据的单元格地址，而不是数据本身。因此，如果改变单元格中的数据，则计算结果也会发生变化。在 Excel 中，引用公式的常用方式包括相对引用、绝对引用和混合引用。

（1）相对引用。创建相对引用时，直接使用单元格的名字，即列标与行号即可，如 C5。在公式中使用相对引用时，如果公式所在单元格的位置改变，引用也随之改变。例如，将单元格 E4 中的公式 = B4 + C4 + D4 复制到 E5 时会变为 = B5 + C5 + D5。

（2）绝对引用。创建绝对引用时，只需在引用的行与列前插入一个美元符号 $ 即可，如 C5。在公式中使用绝对引用时，如果公式所在单元格的位置改变，引用始终保持不变。例如，将单元格 E4 中的公式 = B4 + C4 + D4 复制到 G5 时仍是 = B4 + C4 + D4。

（3）混合引用。混合引用中同时包含相对引用和绝对引用，如 C \$5，\$C5。相对引用部分随公式位置的变化而变化，绝对引用部分不随公式位置的变化而变化。例如，将单元格 E4 中的公式 = \$B4 + \$C4 + \$D4 复制到 G5 时会变为 = \$B5 + \$C5 + \$D5。

> **！注　意**
>
> 在公式中可以引用本工作簿或其他工作簿中任何单元格的数据。如果引用的是同一工作簿中的数据，例如，在当前工作簿中，在工作表 Sheet1 的 B1 单元格中引用 Sheet2 的 A3 单元格内容，可在 B1 单元格输入 " = Sheet2！A3"；如果引用的是其他工作簿的数据，例如，在工作簿 Book1 中引用 Book2 中 Sheet2 的 A3 单元格内容，可在 Book1 中输入 " = ［Book2］Sheet2！A3"。

5.6.2　使用函数

函数是一些已经定义好的公式，大多数函数是经常要使用的公式的简写形式。与直接使用公式进行计算相比，使用函数进行计算的速度更快，同时减少了错误的发生。

函数格式：函数名称（参数1，参数2，…）。

如果函数以公式的形式出现，需在函数名称前面输入等号 " = "。

1. 输入函数

输入函数可以用以下两种方法：直接输入法和使用【函数库】粘贴函数法。

1）直接输入。与输入公式一样，在单元格或编辑栏中先输入 " = "，再输入函数名和参数。

【例 5 - 11】　求 42、34、62 的平均值。

方法一：在单元格中直接输入公式 " = （42 + 34 + 62）/3"，按 Enter 键。

方法二：在单元格中输入函数 " = average（42，34，62）"，按 Enter 键。

【例 5 - 12】　在成绩表中，计算每个同学各科的平均分，操作步骤如下。

（1）选定 G3 单元格。

（2）输入等号 " = "。

（3）输入函数名 "average" 和左括号。

（4）选定要引用的单元格区域 B3：E3，输入右括号，并按 Enter 键，即可在单元格中显示计算结果，如图 5 - 46 所示。

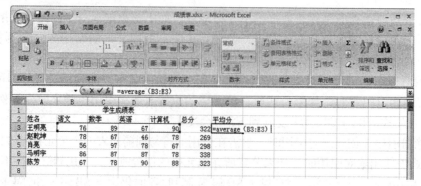

图 5 - 46　输入函数

（5）选中 G3 单元格，按住左键拖动填充柄至 G7 松开。效果如图 5 – 47 所示。

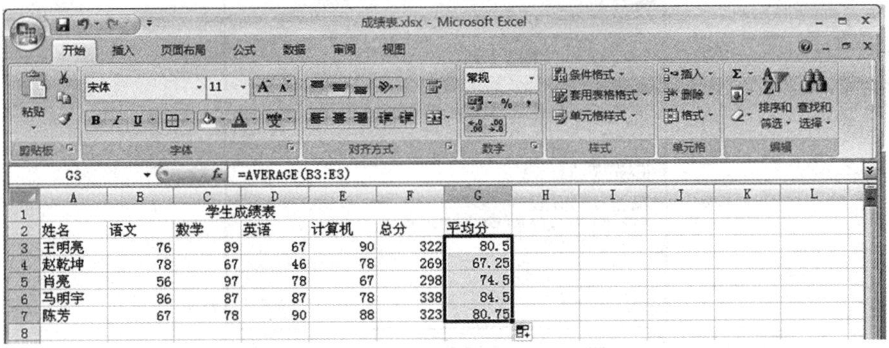

图 5 – 47　完成后的效果

2）【公式】选项卡中的【函数库】组（如图 5 – 48 所示）。Excel 提供的函数很多，要记住所有的函数名和参数很困难，因此，用户可以使用【函数库】组来正确地选择函数和参数。

图 5 – 48　【函数库】组

- 【插入函数】通过选择函数并编辑参数，可编辑当前单元格中的公式。
- 【自动求和】在所选单元格之后，显示所选单元格数据的求和值。
- 【最近使用的函数】浏览最近用过的函数列表，并从中进行选择。
- 【财务】提供财务函数列表供选择。
- 【逻辑】提供逻辑函数列表供选择。
- 【文本】提供文本函数列表供选择。
- 【日期和时间】提供日期和时间函数列表供选择。
- 【查找与引用】提供查找与引用函数列表供选择。
- 【数学和三角函数】提供数学和三角函数列表供选择。

【例 5 – 13】　在成绩表中，计算各科成绩的最高分，操作方法如下。

方法一：（1）选中要输入函数的单元格 B9，单击编辑组中的插入函数 f_x 按钮，打开如图 5 – 49 所示的对话框。

（2）选择 MAX 函数，单击【确定】按钮，打开如图 5 – 50 所示的对话框。

（3）单击【折叠对话框】按钮，再用鼠标直接在工作表中拖曳出要求最大值的区域表 B3：B7。如图 5 – 51 所示。

（4）选择参数范围后，再单击右边的【折叠对话框】按钮，恢复图 5 – 50 所示的对话框，单击【确定】按钮。

（5）选中 B9 单元格，按住左键拖动填充柄至 E9 松开。

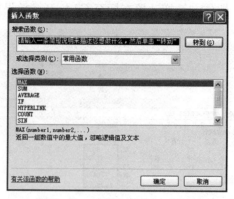

图 5 – 49 【插入函数】对话框

【折叠对话框】按钮

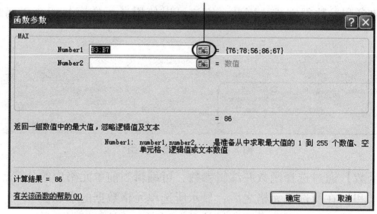

图 5 – 50 【函数参数】对话框

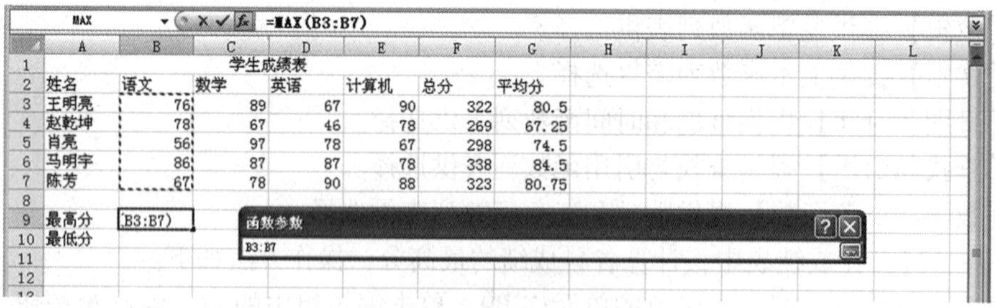

图 5 – 51 选择参数范围

方法二：选中要输入函数的单元格 B9，打开【公式】选项卡，在【函数库】组中选择【插入函数】，选择 MAX 函数。

方法三：选中要输入函数的单元格 B9，打开【公式】选项卡，在【函数库】组中选择【自动求和】，选择"最大值"。

2. 常用函数

Excel 2007 提供了十余类 300 多个函数，这里主要介绍一些常用函数（见表 5 – 1）。

表 5 - 1　常用函数

函数名	格式	功能
SUM	SUM（number1，number2，…）	计算单元格区域中所有数值的和
AVERAGE	AVERAGE（number1，number2，…）	返回其参数的算术平均值
MAX	MAX（number1，number2，…）	返回一组数值中的最大值
MIN	MIN（number1，number2，…）	返回一组数值中的最小值
COUNT	COUNT（value1，value2，…）	计算区域中包含数字的单元格的个数
COUNTIF	COUNTIF（range，criteria）	计算某个区域中满足给定条件的单元格数目
ROUND	ROUND（number，num - digits）	按指定的位数对数值进行四舍五入
IF	IF（逻辑表达式，表达式1，表达式2）	若逻辑表达式为真，返回表达式1，否则返回表达式2
RANK	RANK（number，ref，order）	返回指定数字在一列数字中的大小排名

◆ 5.7　实例三：公式和函数

◆ 任务描述

分析和处理 Excel 表格中的数据，离不开公式和函数；而使用 Excel 进行涉及计算的相关操作，可以便捷地实现计算和填充的功能。

◆ 任务分析

1. 数据有效性。

2. 窗口冻结。

3. 求和、求平均值、最大值、最小值等函数或公式。

4. 条件、排名、数量等函数或公式。

◆ 任务要求

1. 在"桌面"新建"练习"文件夹，在"练习"文件夹中新建一个 Excel 工作簿，将其改名为"公式和函数"，并将 Sheet1 工作表改名为"学生成绩表"。

2. 给单元格区域 D3：G17 设置"数据有效性"，条件是输入的数据必须在 0～100 之间，且"忽略空值"，并输入如图 5 - 52 所示的数据。

3. 把前两行和第一列冻结在窗口中。

4. 利用公式或函数计算每个学生的"总分"和"平均分"，且"平均分"这一列的数值格式设为保留 1 位小数。

5. 利用函数计算单科成绩的"最高分"和"最低分"。

6. 利用 IF 函数计算每个学生的成绩等级：总分在 320 分以上（含 320 分）为"优秀"，在 240 分以下（不含 240 分）为"不及格"，否则为"中"。

7. 利用 RANK 函数对表中的同学进行排名，总分最高的排在第一位，总分最低的排在最后一位。

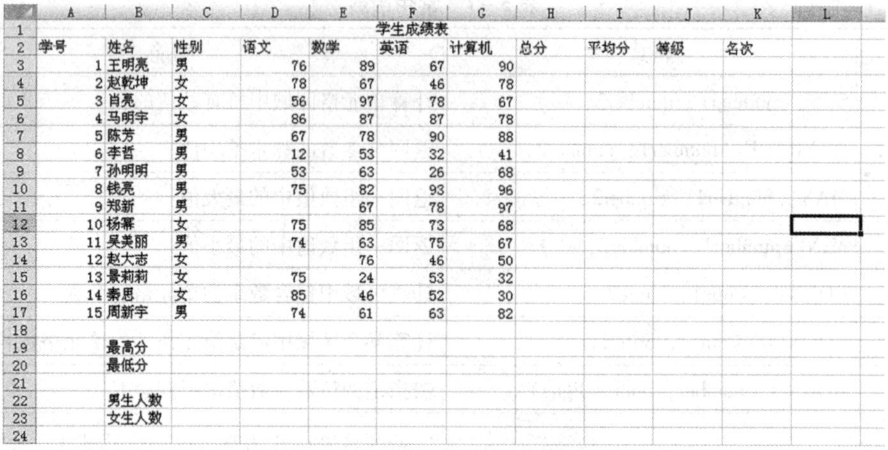

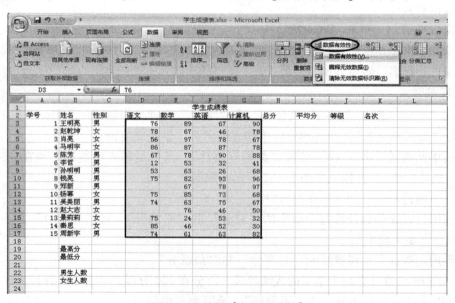

图 5-52　学生成绩表的内容

8. 利用 COUNTIF 函数分别计算出表中男同学的人数和女同学的人数，结果分别放在单元格 C22 和 C23 中。

◆ **任务实现**

1. 步骤略。

2. 输入有效数据可以提高输入数据的正确性，通过对单元格区域的数据设置数据类型和范围，对超出范围的数据给出错误提示。

操作步骤如下。

（1）选中 D3：G17 单元格区域，打开【数据】选项卡，在【数据工具】组中选择【数据有效性】|【数据有效性】，打开图 5-53 所示的【数据有效性】对话框。

图 5-53　选择【数据有效性】

（2）按照图 5-54 和图 5-55 所示进行设置。单击【确定】按钮。设置数据有效性完毕，若 D3：G17 区域内输入的数据无效，就会弹出如图 5 - 56 所示的输入错误提示。

图 5 - 54　【数据有效性】对话框　　图 5 - 55　设置"出错警告"　　图 5 - 56　输入错误提示

3. 冻结工作表：选定单元格，该单元格上边和该单元格左边的所有单元格都将被冻结，一直显示在屏幕上，可以通过使用滚动条来查看工作表中其他部分的内容。

操作步骤：选定 B3 单元格，打开【视图】选项卡，在【窗口】组中选择【冻结窗格】｜【冻结拆分窗格】，即可冻结前两行和第一列。

4. 步骤略。

5. 步骤略。

6. 提示：= IF（h3 ＞ = 320,"优秀"，IF（h3 ＜ 240,"不及格","中"））。

7. 提示：= RANK（h3，$h $3：$h $17），并对名次进行升序排序。

8. 提示：使用插入函数的方法。完成后的效果如图 5 - 57 所示。

	A	B	C	D	E	F	G	H	I	J	K	L
1					学生成绩表							
2	学号	姓名	性别	语文	数学	英语	计算机	总分	平均分	等级	名次	
3	8	钱亮	男	75	82	93	96	346	86.5	优秀	1	
4	4	马明宇	女	86	87	87	78	338	84.5	优秀	2	
5	5	陈芳	男	67	78	90	88	323	80.8	优秀	3	
6	1	王明亮	男	76	89	67	90	322	80.5	优秀	4	
7	10	杨幂	女	75	85	73	68	301	75.3	中	5	
8	3	肖亮	女	56	97	78	67	298	74.5	中	6	
9	15	周新宇	男	74	61	63	82	280	70.0	中	7	
10	11	吴美丽	男	74	63	75	67	279	69.8	中	8	
11	2	赵乾坤	女	78	67	46	78	269	67.3	中	9	
12	9	郑新	男		67	78	97	242	80.7	中	10	
13	14	素思	女	85	46	52	30	213	53.3	不及格	11	
14	7	孙明明	男	53	63	26	68	210	52.5	不及格	12	
15	13	景莉莉	女	75	24	53	32	184	46.0	不及格	13	
16	12	赵大志	女		76	46	50	172	57.3	不及格	14	
17	6	李哲	男	12	53	32	41	138	34.5	不及格	15	
18												
19		最高分		86	97	93	97					
20		最低分		12	24	26	30					
21												
22		男生人数	8									
23		女生人数	7									

图 5 - 57　完成后的效果

◆ 5.8　数据管理与分析

当完成工作表的制作时，更希望能有一个与表格数据相关联的图表显示，使数据更利于比较和理解。Excel 提供了强大的图表制作功能，可将工作表中枯燥的数据以图表的方式显示，使其具有很好的视觉效果，清晰明了，便于理解。Excel 还可对数据进行排序、筛选、分类汇总等操作，为用户提供直观、准确的信息。

5.8.1 用图表分析数据

创建图表主要在【插入】选项卡中进行。Excel 2007 与 Word 2007 的【插入】选项卡有许多相同和相似的地方，在本书第 4 章中已经做了介绍，本节主要介绍其不同点。

1. 【插入】选项卡中的【图表】组（如图 5-58 所示）

图 5-58 插入图表

- 【柱形图】用于比较相交于类别轴上的数值大小。
- 【折线图】用于显示随时间变化的趋势。
- 【饼图】用于显示每个值占总值的比例。
- 【条形图】用于比较多个值的最佳图表类型。
- 【面积图】突出一段时间内几组数据间的差异。
- 【散点图】用于比较成对的数值。
- 【其他图表】插入股价图、曲面图、圆环图、气泡图或雷达图。

图表由图表区、绘图区、横坐标、纵坐标、横坐标标题、纵坐标标题、图例、图表标题等元素组成，如图 5-59 所示。

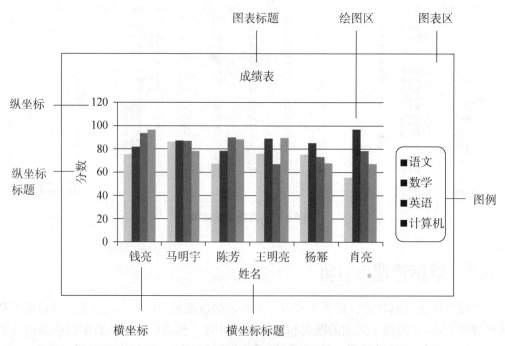

图 5-59 图表的组成元素

创建图表或选中图表时，Excel 2007 功能区中将显示【图表工具】选项卡，该选项卡又分为【设计】【布局】和【格式】选项卡，如图 5 – 60 所示。用户可以使用这些选项卡的命令修改图表，以使图表按照所需的方式表示数据。

图 5 – 60　【图表工具】选项卡

2. 【图表工具】选项卡中的【设计】选项卡（如图 5 – 61 所示）

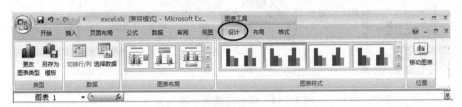

图 5 – 61　【设计】选项卡

（1）【类型】组。

【更改图表类型】更改为其他类型的图表。

【另存为模板】将此图表的格式和布局另存，可应用于将来图表的模板。

（2）【数据】组。

【切换行/列】交换坐标轴上的数据。

【选择数据】更改图表中包含的数据区域。

（3）【图表布局】组。

用于更改图表的整体布局，可以显示 11 种不同的整体布局方式。

3. 【图表工具】|【布局】选项卡中的【标签】组（如图 5 – 62 所示）

图 5 – 62　【布局】选项卡

- 【图表标题】添加、删除或设置图表标题。
- 【坐标轴标题】添加、删除或设置用于每个坐标轴标签的文本。
- 【图例】添加、删除或设置图表图例。
- 【数据标签】添加、删除或设置数据标签。
- 【数据表】在图表中添加数据表。

4.【图表工具】选项卡中的【格式】选项卡（如图5-63所示）

图5-63　【格式】选项卡

【格式】选项卡可以设置各个图表元素的格式。

【例5-14】　打开"学生成绩表"，如图5-64所示。创建成绩表柱形图的步骤如下。

	A	B	C	D	E	F	G	H	I
1				学生成绩表					
2	姓名	性别	语文	数学	英语	计算机	总分	平均分	
3	王明亮	男	76	89	67	90	322	80.5	
4	赵乾坤	男	78	67	46	78	269	67.3	
5	肖亮	女		97	78	67	242	80.7	
6	马明宇	男	86	87	87	78	338	84.5	
7	陈芳	女	67	78	90	88	323	80.8	
8									

图5-64　学生成绩表中的内容

（1）选中 A2：A7 单元格区域，同时按住 Ctrl 键，选中 C2：F7 单元格区域。

（2）打开【插入】选项卡，在【图表】组中选择【柱形图】|【簇状柱形图】命令。

（3）打开【图表工具】选项卡，在【布局】选项卡的【标签】组中选择【图表标题】|【图表上方】命令，输入"成绩表"；在【标签】组中选择【坐标轴标题】|【主要横坐标轴标题】|【坐标轴下方标题】命令，输入"姓名"；选择【坐标轴标题】|【主要纵坐标轴标题】|【旋转过的标题】命令，输入"分数"。

（4）单击【保存】按钮。

5.8.2　数据的排序与筛选

通过数据排序工具，可以根据需要将数据按照升序或降序排列；通过数据筛选工具，可以只显示满足一定查询条件的数据，隐藏那些暂时不用的数据，以便从大量的数据中快速找到所需的数据。有以下两种方法。

1.【开始】选项卡中的【编辑】组（如图5-65所示）

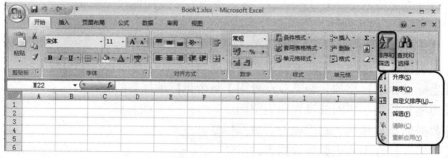

图5-65　【开始】选项卡中的【排序和筛选】

- 【升序】将所选内容排序，使最小值位于列的顶端。
- 【降序】将所选内容排序，使最大值位于列的顶端。
- 【自定义排序】可以按多列或多行排序，按大小写排序，使排序规则更加灵活。
- 【筛选】对所选内容自动筛选，显示符合条件的数据，隐藏不符合条件的数据。
- 【清除】清除当前数据范围的筛选和排序状态。
- 【重新应用】在当前范围内，重新应用筛选器并进行排列。

2. 【数据】选项卡中的【排序和筛选】组（如图 5 – 66 所示）

图 5 – 66　【数据】选项卡中的【排序和筛选】

：升序。

：降序。

：自定义排序。

：自动筛选。

：高级筛选。

【例 5 – 15】　对学生成绩表进行排序和筛选练习。

（1）按"总分"从高到低来进行排序。方法：单击"总分"列的任意一个单元格，打开【数据】选项卡，在【排序和筛选】组中单击　按钮。

（2）筛选出表中"语文"缺考的同学记录。自动筛选方法：单击数据清单中的任意单元格，打开【数据】选项卡，在【排序和筛选】组中　单击"语文"右侧的下拉按钮，选择"空白"，如图 5 – 67 所示。

	A	B	C	D	E	F	G	H	I
1				学生成绩表					
2	姓名	性别	语文	数学	英语	计算机	总分	平均分	
7	肖亮	女		97	78	67	242	80.7	
8									
9	最高分		86	97	90	90			
10	最低分		67	67	46	67			
11									
12									

图 5 – 67　筛选语文缺考的同学记录

（3）筛选出表中总分在前 3 名的同学记录。自动筛选方法：单击数据清单中的任意单元格，打开【数据】选项卡，在【排序和筛选】组　中单击"总分"右侧的下拉按钮，选择"数字筛选"，选择"10 个最大的值"，如图 5 – 68 所示。在出现的【自动筛选前 10 个】对话框中输入数值 3，如图 5 – 69 所示。

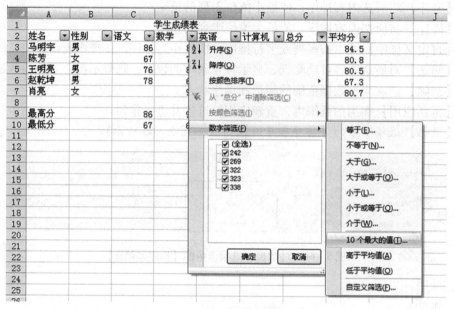

图 5 - 68　筛选 10 个最大的值

图 5 - 69　筛选前 3 名

（4）筛选出表中"计算机"成绩大于等于 90 分，或小于 60 分的同学的记录。自动筛选方法：单击数据清单中的任一单元格，打开【数据】选项卡，在【排序和筛选】组中单击"计算机"右侧的下拉按钮，选择"数字筛选" | "自定义筛选"命令，按照图 5 - 70 所示进行操作。

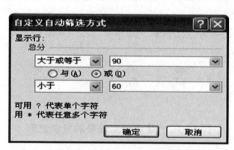

图 5 - 70　自定义自动筛选

（5）筛选出表中"计算机"成绩在 80 分以上，并且性别为"女"的同学的记录。高级筛选方法：①建立条件区域：在 A13：B14 单元格区域中，输入条件，如图 5 - 71 所示。

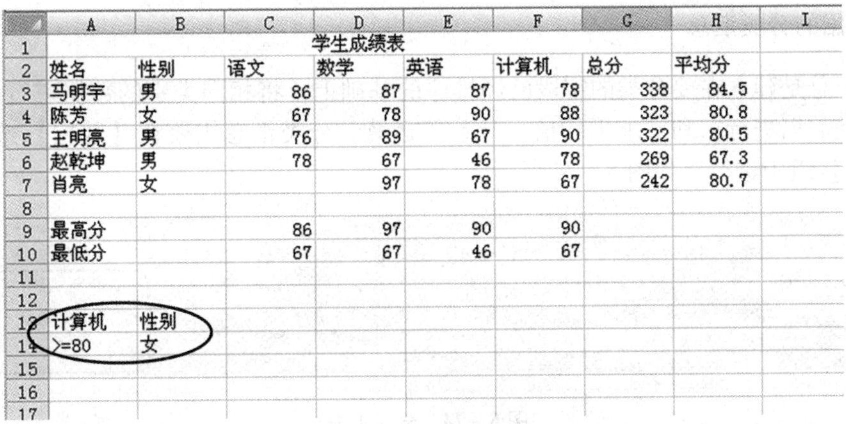

	A	B	C	D	E	F	G	H	I
1				学生成绩表					
2	姓名	性别	语文	数学	英语	计算机	总分	平均分	
3	马明宇	男	86	87	87	78	338	84.5	
4	陈芳	女	67	78	90	88	323	80.8	
5	王明亮	男	76	89	67	90	322	80.5	
6	赵乾坤	男	78	67	46	78	269	67.3	
7	肖亮	女		97	78	67	242	80.7	
8									
9	最高分		86	97	90	90			
10	最低分		67	67	46	67			
11									
12									
13	计算机	性别							
14	>=80	女							
15									
16									
17									

图 5 – 71　高级筛选条件

②选择要筛选的数据区域：A2：H7，选择【数据】｜【排序和筛选】｜ 高级 命令，按照图 5 – 72 所示进行操作。

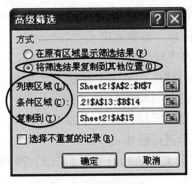

图 5 – 72　高级筛选

③单击【确定】按钮，筛选效果如图 5 – 73 所示。

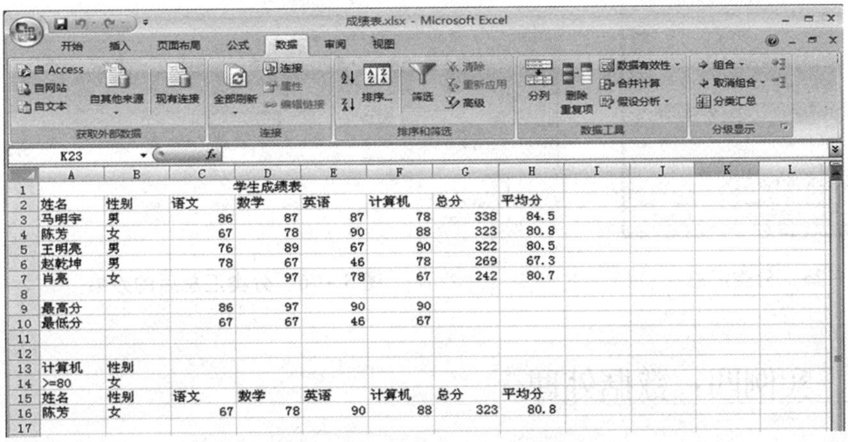

图 5 – 73　高级筛选后的效果

5.8.3 数据的分类汇总

分类汇总是建立在要分类的字段已经排序的基础上，将相同类别的数据进行统计汇总，对这些同类数据进行求和、求平均值、计数等运算。分类汇总主要在【数据】选项卡中的【分级显示】组中进行，如图 5−74 所示。

图 5−74　分类汇总

- 【组合】将某个范围的单元格关联起来，从而可将其折叠或展开。
- 【取消组合】将以前组合的一组单元格取消组合。
- 【分类汇总】通过为所选单元格自动插入小计和合计，汇总多个相关数据行。
- 【显示明细数据】 展开一组折叠的单元格。
- 【隐藏明细数据】 折叠一组单元格。

【例 5−16】　对学生成绩表进行分类汇总练习，分别求出男、女同学的平均分的总和。

操作步骤：（1）按性别进行排序：单击"性别"列中的任意单元格，单击【数据】选项卡，在【排序和筛选】组中选择【降序】或【升序】。

（2）单击数据清单中的任意单元格，打开【数据】选项卡，在【分级显示】组中选择【分类汇总】，按照图 5−75 所示进行操作。

（3）单击【确定】按钮，分类汇总后的效果如图 5−76 所示。

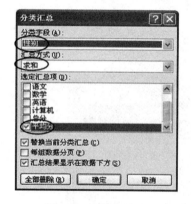

图 5−75　分类汇总

图 5−76　分类汇总后的效果

5.9　实例四：数据处理

◆ 任务描述

Excel 不仅可以制作一般的表格，还可以对数据进行分析及管理，如建立图表，对数据清单进行排序、筛选和分类汇总等，从而得到其他有用的信息。

◆ **任务分析**

1. 移动或复制工作表。

2. 制作并编辑图表。

3. 自动筛选、高级筛选。

4. 排序。

5. 分类汇总。

◆ **任务要求**

1. 在"桌面"新建"练习"文件夹，在"练习"文件夹中导入本章5.7节中的"公式和函数"工作簿，并将其改名为"数据处理"。

2. 将"学生成绩表"改为"图表"。将此工作表复制两份放在所有工作表的后面，并分别命名为"筛选""分类汇总"。

3. 在工作表"图表"中绘制如图 5 – 77 所示的柱形图。其中，图表标题用华文行楷、14 号、加粗的字体来输入；图表区底纹用浅蓝色来填充，边框用红色的点画线。

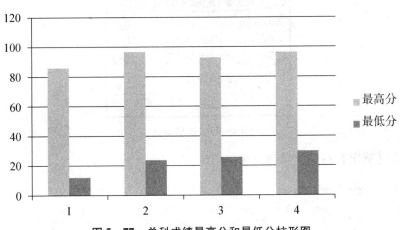

图 5 – 77 单科成绩最高分和最低分柱形图

4. 在工作表"筛选"中，以单元格 A26 为条件区域的左上角单元，单元格 A28 为输出区域的左上角单元，筛选出表中 4 门单科成绩均及格的同学记录。

5. 在工作表"分类汇总"中，分别求出男女同学的"计算机"这门课的平均值。

◆ **任务实现**

1. 步骤略。

2. 步骤略。

3. 操作步骤如下。

（1）选中 B19：B20 单元格区域，同时按住 Ctrl 键，选中 D19：G20 单元格区域。

（2）打开【插入】选项卡，在【图表】组中选择【柱形图】│【簇状柱形图】命令。

（3）打开【图表工具】选项卡，打开【布局】选项卡，在【标签】组中选择【图表标题】│【图表上方】命令，输入"单科成绩最高分和最低分"，并在【开始】选项卡的

【字体】组中设置华文行楷、14号、加粗。

（4）选中图表区，右击，在弹出的快捷菜单中，选择【设置图表区域格式】，打开【设置图表区域格式】对话框，选择"填充，纯色填充，浅蓝色"，选择"边框样式，短画线类型，画线－点"，选择"边框颜色，实线，红色"，单击【关闭】按钮。

4. 操作步骤如下。

（1）建立条件区域：在A26:D27单元格区域中，输入条件，如图5-78所示。

26	语文	数学	英语	计算机
27	>=60	>=60	>=60	>=60

图5-78 筛选条件

（2）选择要筛选的数据区域：A2:K17，在【数据】选项卡中打开【排序和筛选】组，选择【高级】，打开图5-79所示对话框，按图5-79所示进行操作。

图5-79 高级筛选

（3）单击【确定】按钮，筛选效果如图5-80所示。

26	语文	数学	英语	计算机						
27	>=60	>=60	>=60							
28	学号	姓名	性别	语文	数学	英语	计算机	总分	平均分	等级	名次
29	8	钱亮	男	75	82	93	96	346	86.5	优秀	1
30	4	马明宇	女	86	87	87	78	338	84.5	优秀	2
31	5	陈芳	男	67	78	90	88	323	80.8	优秀	3
32	1	王明亮	男	76	89	67	90	322	80.5	优秀	4
33	10	杨霏	女	75	85	73	68	301	75.3	中	5
34	15	周新宇	男	74	61	63	82	280	70.0	中	7
35	11	吴美丽	男	74	63	75	67	279	69.8	中	8

图5-80 筛选后的效果

5. 操作步骤如下。

（1）按性别进行排序：单击"性别"列中的任意单元格，打开【数据】选项卡，在【排序和筛选】组中选择【降序】或【升序】。

（2）单击数据清单中的任意单元格，打开【数据】选项卡，在【分级显示】组中选择【分类汇总】，按照图5-81所示进行操作。

（3）单击【确定】按钮，分类汇总后的效果如图5-82所示。

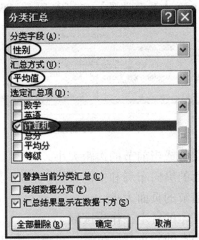

图 5 – 81　分类汇总

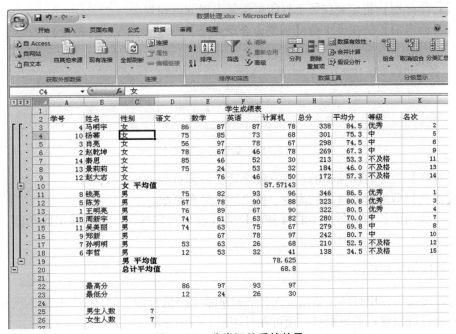

图 5 – 82　分类汇总后的效果

5.10　页面设置与打印

与前面学过的 Word 一样，把工作表中的内容从打印机输出之前也需要进行页面设置和打印预览。

5.10.1　页面设置

与 Word 2007 一样，Excel 2007 的页面设置主要通过【页面布局】选项卡来实现。

1. 【页面布局】选项卡中的【页面设置】组（如图5-83所示）

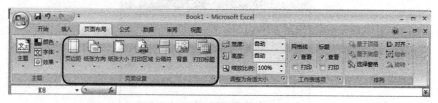

图5-83　页面设置

- 【页边距】选择整个文档或当前节的边距大小。
- 【纸张方向】切换页面的纵向布局和横向布局。
- 【纸张大小】选择当前节的页面大小。
- 【打印区域】标记要打印的特定工作表区域。
- 【分隔符】指定打印副本的新页开始位置，将在所选内容的左上方插入分页符。
- 【背景】选择一幅作为工作表背景显示的图像。
- 【打印标题】指定要在每个打印页重复出现的行和列。

2. 【页面布局】选项卡中的【调整为合适大小】组（如图5-84所示）

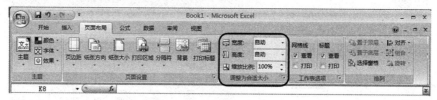

图5-84　调整为合适大小

- 【宽度】收缩打印输出的宽度，使之适合最多页数。
- 【高度】收缩打印输出的高度，使之适合最多页数。
- 【缩放比例】按实际大小的百分比拉伸或收缩打印输出。若要使用此功能，必须将最大宽度和最大高度设置为"自动"。

5.10.2　打印预览和打印

在打印之前可以用打印预览功能在计算机屏幕上浏览打印效果，如果效果不满意，可以重新对页面进行设置；如果满意，便可在打印机上打印输出。

1. 打印预览

页面设置完毕后，可以在打印预览视图下查看打印预览效果。

方法：选择【Office 按钮】|【打印】|【打印预览】命令，即可进入打印预览视图，同时在功能区打开【打印预览】选项卡。

！ 注　意

在【打印预览】选项卡中，单击【关闭打印预览】按钮，将退出打印预览视图，返回到原来的视图中。

2. 打印

对预览效果满意后，可以在【打印预览】选项卡的【打印】组中单击【打印】按钮或使用如下操作方法。

（1）选择【Office 按钮】｜【打印】｜【打印】命令，弹出【打印内容】对话框，如图5 -85 所示。

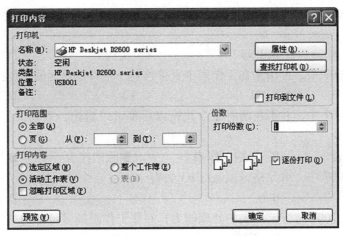

图 5 -85　【打印内容】对话框

（2）从打印机的【名称】下拉列表框中选择要使用的打印机。

（3）在【打印范围】中设置要打印的文档范围。如果选中【全部】单选项，则打印文档中的所有页；如果选中【页】单选项，并在后面输入起始页码和结束页码，可设置文档的打印页码范围。

（4）在打印内容中可选中多个选项，其含义如下。

- 选定区域：只打印活动工作表中选定区域的内容。
- 整个工作簿：打印当前工作簿中所有工作表的内容。
- 活动工作表：只打印活动工作表的内容。

（5）在【打印份数】数值框中输入打印的份数。

（6）若要设置打印机的相关属性，可单击【属性】按钮，打开打印机的【属性】对话框进行设置。不同的打印机，其属性对话框中的内容也不相同。

（7）在图 5 -85 所示对话框中，单击左下角的【预览】按钮，可进入【打印预览】模式，在【打印预览模式】中，又可对各种打印参数进行设置。

（8）所有打印参数设置完毕后，单击【确定】按钮，即可开始打印文档内容。

【例 5 -17】　打开一个非空 Excel 工作簿，进行如下操作。

（1）设置纸张大小为 B5。在【页面布局】中【纸张大小】选择 B5。

（2）设置纸张方向为横向。在【页面布局】中【纸张方向】选择"横向"。

（3）设置页边距："上""下"均为 4，"左""右"均为 2。选择【页面布局】【页边距】｜【自定义边距】，打开【页面设置】对话框，在【页边距】选项卡中，上下设置为4，左右设置为 2。

(4) 打印预览。选择【Office 按钮】| 【打印】| 【打印预览】命令。

◆ 5.11 理论习题

一、单选题

1. 在 Excel 2007 中，对于新建的工作簿文件，若还没有进行存盘，会采用（   ）作为临时名字。

A. Sheet1   B. Book1   C. 文档 1   D. File1

2. 在 Excel 2007 中，可用来在工作表中直接移到一个特定单元的功能键是（   ）。

A. F1   B. F2   C. F3   D. F5

3. 在 Excel 2007 中，并不是所有命令执行以后都可以撤销，下列（   ）操作一旦执行后可以撤销。

A. 插入工作表   B. 复制工作表   C. 删除工作表   D. 清除单元格

4. 在 Excel 2007 中，单元格区域 A1：B3 共有（   ）个单元格。

A. 4   B. 6   C. 8   D. 10

5. 关于 Excel 2007 每张工作表的处理能力，每张工作表最多可容纳（   ）数据行。

A. 8 192   B. 无限   C. 32 768   D. 1 048 576

6. 在 Excel 2007 中，关于不同数据类型在单元格中的默认位置，下列叙述中不正确的是（   ）。

A. 数值右对齐   B. 文本左对齐
C. 文本型数字右对齐   D. 货币右对齐

7. 在 Excel 2007 中，在单元格中输入日期 2002 年 11 月 25 日，正确的输入形式是（   ）。

A. 2002 – 11 – 25 B. 2002. 11. 25 C. 2002 \ 11 \ 25 D. 2002 11 25

8. 在 Excel 2007 中，利用单元格数据格式化功能，可以对数据的许多方面进行设置，但不能对（   ）进行设置。

A. 数据的显示格式 B. 数据的排序方式 C. 数据的字体 D. 单元格的边框

9. 在 Excel 2007 中，对于上下相邻两个含有数值的单元格用拖曳法向下做自动填充，默认的填充规则是（   ）。

A. 等比序列   B. 等差序列   C. 自定义序列   D. 日期序列

10. 在 Excel 2007 中，当一个单元格的宽度太窄而不足以显示该单元格内的数据时，在该单元格中将显示一行（   ）符号。

A. !   B. ?   C. *   D. #

11. 在 Excel 2007 电子表格 A1 到 C5 为对角构成的区域，其表示方法是（   ）。

A. A1：C5   B. C5：A1   C. A1 + C5   D. A1、C5

12. 在 Excel 2007 中，当公式中出现被"0"（零）除的情况时，会产生（   ）错误信息。

A. "######"   B. "#VALUE!"   C. "#DIV/0!"   D. "#NAME?"

13. Excel 2007 中对单元格的引用有（　　）、绝对地址和混合地址。

A. 存储地址　　　　　B. 活动地址　　　　　C. 相对地址　　　　　D. 循环地址

14. 已知单元格 A1、B1、C1、A2、B2、C2 中分别存放数值 1、2、3、4、5、6，单元格 D1 中存放着公式 = A1 + B1 + C1，此时将单元格复制到 D2，则 D2 的结果是（　　）。

A. 0　　　　　B. 15　　　　　C. 3　　　　　D. #REF

15. 在 Excel 2007 工作表中，用于表示单元格绝对引用的符号是（　　）。

A. #　　　　　B. %　　　　　C. —　　　　　D. $

16. 在 Excel 2007 中，以下（　　）是绝对地址，在复制或填充公式时，系统不会改变公式中的绝对地址。

A. A1　　　　　B. $A1　　　　　C. A$1　　　　　D. $A $1

17. 在 Excel 中，各运算符号的优先级由大到小的顺序为（　　）。

A. 算术运算符、关系运算符、逻辑运算符

B. 算术运算符、逻辑运算符、关系运算符

C. 逻辑运算符、算术运算符、关系运算符

D. 关系运算符、算术运算符、逻辑运算符

18. 在 Excel 2007 中，公式 " = MIN（4，3，2，1）" 的值是（　　）。

A. 1　　　　　B. 2　　　　　C. 3　　　　　D. 4

19. 函数 AVERAGE（A1：B5）相当于（　　）。

A. 求（A1：B5）区域的最小值　　　　　B. 求（A1：B5）区域的平均值

C. 求（A1：B5）区域的最大值　　　　　D. 求（A1：B5）区域的总和

20. 在 Excel 2007 中，公式 " = IF（1＜2，3，4）" 的值是（　　）。

A. 4　　　　　B. 3　　　　　C. 2　　　　　D. 1

21. 在 Excel 2007 中，求最小值的函数是（　　）。

A. IF　　　　　B. COUNT　　　　　C. MIN　　　　　D. MAX

22. 在 Excel 2007 中，某一工作簿中有 Sheet1、Sheet2、Sheet3、Sheet4 共 4 张工作表，现在需要在 Sheet1 表中某一单元格中输入从 Sheet2 表的 B2 至 D2 各单元格中的数值之和，正确的公式写法是（　　）。

A. = SUM（Sheet2！B2 + C2 + D2）　　　　　B. = SUM（Sheet2. B2：D2）

C. = SUM（Sheet2/B2：D2）　　　　　D. = SUM（Sheet2！B2：D2）

23. 在 Excel 2007 中，与公式 " = SUM（A1：A3，B1）" 等价的公式是（　　）。

A. " = A1 + A3 + B1"　　　　　B. " = A1 + A2 + A3"

C. " = A1 + A2 + A3 − B1"　　　　　D. " = A1 + A2 + A3 + B1"

24. 公式 SUM（A2：A5）的作用是（　　）。

A. 求 A2 到 A5 四单元格数据之和　　　　　B. 求 A2、A5 两单元格数据之和

C. 求 A2 与 A5 单元格之比值　　　　　D. 不正确使用

25. 在 Excel 2007 中，公式 " = RIGHT（"ABCD"，2）" 的值是（　　）。

A. AB　　　　　B. BC　　　　　C. CD　　　　　D. DA

26. 在 Excel 2007 中，（　　）函数返回当前日期的系列数。

A. DAY　　　　　B. DATEVALUE　　　　　C. TODAY　　　　　D. NOW

27. 在 Excel 2007 中，计算选定列 C3：C7 最大值，不正确的操作是（　　）。

A. 右击列号，在快捷菜单中选择最大值

B. 单击状态栏，在快捷菜单中选择最大值

C. 单击粘贴函数按钮，在常用函数中选择 MAX

D. 在编辑栏中输入 = MAX（C3：C7）

28. 在 Excel 2007 中根据数据表制作图表时，可以对（　　）进行设置。

A. 标题　　　　　　　B. 坐标轴　　　　　　　C. 网格线　　　　　　　D. 都可以

29. 在 Excel 2007 中，关于数据表排序，下列叙述中（　　）是不正确的。

A. 对于汉字数据可以按拼音升序排序　　　　B. 对于汉字数据可以按笔画降序排序

C. 对于日期数据可以按日期降序排序　　　　D. 对于整个数据表不可以按列排序

30. 以下操作中不属于 Excel 2007 的操作的是（　　）。

A. 自动排版　　　　　B. 自动填充数据　　　　C. 自动求和　　　　　　D. 自动筛选

二、填空题

1. 启动 Excel 2007 后，Book1 默认的工作表数为_____个。

2. 保存 Excel 2007 工作簿的组合键是_____。

3. 在 Excel 2007 中，用组合键退出 Excel 的按键是_____。

4. 在 Excel 2007 中，新建 Excel 工作簿的组合键是_____键。

5. 在 Excel 2007 中，打开 Excel 工作簿的组合键是_____键。

6. 在 Excel 2007 操作过程中，若想得到当前操作的帮助信息，可以按_____键。

7. 在 Excel 2007 中，A1 和 A2 单元格中的数字分别是"1"和"5"，选定这两个单元格之后，用填充柄填充到"A3：A5"单元格区域，A4 单元格中的值是_____。

8. 在 Excel 2007 中，按_____键可以输入当前日期。

9. Excel 2007 中，在默认方式下，数值数据靠_____对齐，日期和时间数据靠_____对齐，文本数据靠_____对齐。

10. 向 Excel 2007 单元格中，输入由数字组成的文本数据，应在数字前加_____。

11. 在 Excel 2007 中函数的各参数间用_____来分隔。

12. 在 Excel 2007 中，如果在单元格内输入"（100）"，则会显示_____。

13. 在 Excel 2007 中粘贴单元格数据的组合键是_____。

14. 在 Excel 2007 中对一个单元格进行清除操作，清除的可以是格式、内容或_____。

15. 在 Excel 2007 中要输入公式时，需先输入_____。

16. 在 Excel 2007 中，常用的单元格地址是相对地址、_____和混合地址三种。

17. 在 Excel 2007 中，求最大值的函数是_____，执行真假判断值的函数是_____。

18. 在单元格中输入公式 = IF（1 + 1 = 2，"天才"，"奇才"）后，显示结果是_____。

19. 在 A1 至 A5 单元格中求出最大值，应使用函数_____。

20. 在 Excel 2007 中，函数" = AVERAGE（1，2，3）"的值是_____。

三、思考题

1. 在 Excel 2007 中，工作表怎样新建、删除、复制、移动、重命名？

2. 在向单元格输入文字或数据时，出现一些单元格中显示一串"#"符号，而在编辑栏中却能看见对应单元格数据的情况，应如何解决？

3. 单元格地址引用的绝对地址和相对地址有何不同？

4. 写出 Excel 2007 软件中常用函数及名称（至少 4 个以上）。

5. 在 Excel 2007 工作中，操作 B1 至 B5 单元格求和有几种方法？

6. 如果 A1：A5 单元格的值依次为 89，76，'632100，TRUE，20013 - 9 - 10，而 A6 单元格为空白单元格，请写出 COUNT（A1：A6）的含义及运算结果。

7. 设定 A1 = 10.5467，B1 = 12，在 C1 单元格内输入公式 = IF（A1 < B1，ROUND（A1 + 1，0），AVERAGE（B1，4）），请写出运算结果并分析运算过程。

8. 在 Excel 图表中，图形的种类主要有哪几种？（请列举 5 种）

9. 在 Excel 2007 中创建图表后，如何实现行列互换？

10. 在 Excel 2007 中，如何进行分类汇总？

◆ 5.12　上机实训

一、制作学生成绩表

1. 在"桌面"新建"练习"文件夹，在"练习"文件夹中创建 Excel 工作簿，命名为"Excel 综合练习一"。

2. 在工作表 Sheet1 中按要求输入如图 5 - 86 所示的内容，并以原文件名进行保存。

	A	B	C	D	E	F	G	H	I
1	学号	姓名	性别	语文	数学	英语	计算机	平均分	总分
2	1	李芳	女	56	85	82	75		
3	2	乔晓芬	女	89	88	94	76		
4	3	张丽	女	78	45	97	62		
5	4	刘婷	女	78	65	68	93		
6	5	黄大朋	男	75	82	96	77		
7	6	张亮	男	75	52	63	78		
8	7	辛悦	女	12	53	45	77		
9	8	杨阳	男	53	66	68	71		
10	9	隋朋	男		79	55	70		
11	10	丁继红	女	75	65	60	65		
12	11	唐玲	女	74	70	74	70		
13	12	王敏	女		72	78	75		
14	13	李婷婷	女	75	79	74	70		
15	14	张晓明	男	85	84	83	75		
16	15	薛晓珑	女	74	79	71	77		
17									
18			最高分						
19			最低分						

图 5 - 86　Sheet1 工作表中的内容

（1）在第 I 列的右边插入两个空列，在 J1 和 K1 单元格中分别输入"等级"和"名次"。

（2）给第一行的字段名加橙色的底纹。

（3）在第一行的上方插入一空行，合并及居中单元格"A1：K1"，并用 24 号、隶书输入内容"学生成绩表"。

（4）给区域 D3：G17 设置"数据有效性"，条件是输入的数据必须在 0 ~ 100 之间，且"忽略空值"。

（5）把表中不及格的单科成绩用红色显示，90 分以上的单科成绩用蓝色显示。

（6）将 A ~ K 列的列宽调整为"最适合的列宽"。

（7）给表格加上单实线边框。

（8）把工作表 Sheet1 改名为"成绩表"，如图 5 – 87 所示。

图 5 – 87　成绩表

（9）将此工作表复制一份放在所有工作表的后面，并命名为"公式和函数"。

3. 在工作表"公式和函数"中进行如下操作，并以原文件名进行保存。

（1）把第一行冻结在窗口中。

（2）利用公式和函数计算每个学生的"平均分"和"总分"，且"平均分"这一列的数值格式设为保留两位小数。

（3）利用函数计算单科成绩的"最高分"和"最低分"，并保留一位小数。

（4）利用 IF 函数计算每个学生的成绩等级：总分在 320 分以上（含 320 分）为"优秀"，在 240 分以下为"不及格"，否则为"中"。

（5）利用 RANK 函数对表中的同学进行排名，总分最高的排在第一位，总分最低的排在最后一位。

（6）利用 COUNTIF 函数分别计算出表中男同学的人数和女同学的人数，结果分别放在单元格 C21 和 C22 中。效果如图 5－88 所示。

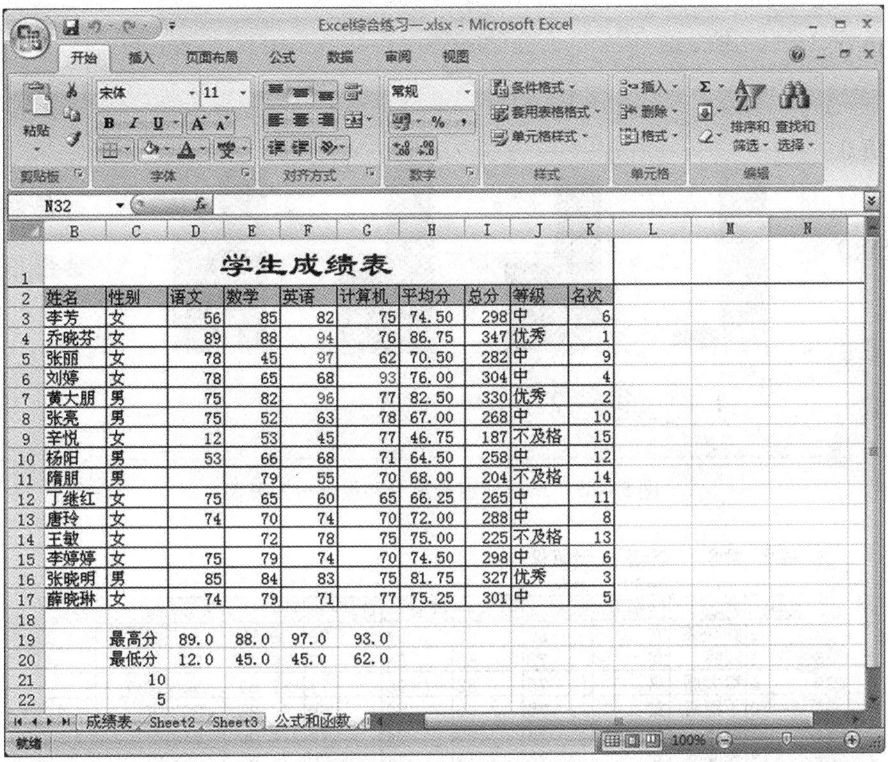

图 5－88　"公式和函数"表

（7）将此工作表复制 3 份放在所有工作表的后面，并分别命名为"图表和排序""筛选"和"分类汇总"。

4. 在工作表"图表和排序"中进行如下操作，并以原文件名进行保存。

（1）在表中用单科成绩最高分和最低分绘制如图 5－89 所示的柱形图。其中，图表的标题用 14 号、华文行楷的字体来输入，并且加粗显示；图表区的底纹用黄色来填充，边框用红色的点画线。

（2）按"总分"从高到低来进行排序，若总分相等，再按"学号"由低到高来进行排序。

5. 在工作表"筛选"中进行如下操作，并以原文件名进行保存。

（1）筛选出表中"总分"在前 5 名的同学记录。

（2）筛选出表中"等级"为"优秀"的同学记录。

（3）筛选出表中"语文"缺考的同学记录。

（4）筛选出表中"计算机"成绩大于 90 分，或小于 60 分的同学记录。

（5）筛选出表中"计算机"成绩在 80 分以上，且性别为"男"的同学记录。

（6）以单元格 A24 为条件区域的左上角单元，单元格 A26 为输出区域的左上角单元，筛选出表中 4 门单科成绩均及格的同学记录。效果如图 5 - 90 所示。

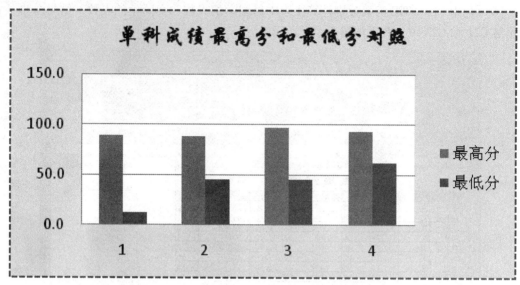

图 5 - 89 单科成绩最高分和最低分对照图

24	语文	数学	英语	计算机						
25	>=60	>=60	>=60	>=60						
26	学号	姓名	性别	语文	数学	英语	计算机	平均分	总分	等级	名次
27	2	乔晓芬	女	89	88	94	76	86.75	347	优秀	1
28	4	刘婷	女	78	65	68	93	76.00	304	中	4
29	5	黄大朋	男	75	82	96	77	82.50	330	优秀	2
30	10	丁继红	女	75	65	60	65	66.25	265	中	11
31	11	唐玲	女	74	70	74	70	72.00	288	中	8
32	13	李婷婷	女	75	79	74	70	74.50	298	中	6
33	14	张晓明	男	85	84	83	75	81.75	327	优秀	3
34	15	薛晓琳	女	74	79	71	77	75.25	301	中	5

图 5 - 90 筛选

6. 在工作表"分类汇总"中进行如下操作,并以原文件名进行保存。

(1)撤销窗口的冻结。

(2)对数据清单进行分类汇总,分别求出男、女同学的平均分的总和。

(3)对数据清单进行分类汇总,分别求出男、女同学的"计算机"这门课的平均值,并替换掉已有的分类汇总结果。

(4)删除刚才所做的汇总结果。

(5)对数据清单进行分类汇总,分别求出各个等级的总分的平均值。效果如图 5 - 91 所示。

二、制作图书销售统计表

1. 在"桌面"新建"练习"文件夹,在"练习"文件夹中创建 Excel 工作簿,命名为"Excel 综合练习二"。

2. 在工作表 Sheet1 中按要求输入如图 5 - 92 所示的内容,并以原文件名进行保存。

图 5 – 91 分类汇总

图 5 – 92 Sheet1 工作表中的内容

3. 把 Sheet1 工作表重命名为"格式设置"。

4. 在"格式设置"工作表表格首行前插入一行。输入标题"2012 年图书销售统计表"。将表格中标题区域 A1：J1 合并居中；设置标题行行高为 30；将表格的标题字体设置为黑体，字号为 16 磅，并添加黄色底纹。

5. 在第 G 列的右边插入两个空列，在 H2 和 I2 单元格中分别输入"平均销量"和"年销售额"。

6. 将表格的数据区域（不包括标题）设置为水平居中格式。

7. 为表格数据区域添加边框线（外边框是粗实线，内边框是单实线）。

8. 复制"格式设置"工作表至 Sheet2 中，重命名为"计算"。

9. 在工作表"计算"中第 3 列的右边加入"单价"一项，并按要求输入如图 5 – 93 所示的"单价"内容。利用公式计算出"平均销量"和"年销售额"。

10. 在工作表"计算"中，将"平均销量"这一列的数值格式设为保留两位小数；将"单价"和"年销售额"这两列的数值格式设为货币样式，并保留两位小数，如图 5 – 93 所示。

	A	B	C	D	E	F	G	H	I	J
1					2012年图书销售统计表					
2	编号	书目	类别	单价	第1季度	第2季度	第3季度	第4季度	平均销量	年销售额
3	1	家庭理财	经济	￥49.00	58	65	51	45	54.75	￥10,731.00
4	2	花卉栽培	生活常识	￥20.00	11	9	10	23	13.25	￥1,060.00
5	3	3DMAX应用	科技	￥35.00	35	32	15	24	26.50	￥3,710.00
6	4	计算机基础	科技	￥30.00	55	59	70	45	57.25	￥6,870.00
7	5	三国演义	名著	￥50.00	15	20	21	31	21.75	￥4,350.00
8	6	财务管理	经济	￥45.00	9	24	29	23	21.25	￥3,825.00
9	7	养生知识	生活常识	￥35.00	65	57	64	34	55.00	￥7,700.00
10	8	西游记	名著	￥55.00	19	20	20	55	28.50	￥6,270.00
11	9	机械制图	科技	￥25.00	23	30	31	41	31.25	￥3,125.00
12	10	红楼梦	名著	￥45.00	24	21	8	23	19.00	￥3,420.00
13	11	经济学概论	经济	￥35.00	55	25	45	24	37.25	￥5,215.00
14	12	家庭小妙方	生活常识	￥25.00	50	55	30	33	42.00	￥4,200.00

图 5 – 93   "计算"工作表中的内容

11. 复制"计算"工作表至 Sheet3 中，重命名为"条件格式"，在该工作表中把各季度销售量小于 10 的以绿色底纹突出显示，大于 60 的以橙色底纹和红色字体突出显示，如图 5 – 94 所示。

	A	B	C	D	E	F	G	H	I	J
1					2012年图书销售统计表					
2	编号	书目	类别	单价	第1季度	第2季度	第3季度	第4季度	平均销量	年销售额
3	1	家庭理财	经济	￥49.00	58	65	51	45	54.75	￥10,731.00
4	2	花卉栽培	生活常识	￥20.00	11	9	10	23	13.25	￥1,060.00
5	3	3DMAX应用	科技	￥35.00	35	32	15	24	26.50	￥3,710.00
6	4	计算机基础	科技	￥30.00	55	59	70	45	57.25	￥6,870.00
7	5	三国演义	名著	￥50.00	15	20	21	31	21.75	￥4,350.00
8	6	财务管理	经济	￥45.00	9	24	29	23	21.25	￥3,825.00
9	7	养生知识	生活常识	￥35.00	65	57	64	34	55.00	￥7,700.00
10	8	西游记	名著	￥55.00	19	20	20	55	28.50	￥6,270.00
11	9	机械制图	科技	￥25.00	23	30	31	41	31.25	￥3,125.00
12	10	红楼梦	名著	￥45.00	24	21	8	23	19.00	￥3,420.00
13	11	经济学概论	经济	￥35.00	55	25	45	24	37.25	￥5,215.00
14	12	家庭小妙方	生活常识	￥25.00	50	55	30	33	42.00	￥4,200.00

图 5 – 94   "条件格式"工作表中的内容

12. 复制"计算"工作表，重命名为"图表"，将图书销售统计表以图表形式体现，图表的类型为柱形图，图表的分类轴为书目；图表要包含标题、图例等项目。完成后的图表如图 5 – 95 所示。

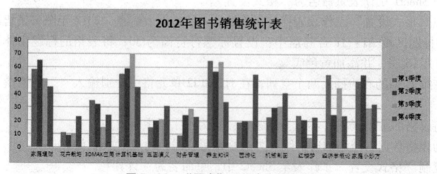

图 5 – 95   "图表"工作表中的内容

13. 复制"计算"工作表，重命名为"分类汇总"，使用该工作表表格中的内容，以"类别"为分类汇总字段，以"年销售额"为汇总项，进行求和的分类汇总，如图 5 – 96 所示。

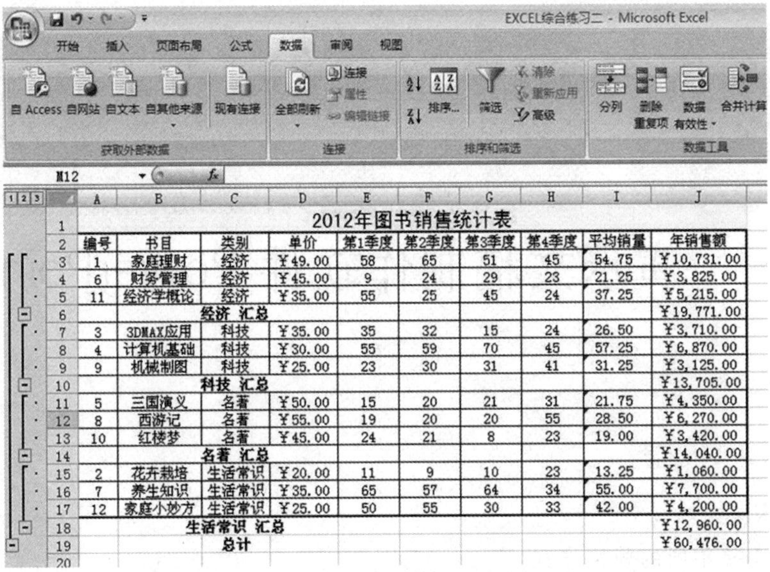

2012年图书销售统计表									
编号	书目	类别	单价	第1季度	第2季度	第3季度	第4季度	平均销量	年销售额
1	家庭理财	经济	¥49.00	58	65	51	45	54.75	¥10,731.00
6	财务管理	经济	¥45.00	9	24	29	23	21.25	¥3,825.00
11	经济学概论	经济	¥35.00	55	25	45	24	37.25	¥5,215.00
		经济 汇总							¥19,771.00
3	3DMAX应用	科技	¥35.00	35	32	15	24	26.50	¥3,710.00
4	计算机基础	科技	¥30.00	55	59	70	45	57.25	¥6,870.00
9	机械制图	科技	¥25.00	23	30	31	41	31.25	¥3,125.00
		科技 汇总							¥13,705.00
5	三国演义	名著	¥50.00	15	20	21	31	21.75	¥4,350.00
8	西游记	名著	¥55.00	19	20	20	55	28.50	¥6,270.00
10	红楼梦	名著	¥45.00	24	21	8	23	19.00	¥3,420.00
		名著 汇总							¥14,040.00
2	花卉栽培	生活常识	¥20.00	11	9	10	23	13.25	¥1,060.00
7	养生知识	生活常识	¥35.00	65	57	64	34	55.00	¥7,700.00
12	家庭小妙方	生活常识	¥25.00	50	55	30	33	42.00	¥4,200.00
		生活常识 汇总							¥12,960.00
		总计							¥60,476.00

图 5－96　“分类汇总”工作表中的内容

第 6 章

演示文稿制作软件 PowerPoint 2007

知 识 点 导 读

◆ 基础知识
  演示文稿不同的视图方式
  演示文稿的基本操作
  在演示文稿中插入各种对象
◆ 重点知识
  美化幻灯片
  设置幻灯片中对象的动画效果
  设置幻灯片的切换及放映效果

◆ 6.1 初识 PowerPoint

PowerPoint 2007 是 Microsoft 公司出版的 Office 2007 组件之一，专门用于制作演示文稿（俗称幻灯片）。

6.1.1 PowerPoint 2007 简介

PowerPoint 2007 集文字、图形、图像、声音及视频剪辑等多媒体对象于一身，用多媒体方式表达观点，传达信息。它的用途广泛，例如，可用于制作贺卡、奖状、相册、商务宣传、工作汇报、学术演讲、多媒体课件等。

PowerPoint 2007 除了拥有全新的界面之外，还添加了许多新特性，使软件应用更加方便快捷。如新的主题、版式和快速样式，新增 SmartArt 图形功能，增强的图表、表格功能和多种文件格式等。

6.1.2 PowerPoint 2007 工作界面

和其他的微软产品一样，PowerPoint 依然拥有典型的 Windows 应用程序的窗口，用户可以同时使用多个 PowerPoint 窗口，可以进行自由的切换，操作非常方便，如图 6-1所示为标准的 PowerPoint 2007 工作窗口。

1. PowerPoint 2007 的工作界面

启动 PowerPoint 2007 之后，系统会自动创建一个名为"演示文稿 1"的空白文档，如图 6-1 所示。

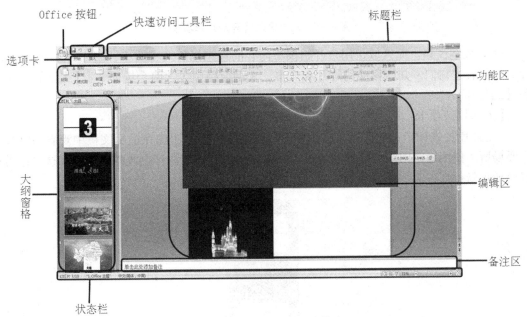

图 6-1　PowerPoint 2007 工作窗口

（1）Office 按钮。位于窗口的左上角，取代了以往版本的【文件】菜单，单击它可以打开、保存或打印文档，并且能够查看可对文档执行的所有其他操作，如图 6-2 所示。

（2）快速访问工具栏。位于功能区左上方，由为数不多的一组按钮组成，其中包含【保存】【撤销】和【恢复】等按钮，如图 6-3 所示。

图 6-2　【Office 按钮】　　　　　图 6-3　快速访问工具栏

（3）标题栏。位于窗口最上方，显示演示文稿的标题及打开的应用程序的名称，若还未对文档命名，则文档名默认为"演示文稿 1.pptx"；标题栏的右侧有三个小按钮，分别是【最小化】－、【最大化】□ 或【向下还原】▫、【关闭】× 按钮，如图 6-4 所示。

大连景点（原始）.ppt [用户上次保存的] - Microsoft PowerPoint　　　　－ ✖ ×

图 6-4　标题栏

（4）选项卡和功能区。PowerPoint 2007 取消了原来版本中的菜单栏和工具栏，取而代之的是选项卡和功能区；原来版本中的菜单栏在 PowerPoint 2007 中用选项卡的形式显示，各菜单命令在 PowerPoint 2007 中用按钮表示（组成功能区）。单击每个选项卡，可以显示出这个选项卡中包含的按钮。在选项卡中需要使用哪个工具，直接单击相应的按钮就可以了，如图 6-5 所示。

图 6-5 功能区及【开始】选项卡

（5）大纲窗格。此区域是用户开始撰写内容的理想场所。在这里，用户可以捕获灵感，计划如何表述它们，并能移动幻灯片和文本。大纲窗格中包含两个选项卡：【大纲】选项卡和【幻灯片】选项卡。

【大纲】选项卡：以大纲形式显示幻灯片文本。

【幻灯片】选项卡：此区域是在编辑时以缩略图大小的图像在演示文稿中观看幻灯片的主要场所。使用缩略图能方便地遍历演示文稿，并观看任何设计更改的效果。在这里还可以轻松地重新排列、添加或删除幻灯片，如图 6-6 所示。

图 6-6 【幻灯片】及【大纲】选项卡

【幻灯片】选项卡与【大纲】选项卡间可相互切换。

（6）状态栏。位于窗口的最下方，显示当前演示文稿的状态，如图 6-7 所示。

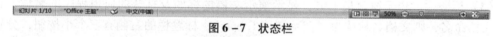

图 6-7 状态栏

● 视图切换按钮。位于状态栏的右侧，分别是"普通视图""幻灯片浏览视图"和"幻灯片放映"，用于在演示文稿的不同视图间进行快速切换，如图 6-8 所示。

● 视图缩放按钮。位于视图切换按钮的右侧，用于设置幻灯片编辑区窗口的大小，如图 6-9 所示。

图 6-8 视图切换按钮

图 6-9 视图缩放按钮

（7）编辑区。也称幻灯片窗格，在 PowerPoint 窗口的右上方，幻灯片窗格显示当前幻灯片的大视图。在此视图中显示当前幻灯片时，可以添加文本、插入图片、表格、SmartArt 图形、图表、图形对象、文本框、电影、声音、超链接和动画等各种元素，如图 6-10 所示。

图 6-10　编辑区

（8）备注区。也称备注窗格，可以输入应用于当前幻灯片的备注。用户可以打印备注，将它们分发给观众，也可以将备注包括在发送给观众或在网页上发布的演示文稿中，如图 6-11 所示。

图 6-11　备注区

（9）PowerPoint 2007 帮助按钮。在用户使用 PowerPoint 的过程中，难免会碰到疑难问题，可以通过按 F1 键或单击【Microsoft Office PowerPoint 帮助（F1）】按钮⑦获得相关帮助，如图 6-12 所示。

图 6-12　【帮助】按钮

2. PowerPoint 2007 的选项卡

PowerPoint 2007 的选项卡有【开始】【插入】【设计】【动画】【幻灯片放映】【审阅】【视图】和【开发工具】8 个选项卡。

【开始】选项卡：该选项卡包含【复制】和【粘贴】【新建幻灯片】【版式】设置文本与段落格式，以及【查找】和【替换】文本等常用命令，如图 6-5 所示。

【插入】选项卡：该选项卡包含想放置在幻灯片上的所有对象，从表格、图片、SmartArt 图形、图表和文本框，到声音、超链接、页眉和页脚等，如图 6-13 所示。

图 6-13　【插入】选项卡

【设计】选项卡：为幻灯片选择包含背景设计、字体和配色方案的完整外观等，如图 6-14 所示。

图 6-14 【设计】选项卡

【动画】选项卡：该选项卡包含所有动画效果，如图 6-15 所示。

图 6-15 【动画】选项卡

【幻灯片放映】选项卡：选择某张幻灯片作为开始，录制旁白、排练计时和执行其他准备工作，如图 6-16 所示。

图 6-16 【幻灯片放映】选项卡

【审阅】选项卡：在该选项卡上可以找到拼写检查和信息检索服务，如图 6-17 所示。

图 6-17 【审阅】选项卡

【视图】选项卡：快速切换到各种视图及母版，如图 6-18 所示。

图 6-18 【视图】选项卡

◆ 6.2 PowerPoint 2007 基本操作

演示文稿的基本操作是学习 PowerPoint 必须掌握的技能。主要包括演示文稿的创建、保存、打开、关闭等操作。

6.2.1 创建演示文稿

新建演示文稿的常用方法有以下 3 种。

（1）选择【开始】｜【程序】｜【Microsoft Office】｜【Microsoft Office PowerPoint 2007】命令。

（2）在已打开的文档中单击【Office 按钮】，选择【新建】，弹出【新建演示文稿】窗口，在【模板】中选择相应的选项。

● 空白文档和最近使用的文档，如图 6 – 19 所示。

● 已安装的模板、我的模板：Microsoft Office PowerPoint 2007 提供了强大的模板功能，用户可以根据已安装的内置模板创建新的演示文稿，如图 6 – 20 所示。

● 已安装的主题：PowerPoint 2007 中不仅提供了一些模板，还提供了一些主题，用户可以依据主题，创建基于主题的演示文稿。

● 根据现有内容新建…：由现有文件提供的新文档、工作簿或演示文稿中创建演示文稿。

（3）按 Ctrl + N 组合键。

图 6 – 19　创建演示文稿的方法

图 6 – 20　模板窗格

6.2.2　保存演示文稿

对演示文稿进行操作时，应经常进行保存，避免因为一些突发状况而丢失数据。常用的保存演示文稿的操作方法有以下 3 种。

（1）单击【快速访问工具栏】的【保存】按钮 。

（2）单击【Office 按钮】，选择【保存】命令。

（3）按 Ctrl + S 组合键。

PowerPoint 2007 提供了多种文件格式，常用的几种格式含义如下。

● .pptx：Office PowerPoint 2007 演示文稿，对应原来的 .ppt 格式。

● .potx：演示文稿的模板文件，对应原来的 .pot 格式。

● .ppsx：演示文稿的放映文件，对应原来的 .pps 格式。

● .ppt：可以在早期版本的 PowerPoint（从 97 到 2003）中打开的演示文稿。

● .pot：可以在早期版本的 PowerPoint（从 97 到 2003）中打开的模板。

💡 小技巧

对于经常播放的演示文稿，可以将其保存为 .ppsx 类型的文件，以便放映时直接打开演示文稿进行放映，而不用事先启动 PowerPoint。

6.2.3 打开演示文稿

对于一个已经制作好的演示文稿，如果准备播放或再次编辑，首先就要打开演示文稿。打开演示文稿的操作方法有以下 3 种。

（1）双击该文件图标，即可打开。

（2）单击【Office 按钮】，选择【打开】命令。

（3）按 Ctrl + O 组合键。

6.2.4 关闭演示文稿

完成了工作，或者需要为其他应用程序释放内存时，可以退出 PowerPoint。

（1）单击【标题栏】右上角的【关闭】按钮 ✖ 。

（2）单击【Office 按钮】，单击【退出 PowerPoint】按钮。

（3）按 Alt + F4 组合键。

6.2.5 添加和导入幻灯片

一个演示文稿往往是由多张幻灯片组成的，这些幻灯片来源于两个途径，一个是添加幻灯片，另一个是导入幻灯片。

1. 添加幻灯片

添加幻灯片是向当前演示文稿中插入一张新的幻灯片，操作方法有以下两种。

方法一：打开【开始】选项卡，在【幻灯片】组中单击【新建幻灯片】按钮，如图 6 - 21 所示。

方法二：在幻灯片窗格中右击，在快捷菜单中选择【新建幻灯片】，如图 6 - 22 所示。

图 6 - 21　新建幻灯片方法一　　　　图 6 - 22　新建幻灯片方法二

 注　意

新添加的幻灯片被插入到当前选定的幻灯片的后面。

💡 小技巧

在幻灯片窗格中选择一张幻灯片，按 Enter 键，可以在该幻灯片的下方添加新幻灯片。

2. 导入幻灯片

导入幻灯片是从其他演示文稿中提取幻灯片到当前的演示文稿中，具体操作步骤如下。

打开【开始】选项卡，在【幻灯片】组中单击【新建幻灯片】右下角按钮，打开【重用幻灯片】任务窗格。在【重用幻灯片】任务窗格中，单击【浏览】按钮，选择【浏览文件】，选中【保留源格式】复选框。在显示的列表中选择要导入的幻灯片，完成导入。

6.2.6　移动和复制幻灯片

制作演示文稿时经常用到移动和复制幻灯片的操作，下面进行详细介绍。

1. 移动幻灯片（调整幻灯片顺序）

移动幻灯片主要在大纲视图或幻灯片浏览视图中完成，操作方法有以下两种。

方法一：选定要移动的幻灯片，然后将其拖动到新的位置。

方法二：选定要移动的幻灯片，在选定的幻灯片上右击，在快捷菜单中选择【剪切】命令，右击目标插入点前面的那张幻灯片，在快捷菜单中选择【粘贴】命令。

2. 复制幻灯片

复制幻灯片也在大纲视图或幻灯片浏览视图中完成，操作方法有以下 3 种。

方法一：选定要复制的幻灯片，然后按住 Ctrl 键不放，将其拖动到新的位置。

方法二：选定要复制的幻灯片，在选定的幻灯片上右击，在快捷菜单中选择【复制幻灯片】命令，如图 6 – 23 所示。

方法三：选定要复制的幻灯片，在选定的幻灯片上右击，在快捷菜单中选择【复制】命令，右击目标插入点前面的那张幻灯片，在快捷菜单中选择【粘贴】命令，如图 6 – 24 所示。

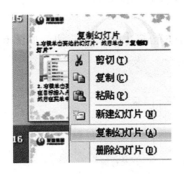　　　

图 6 – 23　复制幻灯片　　　　　图 6 – 24　粘贴幻灯片

!　注　意

在对幻灯片进行操作之前需要选定幻灯片，方法与 Windows 中选择文件类似，这里不再介绍。

6.2.7　删除幻灯片

无用的幻灯片需要将它删除，操作方法有以下 3 种。

方法一：选定要删除的幻灯片，打开【开始】选项卡，在【幻灯片】组中单击【删除】按钮，如图 6 – 25 所示。

方法二：选定要删除的幻灯片，右击，在快捷菜单中选择【删除幻灯片】命令，如图 6 – 26所示。

方法三：选定要删除的幻灯片，按 Delete 键。

图 6 – 25　删除幻灯片方法一

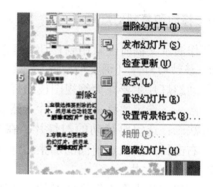

图 6 – 26　删除幻灯片方法二

6.2.8　更换幻灯片版式

幻灯片版式是指预先定义好的幻灯片内容在幻灯片中的排列方式，如文字的排列及方向、文字与图表的位置等。PowerPoint 默认第一张幻灯片是采用文字版式的标题幻灯片，根据需要，幻灯片也可采用其他版式，更换幻灯片版式的操作步骤如下。

（1）选定要更换版式的幻灯片。

（2）打开【开始】选项卡，在【幻灯片】组中单击【版式】按钮，如图 6 – 27 所示。

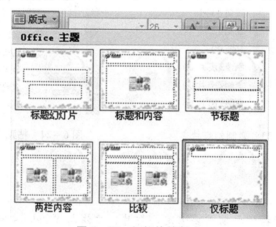

图 6 – 27　幻灯片的版式

（3）选择需要的版式。

6.2.9　演示文稿视图

PowerPoint 2007 有四种主要视图：普通视图、幻灯片浏览视图、备注页视图和幻灯片放映视图。较早版本的 PowerPoint 中的【视图】菜单，对应 Microsoft Office PowerPoint 2007 中的【视图】选项卡。

1. 普通视图

这是主要的编辑视图，可用于撰写或设计演示文稿。普通视图中主要包含三个窗格：幻灯片窗格（或大纲窗格）、幻灯片编辑窗格和备注窗格，拖动各个窗格的边框便可调整窗格的大小。

2. 幻灯片浏览视图

使用浏览视图，可以在屏幕上同时看到演示文稿中的所有幻灯片。幻灯片以缩略图形式显示在同一窗口中，可以在该视图中添加、删除和移动幻灯片等。

3. 备注页视图

用户可以在备注窗格中输入备注，该窗格位于普通视图中幻灯片窗格的下方。但是，如果用户要以整页格式查看和使用备注，需要在【视图】选项卡的【演示文稿视图】组中单击【备注页】按钮。

4. 幻灯片放映视图

在该视图模式下，用户可以看到幻灯片的最终效果，不满意的地方可以切换到普通视图下进行修改。

!｜注　意

1. 演示文稿制作完成后按需要效果播放，在这里先简要介绍演示文稿的播放方法（如图 6－28 所示）。

方法一：打开【幻灯片放映】选项卡，在【开始放映幻灯片】组中选择【从头开始】【从当前幻灯片开始】或者【自定义幻灯片放映】。

方法二：按 F5 键从第一张幻灯片开始放映。

方法三：按 Shift＋F5 组合键从当前幻灯片开始放映。

2. 退出放映：按 Esc 键。

图 6－28　幻灯片放映

◆ 6.3　实例一：创建幻灯片

◆ 任务描述

在创建演示文稿的时候，默认演示文稿会显示一张幻灯片，不过一个内容充实的演示文稿是由多张幻灯片组成的，这就需要用户再多建几张幻灯片，而且往往你所建的演示文稿也不可能一步到位满足所有的需求，有的时候需要改变幻灯片的排列顺序，有的时候还需要把没用的幻灯片删除掉。

◆ **任务分析**

1. 新建幻灯片。
2. 复制与移动幻灯片。
3. 删除幻灯片。

◆ **任务要求**

1. 启动 PowerPoint 2007，新建 4 张幻灯片。
2. 复制第三张幻灯片。
3. 修改第三张幻灯片的版式，设置为两栏内容。
4. 删除最后一张幻灯片。
5. 将第一张幻灯片移到最后。
6. 把设置好的演示文稿保存到桌面上的"练习"文件夹中，以自己的姓名命名。

◆ **任务实现**

1. 选择【开始】|【所有程序】|【Microsoft Office】|【Microsoft Office PowerPoint 2007】命令。
2. 打开【开始】选项卡，在【幻灯片】组中选择【新建幻灯片】命令，此操作步骤进行 4 次。
3. 右击第三张幻灯片，在快捷菜单中选择【复制幻灯片】。
4. 单击第三张幻灯片，打开【开始】选项卡，在【幻灯片】组中单击【版式】按钮，选择【两栏内容】版式。
5. 右击最后一张幻灯片，在快捷菜单中选择【删除幻灯片】。
6. 在【幻灯片】选项卡窗格中选择要移动的幻灯片缩略图，然后将其拖动到最后。
7. 在快速访问工具栏上单击【保存】按钮，打开【另存为】对话框，选择保存的位置"桌面"|"练习"文件夹，输入文件名，单击【保存】按钮。

◆ 6.4　向幻灯片中插入对象

在演示文稿的每一张幻灯片中可以插入文字、图片、形状、SmartArt 图形、图表、页眉页脚、文本框、艺术字等多种对象，这会使演示文稿更加生动有趣，富有吸引力。

6.4.1　输入和编辑文本

幻灯片中最常插入的一个对象就是文本，无论是新建文稿时创建的幻灯片，还是使用模板创建的幻灯片都类似一张白纸，需要用户用文字将内容表达出来。

1. 添加文本

在 PowerPoint 中，不能直接在幻灯片中输入文字，只能通过占位符或文本框来添加。

（1）占位符：一种带有虚线或阴影线边缘的框，绝大部分幻灯片版式中都有这种框。

在这些框内可以放置标题及正文，或者是图表、表格和图片等对象。方法是：单击占位符，输入需要的文字。

（2）文本框：一种可移动、可调大小的文字或图形容器。使用它可以在幻灯片的其他位置添加文本。方法是：选择【插入】|【文本框】命令。具体操作与 Word 中的类似，此处不再重复介绍。

! 注　意

1. 文本占位符可以像图形一样进行移动、改变大小。
2. 通过文本框输入的文本不能在大纲窗格中显示。

2. 设置文本格式

为了使演示文稿更加美观、清晰，需要对文本格式进行设置，主要包括字体、字形、字号和字体颜色等。

方法一：选择需要设置的文字，在【开始】选项卡的【字体】组中进行设置。

方法二：右击需要设置的文字，在弹出的快捷菜单中选择【字体】命令，打开【字体】对话框，如图 6 - 29 所示。

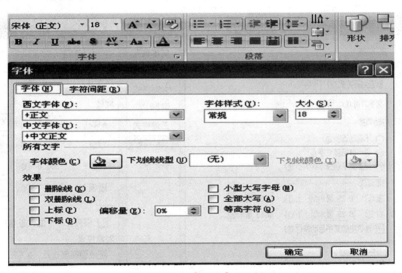

图 6 - 29　【字体】对话框

方法三：右击需要设置的文字，在显示的浮动工具栏中直接设置。

3. 编辑占位符

在幻灯片中选中占位符或文本框的时候，在上方功能区里会多出一个【格式】选项卡（如图 6 - 30 所示），通过该选项卡中的各个按钮和命令可以设置文字的多种效果（如图 6 - 31 所示）。

还可以使用【设置文本效果格式】命令对占位符和文本框进行设置，方法是：右击占位符或文本框，在弹出的快捷菜单中选择【设置文本效果格式】命令，打开【设置文本效果格式】对话框，选择相应的选项进行设置。文本框设置如图 6-32 所示，三维旋转设置如图 6-33 所示。

图 6-30　【格式】选项卡

图 6-31　设置后的文字效果

图 6-32　设置文本框

图 6-33　设置三维旋转

4. 设置段落

用户可以设置段落的行距、对齐方式等。

方法一：选择需要设置的文字，在【开始】选项卡的【段落】组中进行设置。

方法二：右击需要设置的文字，在弹出的快捷菜单中选择【段落】命令，打开如图 6-34所示的【段落】对话框，进行设置。

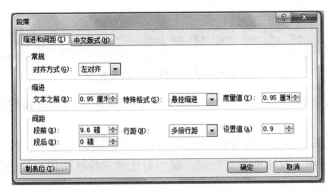

图 6 - 34　【段落】对话框

6.4.2　插入图片、剪贴画及形状

为了增强视觉效果，提高观众的注意力，可以在幻灯片中插入各种图片、剪贴画及形状。

1. 插入图片或剪贴画

图片指可被系统识别的外部位图或矢量图文件，PPT 可识别的图片文件非常多，包括 emf、wmf、jpg、png、bmp、gif、tif 等，图片可以从网络下载，也可以使用图像处理软件制作，或者通过数码相机、扫描仪等图像输入设备获取，在插入图片前要保证该图片已保存在外存中。

剪贴画是 Office 提供的一个素材集，内含大量的矢量图和位图，可供用户直接选用。

插入图片的操作步骤如下。

（1）在【插入】选项卡的【插图】组中，单击【图片】命令。

（2）选择图片所在的位置，单击图片。

（3）单击【插入】按钮，完成图片的插入。

插入剪贴画的操作步骤如下。

（1）在【插入】选项卡的【插图】组中，单击【剪贴画】命令。

（2）在【剪贴画】任务窗格中的【搜索】文本框中，输入用于描述所需剪贴画的单词或短语，或输入剪贴画的所有或部分文件名称。

（3）要缩小搜索范围，请执行下列操作之一。

要将搜索结果限制在特定的剪贴画收藏集中，请在"搜索范围"列表中，选中要搜索的每个收藏集旁边的复选框。

（4）单击【搜索】。

（5）在结果列表中，选择剪贴画以将其插入。

2. 编辑图片

在演示文稿中插入图片后，用户可以调整其位置、大小，也可以根据需要进行裁剪、调整对比度和亮度、添加边框、设置透明色等操作。

（1）【格式】选项卡。当选择一张图片的时候，在上方功能区里会多出一个【格式】选项卡（如图 6 - 35 所示），通过该选项卡可以像设置文字一样给图片设置多种效果。

图 6-35　【格式】选项卡

- 【亮度】：图片整体的明暗程度。增加亮度，使暗淡的图像变得明亮；降低亮度，使过亮的图像变暗。
- 【对比度】：图片中最亮部分和最暗部分的差别。提高对比度，往往能使模糊的图像变得清晰，每单击一次，对比度提高一点；减小对比度，往往能使尖锐的图像变得柔和，每单击一次，对比度减小一点。
- 【重新着色】：可以改变矢量图的颜色（对位图不起作用）。
- 【重新着色】｜【设置透明色】：用于去除图片背景，也称"抠图"。
- 【压缩图片】：用于减小图片在演示文稿中所占的容量。
- 【更改图片】：更改为其他图片，但保存当前图片的格式和大小。
- 【重设图片】：单击后，图片回到刚插入时的状态，对图片做的一切修改都不起作用。
- 【图片样式】：缩略图，改变图片的外观样式。
- 【图片形状】：可设置图片的外形。
- 【图片边框】：可设置图片外框线的粗细、形态。
- 【图片效果】：可设置图片的阴影、映像、发光、柔化边缘、棱台、三维旋转效果。
- 【置于顶层】、【置于底层】：设置图片的叠放次序。
- 【选择窗格】：显示选择窗格，帮助选择单个对象，并更改其顺序和可见性。
- 【对齐】：设置多个图片的对齐方式。
- 【组合】：将多个对象组合到一起，以便将其作为单个对象处理。
- 【旋转】：使图片旋转。
- 【裁剪】：剪掉无用的部分，保留有用的部分（只能保留矩形区域）。
- 【高度】、【宽度】：成比例设置图片大小。

（2）调整图片位置。要调整图片位置，可以在幻灯片中选中该图片，然后按住鼠标左键拖动图片或者按键盘上的方向键移动图片；也可以同时按住 Ctrl 键及方向键微调图片位置。

（3）调整图片大小。

方法一：单击需要调整大小的图片，图片周围将出现 8 个白色控制点，当鼠标移动到控制点上方时，鼠标指针变为双箭头形状，此时按下鼠标左键拖动控制点，即可调整图片的大小。

- 当拖动图片 4 个角上的控制点时，PowerPoint 会自动保持图片的长宽比例不变，即成比例改变大小。
- 拖动 4 条边框中间的控制点时，可以改变图片原来的长宽比例，单方向改变图片大小。
- 按住 Ctrl 键调整图片大小时，将保持图片中心位置不变。

方法二：右击图片，在快捷菜单中选择【大小和位置】，在打开的【大小和位置】对话框中选择【大小】选项卡，在【锁定纵横比】复选框选中状态下，只要改变高度或宽度任意一个数值即可实现成比例改变图片大小。

方法三：单击需要调整大小的图片，在【绘图工具】的【格式】选项卡中，在【大小】组中的【高度】或【宽度】中输入数值，成比例改变大小。

（4）旋转图片。

方法一：在幻灯片中选中图片时，周围除了出现 8 个白色控制点外，还有 1 个绿色的旋转控制点。拖动该控制点，可自由旋转图片。

方法二：右击图片，在快捷菜单中选择【大小和位置】，在打开的【大小和位置】对话框中选择【大小】选项卡，在【旋转】微调按钮中输入旋转的度数。

方法三：单击要旋转的图片，在【绘图工具】的【格式】选项卡中，在【排列】组中单击【旋转】按钮。

（5）裁剪图片。单击需要裁剪的图片，在【绘图工具】的【格式】选项卡中，在【大小】组中单击【裁剪】按钮，图片四周出现类似控点的短横线，拖动确定保留区域，再单击图片外空白区生效。

（6）改变图片外观。PowerPoint 2007 提供改变图片外观的功能，该功能可以赋予普通图片形状各异的样式，从而达到美化幻灯片的效果。

要改变图片的外观样式，首先选中该图片，然后在【绘图工具】的【格式】选项卡中，在【图片样式】组中选择图片的外观样式。

（7）设置透明色。PowerPoint 2007 允许将图片中的某部分设置为透明色，例如，让某种颜色区域透出被它覆盖的其他内容，或者让图片的某些部分与背景分离开。PowerPoint 可在除 GIF 动态图片以外的大多数图片中设置透明区域。

单击需要设透明色的图片，在【绘图工具】的【格式】选项卡中，在【调整】组中单击【重新着色】|【设置透明色】按钮，然后单击图片背景，图片背景即被去除，当图片背景为纯色时效果好，否则去不干净。

（8）图片的其他设置。用户可以对插入的图片设置形状和效果，在幻灯片中选中图片，在【绘图工具】的【格式】选项卡中，在【图片样式】组中单击【图片形状】或【图片效果】按钮，然后在弹出的菜单中进行设置即可。

3. 插入自选图形

自选图形是 Office 系列软件的一大特色，通过使用自选图形和自选图形的组合，用户可以自己创作复杂的矢量图。

PowerPoint 2007 提供了功能强大的绘图工具，利用绘图工具可以绘制各种线条、连接符、几何图形、星形和箭头等复杂的图形。

插入自选图形的操作方法如下。

（1）在【插入】选项卡的【插图】组中单击【形状】。

（2）选择需要的自选图形，在幻灯片上拖动即可出现该图形。

（3）使用缩放控点和旋转控点调整大小和旋转角度。

4. 编辑图形

在 PowerPoint 2007 中，可以对绘制的图形进行个性化的编辑。

（1）旋转图形。方法与旋转图片一样，请参考旋转图片的方法。

（2）对齐图形。当在幻灯片中绘制多个图形后，可以在【格式】选项卡的【排列】组中单击【对齐】按钮，在弹出的菜单中选择相应的命令来对齐图形。

（3）层叠图形。对于绘制的图形，PowerPoint 2007 将按照绘制的顺序将它们放置于不同的对象层中，如果对象之间有重叠，则后绘制的图形将覆盖在先绘制的图形之上，即上层对象遮盖下层对象。当需要显示下层对象时，可以通过调整它们的叠放次序来实现。

要调整图形的层叠顺序，可以先选择图形，然后在【格式】选项卡的【排列】组中单击【置于顶层】按钮和【置于底层】按钮右侧的下拉箭头，在弹出的菜单中选择相应命令即可。

（4）组合图形。在绘制多个图形后，如果希望这些图形保持相对位置不变，可以同时选中多个图形后打开【格式】选项卡，在【排列】组中单击【组合】按钮下的命令将其进行组合。也可以同时选中多个图形，右击选中的图形，在弹出的快捷菜单中选择【组合】｜【组合】命令。当图形被组合后，可以像一个图形一样被选中、复制或移动。

（5）设置图形格式。PowerPoint 2007 具有功能齐全的图形设置功能，可以利用线型、箭头样式、填充颜色、阴影效果和三维效果等进行修饰。利用系统提供的图形设置工具，可以使配有图形的幻灯片更容易理解。

①设置线型及线条颜色。

方法一：选中绘制的图形，在【格式】选项卡的【形状样式】组中单击【形状轮廓】按钮，在弹出的菜单中选择【粗细】【虚线】【颜色】等命令，进行线型的设置。

方法二：右击图形，在弹出的快捷菜单中选择【设置形状格式】，在【线条颜色】和【线型】中进行设置。

②设置填充颜色。为图形添加填充颜色是指在一个封闭的对象中加入填充效果，这种效果可以是单色、过渡色、纹理甚至是图片。

方法一：选中绘制的图形，打开【格式】选项卡，在【形状样式】组中单击【形状填充】按钮，在弹出的菜单中根据需要选择填充的样式。

方法二：右击图形，在弹出的快捷菜单中单击【设置形状格式】，在【填充】中进行设置。

③设置阴影及三维效果。在 PowerPoint 2007 中可以为绘制的图形添加阴影或三维效果。

方法一：选中绘制的图形，打开【格式】选项卡，在【形状样式】组中单击【形状效果】按钮，在弹出的菜单中根据需要选择各类效果。

方法二：右击图形，在弹出的快捷菜单中单击【设置形状格式】，根据需要在【阴影】【三维格式】【三维旋转】中进行设置。

④在图形中输入文字。大多数自选图形允许用户在其内部添加文字。

方法一：选中图形，直接在其中输入文字。

方法二：在图形上右击，在弹出的快捷菜单中选择【编辑文字】命令，然后在光标处输入文字。

! 注 意

单击输入的文字，可以再次进入文字编辑状态进行修改。

6.4.3　插入艺术字

艺术字是一种特殊的图形文字，常用来表现幻灯片的标题文字。既可以对其设置字号、加粗或倾斜等效果，也可以像图形对象那样设置它的边框、填充等属性，还可以对其进行调整大小、旋转或添加阴影、设置三维效果等操作。

插入艺术字的操作方法是：在【插入】选项卡的【文本】组中单击【艺术字】按钮。

6.4.4　插入 SmartArt 图形

使用 SmartArt 图形可以非常直观地说明层级关系、附属关系、并列关系或循环关系等各种常见关系，而且制作出来的图形漂亮精美，具有很强的立体感和画面感，如流程图、循环图（如图 6 - 36 所示）、层次结构图（如图 6 - 37 所示）等。

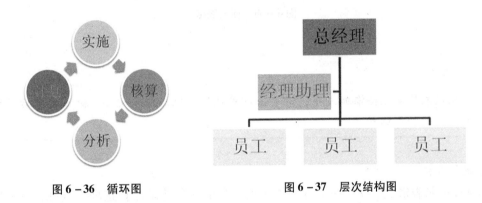

图 6 - 36　循环图　　　　　　　　　图 6 - 37　层次结构图

插入 SmartArt 图形的操作方法是：打开【插入】选项卡，在【插图】组中选择【Smart-Art】命令。

6.4.5　插入表格

使用 PowerPoint 制作专业型演示文稿时，通常需要使用表格。如销售统计表、个人简历表和财务报表等。与幻灯片页面文字相比，表格采用行列化的形式，更能体现内容的对应性及内在的联系。

1. 插入表格

PowerPoint 支持多种插入表格的方式，例如可以在幻灯片中直接插入，也可以手动绘制表格。

（1）直接插入表格。在【插入】选项卡上的【表格】组中，单击【表格】｜【插入表格】，选择或输入所需的行数和列数，单击【确定】按钮，如图 6 - 38 所示。

（2）绘制表格。在【插入】选项卡上的【表格】组中，选择【表格】｜【绘制表格】命令，指针会变为铅笔状，选择需要自定义表格的位置，水平、垂直或沿对角线方向拖动增加线条。

如果要擦除单元格、行或列中的线条，单击【表格工具】，在【设计】选项卡的【绘图边框】组中单击【擦除】按钮，鼠标变成橡皮擦，单击要擦除的线条即可。

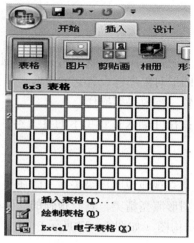

图 6-38　插入表格

　　要向某表格单元格添加文字，请单击该单元格，然后输入文字。输入文字后，单击该表格外的任意位置。

2. 编辑表格

　　当选择一张表格的时候，在上方功能区里会多出一个【设计】选项卡（如图 6-39 所示），通过该工具栏可以设置表格的多种效果（如图 6-40 所示）。

图 6-39　【设计】选项卡

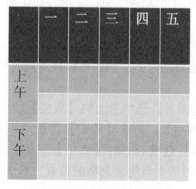

图 6-40　设计后的表格

6.4.6　插入图表

与文字数据相比，形象直观的图表更容易理解，它以简单易懂的方式反映了各种数据关系。PowerPoint 附带了一种 Microsoft Graph 的图表生成工具，它可以提供各种图表以满足用户的不同需要，使制作图表的过程非常简便。

插入图表的方法与插入图片的方法类似，在【插入】选项卡的【插图】组中单击【图表】按钮。

编辑图表的方法与编辑图片的方法类似，这里不再重复介绍。

6.4.7　插入多媒体对象

在幻灯片中不仅可以插入文字图片，同时还可以插入声音、视频等，以增加向观众传递信息的通道，增强演示文稿的感染力。

1. 插入声音

PPT 支持的声音文件种类非常多，包括 MID、MP3、WAV、WMA 等，声音文件可从网络下载，也可通过录音软件录制，在插入声音前，一定要把声音文件复制到与 PPT 文件相同的文件夹中。

插入声音的操作方法是：打开【插入】选项卡，在【媒体剪辑】组中单击【声音】|【文件中的声音】命令，选择所需的声音文件，在弹出的对话框中选择【自动】按钮，如图 6–41 所示。

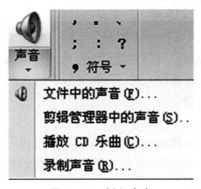

图 6–41　插入声音

2. 设置声音属性

每当用户插入一个声音后，系统都会自动创建一个声音图标，用以显示当前幻灯片中插入的声音。单击可以选中声音图标，使用鼠标拖动可以移动声音图标的位置，拖动其周围的控制句柄可以改变图标的大小。双击可以预听声音内容，再次单击可以暂停播放，如果单击声音图标以外的区域，将停止播放。

在幻灯片中选中声音图标，功能区将出现【声音工具】选项卡，如图 4–42 所示，该选项卡中部分选项的含义如下。

- 放映时隐藏：选中该复选框，在放映幻灯片的过程中将自动隐藏声音图标。
- 循环播放，直到停止：选中该复选框，在放映幻灯片的过程中，声音会自动循环播放，直到放映下一张幻灯片或停止放映位置。

图 4 - 42　【声音工具】选项卡

3. 插入视频文件

PowerPoint 2007 中的影片包括视频和动画。PPT 支持的视频文件种类非常多，包括 ASF、AVI、MPG、WMV 等，影片可从网络下载，也可从 VCD 截取，或者通过视频采集卡从视频源获取，在插入影片前，由于视频文件容量较大，为提高效率，应使用视频处理软件把有用部分截取出来，然后将截取出的视频文件复制到与 PPT 文件相同的文件夹中。可以插入的动画主要是 GIF 动画。

（1）直接插入影片。这是最简单的方法。用该法插入的视频，在演示界面中仅显示视频画面，和插入图片十分类似。可以说，这是一种无缝插入，效果相当不错，但同时局限性也很大。首先，该法仅支持插入 AVI、MPEG 和 WMV 等 Windows Media 格式视频，而像 RMVB 等其他格式均不支持，不能不令人遗憾。其次，用该法插入的视频，演示时只能实现暂停和播放控制，若想自由选择播放时间可就无能为力了，而且一旦切换到另一张幻灯片，再切换回来，则视频会自动停留在开始部分，大为不便。

操作方法：打开【插入】选项卡，在【媒体剪辑】组中单击【影片】|【文件中的影片】，在打开的【插入影片对话框】中选择影片文件，单击【确定】按钮，插入影片的第一帧出现在幻灯片中，选中该视频，可以对播放画面大小自由缩放。

PowerPoint 2007 提供了两种播放方式，一种是放映时自动播放，另一种是放映时单击播放，选用哪一种，根据实际需要。

（2）使用控件法插入影片。使用控件法，可以自由控制视频的播放进度。插入控件后幻灯片中会出现 Windows Media Player 的简易播放界面，利用播放器的控制栏，可自由控制视频的进度、声音的大小等。双击还可自动切换到全屏播放状态，和用 Windows Media Player 观看影片没什么区别。操作过程如下。

①开启控件功能。在 PowerPoint 2007 中单击【Office 按钮】，单击【PowerPoint 选项】按钮，打开【PowerPoint 选项】对话框，在【常用】项中勾选【在功能区显示'开发工具'选项卡】，单击【确定】按钮，回到 PowerPoint 2007 编辑界面，则功能区多出一新选项卡，即【开发工具】。

②插入视频。单击激活【开发工具】选项卡，在【控件】组中单击【其他控件】按钮，弹出【其他控件】对话框，选中【Windows Media Player】，单击【确定】按钮，光标变成十字形时在幻灯片界面上拖动，显示出 Windows Media Player 播放界面，右击该界面，在快捷菜单中选择【属性】，弹出【属性】对话框，在【URL】项中输入视频文件的路径和全称（若视频文件和幻灯片文件在同一文件夹中，则无须输入路径）。关闭【属性】框，设置成功。

4. 设置影片属性

对于插入到幻灯片中的视频，不仅可以对它们的位置、大小、亮度、对比度和旋转等进行调整，还可以进行剪裁、设置透明色、重新着色及设置边框线条等操作，这些操作与对图片的操作相同。

对于插入到幻灯片中的 GIF 动画，不能对其进行剪裁。当放映到含有 GIF 动画的幻灯片时，该动画会自动循环播放。

6.4.8　插入相册

随着数码相机的普及，使用计算机制作电子相册的用户越来越多，当没有制作电子相册的专门软件时，使用 PowerPoint 也能轻松制作出漂亮的电子相册。在商务应用中，电子相册同样适用于介绍公司的产品目录，或者分享图像数据及研究成果。

1. 插入相册

在幻灯片中创建相册时，只需在【插入】选项卡的【插图】组中单击【相册】按钮，在弹出的菜单中选择【新建相册】命令，然后选择所需的图片文件插入即可。

2. 编辑相册

如果对所建立的相册不满意，可以单击【相册】按钮，在弹出的菜单中选择【编辑相册】命令，打开【编辑相册】对话框重新修改相册顺序、图片版式、相框形状及演示文稿设计模板等相关属性。设置完成后，PowerPoint 将自动重新整理相册。

◆ 6.5　实例二：充实幻灯片

◆ 任务描述

大连是一个美丽的充满活力的海滨城市，为了让更多的人了解大连，接下来制作一个介绍这座浪漫城市的演示文稿。

◆ 任务分析

1. 插入文本、艺术字。

2. 插入图片。

3. 插入视频、音频等对象。

◆ 任务要求

1. 新建演示文稿。

2. 按样图在第一张幻灯片中插入艺术字 3、2、1，如图 6 - 43 所示。

3. 按样图在第二张幻灯片中插入"全景 . jpg"做背景，设置艺术字"浪漫！大连！""魅力之都""中国大连"，如图 6 - 44 所示。

4. 按样图在第三张幻灯片中插入 SmartArt 图形并输入文字，如图 6 - 45 所示。

5. 按样图在第四张幻灯片中插入对应文本、自选图形及图片"picture11. jpg""picture17. jpg"，艺术字"欧亚大陆""辽东半岛""大连"，如图 6 - 46 所示。

6. 根据素材提供的"大连常年平均气温 . xls"文件，按样图设计第五张幻灯片，如图 6 - 47 所示。

7. 按照样图设计第六张幻灯片，如图 6 – 48 所示。

8. 按照样图在第七张幻灯片中插入表格，输入大连各大景点名称，如图 6 – 49 所示。

图 6 – 43　第一张

图 6 – 44　第二张

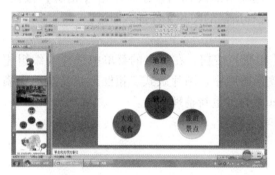

图 6 – 45　第三张

图 6 – 46　第四张

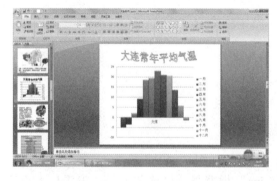

图 6 – 47　第五张

图 6 – 48　第六张

9. 按样图在第八张幻灯片中插入"picture4. jpg""picture15. jpg""picture18. jpg"及艺术字"星海广场"、对应文本，如图 6 – 50 所示。

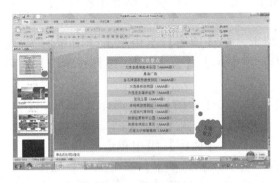

图 6 – 49　第七张

图 6 – 50　第八张

10. 分别按图 6 – 51、图 6 – 52 和图 6 – 53 所示的样图设计第九张、第十张和第十一张幻灯片。

11. 在第一张幻灯片中插入声音。

12. 在第十张幻灯片中插入视频"大连宣传片.avi"，如图 6 – 52 所示。

图 6 – 51　第九张

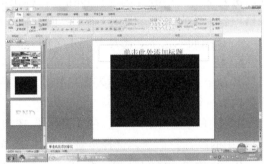

图 6 – 52　第十张

图 6 – 53　第十一张

13. 把设置好的演示文稿保存到桌面上的"练习"文件夹中，以自己的姓名命名。

◆ 任务实现

1. 选择【开始】|【程序】|【Microsoft Office】|【Microsoft Office PowerPoint 2007】命令。

2. 设计第一张幻灯片：打开【插入】选项卡，在【文本】组中单击【艺术字】，插入艺术字3、2、1。

3. 设计第二张幻灯片：打开【插入】选项卡，在【插图】组中单击【图片】，输入"全景.jpg"；打开【插入】选项卡，在【文本】组中单击【艺术字】，选择相似的艺术字样式，输入对应文字内容。

4. 设计第三张幻灯片：打开【插入】选项卡，在【插图】组中选择【SmartArt】|【循环】命令，选择对应图形并输入文字。

5. 设计第四张幻灯片：打开【插入】选项卡，在【插图】组中单击【图片】，依次插入图片"picture11.jpg""picture17.jpg"；打开【插入】选项卡，在【文本】组中单击【艺术字】，选择相似的艺术字样式，输入对应文字内容；打开【插入】选项卡，在【插图】组中选择【形状】|【标注】命令，选择"云形标注"，右击云形标注，在弹出菜单中选择【编辑文字】输入"地理位置"；打开【插入】选项卡，在【文本】组中单击【文本框】，输入对应的文本内容。

6. 设计第五张幻灯片：打开【插入】选项卡，在【插图】组中选择【图表】|【簇状柱形图】命令，单击【确定】按钮，在弹出的 Excel 界面中输入"大连常年平均气温"的表格内容，编辑完毕，关闭 Excel 界面，输入图表标题。

7. 按照插入文本、图片及艺术字的方法设置第6、8、9、10、11张幻灯片。

8. 设计第七张幻灯片：打开【插入】选项卡，在【表格】组中选择【表格】|【插入表格】命令，在弹出的【插入表格】对话框中输入行数及列数，单击【确定】按钮，输入表格内容进行编辑。

9. 选择第一张幻灯片，在【插入】选项卡上的【媒体剪辑】组中，选择【声音】|【文件中的声音】命令，选择声音"大连"，单击【确定】按钮。

10. 选择第十张幻灯片，在【插入】选项卡的【媒体剪辑】组中，选择【影片】|【文件中的影片】命令，打开【插入影片】对话框，选择影片文件"大连宣传片.avi"，单击【确定】按钮。

11. 保存演示文稿。

◆ 6.6   演示文稿的设置

一个完整专业的演示文稿，有很多地方需要进行统一设置，如幻灯片中统一的内容、背景、配色和文字格式等，还可以加入动画效果，在放映幻灯片时，产生特殊的视觉或声音效果。

6.6.1   设置幻灯片背景

为幻灯片设置背景可以使幻灯片更加美观。PowerPoint 2007 提供了几种背景色样式，供用户快速应用。如果对提供的样式不满意，还可以自定义其他的背景，如渐变色、纹理或图案等。

1. 套用背景样式

背景样式是来自当前文档"主题"中主题颜色和背景亮度组合的背景填充。当用户更改文档主题时，背景样式会随之更新以反映新的主题颜色和背景。如果用户希望只更改演示文稿的背景，则应选择其他背景样式。

设计背景样式的操作方法是：在【设计】选项卡的【背景】组中单击【背景样式】。

❗ 注　意

> 默认情况下，添加一张幻灯片后，其背景将沿用前一张幻灯片的背景。

2. 自定义背景

当 PowerPoint 提供的背景样式不满足要求时，可以使用【设置背景格式】命令来设置背景的填充样式、渐变及纹理格式等。

（1）使用图片作为幻灯片背景。操作步骤如下。

①单击要为其添加背景图片的幻灯片；要选择多个幻灯片，请单击某个幻灯片，然后按住 Ctrl 键并单击其他幻灯片。

②在【设计】选项卡的【背景】组中，单击【背景样式】，然后单击【设置背景格式】。

③单击【填充】，然后单击【图片或纹理填充】。

④请执行下列操作之一。

- 要插入来自文件的图片，请单击【文件】，然后找到并双击要插入的图片。
- 要粘贴复制的图片，请单击【剪贴板】。
- 要使用剪贴画作为背景图片，请单击【剪贴画】，然后在【搜索文字】框中输入描述所需剪辑的字词或短语，或者输入剪辑的全部或部分文件名。

⑤请执行下列操作之一。

- 要使用图片作为所选幻灯片的背景，请单击【关闭】按钮。
- 要使用图片作为演示文稿中所有幻灯片的背景，请单击【全部应用】按钮。

（2）使用颜色作为幻灯片背景。操作步骤如下。

①单击要为其添加背景色的幻灯片；要选择多个幻灯片，请单击某个幻灯片，然后按住 Ctrl 键并单击其他幻灯片。

②在【设计】选项卡的【背景】组中，单击【背景样式】，然后单击【设置背景格式】。

③单击【填充】，然后单击【纯色填充】。

④单击【颜色】，然后单击所需的颜色。

⑤要更改背景透明度，请移动【透明度】滑块。透明度百分比可以从 0%（完全不透明，默认设置）变化到 100%（完全透明）。

⑥请执行下列操作之一。

- 要对所选幻灯片应用颜色，请单击【关闭】按钮。
- 要对演示文稿中的所有幻灯片应用颜色，请单击【全部应用】按钮。

6.6.2 应用主题

PowerPoint 2007 主题取代了在 PowerPoint 的早期版本中使用的设计模板。应用主题，可以使演示文稿中的所有幻灯片都具有统一的外观，如图案、背景、色彩搭配、文本样式等。【设计】选项卡中的【主题】组如图 6-54 所示。

图 6-54 【设计】选项卡

1. 套用主题样式

套用主题样式的操作方法是：打开【设计】选项卡，在【主题】组中单击【其他】按钮 ，选择需要的主题。

> **！ 注　意**
>
> 　　如果系统提供的主题不能满足需求，可以到网上下载保存到本地计算机上，通过打开【设计】选项卡，在【主题】组中单击【其他】按钮，选择【浏览主题】，打开【选择主题或主题文档】对话框，选择保存到本地计算机上的设计模板。

2. 自定义主题

如果对系统自带的主题配色方案不满意，可以自定义配色方案。

（1）自定义主题颜色。如果对主题的色彩搭配不满意，用户可以通过修改主题颜色自己进行设计。主题颜色由 8 种颜色组成，包括背景、文字强调和超链接颜色。

操作方法：打开【设计】选项卡，在【主题】组中选择【颜色】|【新建主题颜色】命令，在打开的【新建主题颜色】对话框中进行设置。

（2）自定义主题字体。主题字体主要是快速设置母版中标题文字和正文文字的字体格式，自带了多种常用的字体格式搭配，可自由选择。

操作方法：打开【设计】选项卡，在【主题】组中选择【字体】|【新建主题字体】命令，在打开的【新建主题字体】对话框中进行设置。

6.6.3 设置幻灯片母版

主题是由系统设计的外观，如果用户想按自己的想法统一改变整个演示文稿的外观风格，则需要使用母版。使用幻灯片母版的主要好处是，可以对演示文稿中的每张幻灯片进行统一的样式更改，包括对以后添加到演示文稿中的幻灯片的样式更改。使用幻灯片母版可以让用户节省时间，用户不必在多张幻灯片上输入相同信息。当用户的演示文稿很长，其中包括大量幻灯片时，幻灯片母版尤其有用。

PowerPoint 2007 的母版有 3 种类型：幻灯片母版（用于幻灯片）、讲义母版（用于讲义）、备注母版（用于演讲者备注）。幻灯片母版中的信息包括字形、占位符大小和位置、背景设计等。而讲义母版和备注母版主要用来打印输出。

幻灯片母版的设置方法是：打开【视图】选项卡，在【演示文稿视图】组中单击【幻灯片母版】。

PowerPoint 2007 的母版有两个最明显的改变：设置了"主母版"，并为每个版式单独设置"版式母版"（还可创建自定义的版式母版）。要把"主母版"看成演示文稿幻灯片共性设置的话，"版式母版"就是演示文稿幻灯片个性的设置。

！注　意

> 内容的统一，用 PowerPoint 2007 母版进行设置；颜色、字体和效果的统一，用模板或主题进行设置；个性化设置，还可以利用"版式母版"单独调整。

6.6.4　设置页眉和页脚

在编辑演示文稿时，也可以为每张幻灯片添加类似 Word 的页眉或页脚。

操作方法：打开【插入】选项卡，在【文本】组中单击【页眉和页脚】，打开【页眉和页脚】对话框进行设置。

6.6.5　设置自定义动画

在幻灯片中设置动画是为了吸引观众注意力，幻灯片中的对象，如文字、图片等，都可以设置显示效果、显示顺序及声音效果等。

创建自定义动画效果的方法（如图 6 – 55 所示）。

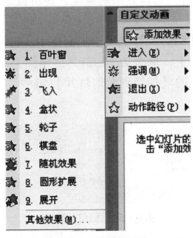

图 6 – 55　动画效果

（1）单击要制作成动画的文本或对象。

（2）在【动画】选项卡的【动画】组中单击【自定义动画】。

（3）在【自定义动画】任务窗格中，单击【添加效果】，然后执行以下一项或多项操作。

● 要使文本或对象进入时带有效果，请指向【进入】，然后单击相应的效果。

● 要向幻灯片上已显示的文本或对象添加效果（例如，旋转效果），请指向【强调】，然后单击相应的效果。

● 要向文本或对象添加可使项目在某一点离开幻灯片的效果，请指向【退出】，然后单击相应的效果。

● 要添加使文本或对象以指定模式移入的效果，请指向【动作路径】，然后单击相应的路径。

● 要指定向文本或对象应用效果的方式，请右击【自定义动画】列表中的自定义动画效果，然后单击【效果选项】。

（4）请执行下列操作之一。

● 要指定文本设置，请在【效果】、【计时】和【文本动画】选项卡上单击要用来将文本制作成动画的选项。

● 要指定对象设置，请在【效果】和【计时】选项卡上单击要用来将对象制作成动画的选项。

！ 注　意

各个效果将按照其添加顺序显示在自定义动画列表中。

6.6.6　切换幻灯片

幻灯片切换效果是指在幻灯片放映视图中从一个幻灯片移到下一个幻灯片时出现的类似动画的效果，可以控制每个幻灯片切换效果的速度，还可以添加切换声音。

添加切换效果的步骤如下。

（1）在包含【大纲】和【幻灯片】选项卡的窗格中，打开【幻灯片】选项卡。

（2）在【幻灯片】选项卡上，单击某个幻灯片缩略图。

（3）在【动画】选项卡上的【切换到此幻灯片】组中，单击一个幻灯片切换效果，如图 6 – 56 所示。

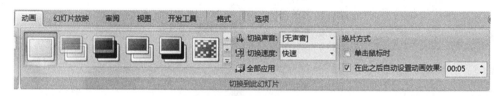

图 6 – 56　幻灯片切换

（4）若要设置幻灯片切换速度，请在【切换到此幻灯片】组中，单击【切换速度】旁边的箭头，然后选择所需的速度。

（5）向演示文稿中的所有幻灯片添加相同的幻灯片切换效果，在【切换到此幻灯片】组中，单击【全部应用】按钮。

6.6.7　创建交互式演示文稿

用 PowerPoint 制作的演示文稿，默认状态下按正常顺序依次进行播放。但是，用户有时候也需要通过单击幻灯片中的某一个对象直接跳转到相关的幻灯片或其他文件中，甚至跳转到 Internet 的某个网页上。要解决这个问题，只需把这个对象设置成超链接或动作按钮即可。

1. 添加超链接

幻灯片的所有对象都可以设置超链接，超链接只有在幻灯片放映时才有效。不仅可以链接到当前演示文稿中的其他幻灯片，而且还可以链接到其他文件中，甚至某个 Web 页上。添加超链接的操作方法有以下两种。

方法一：选中要设置动作的对象，然后打开【插入】选项卡，在【链接】组中单击【超链接】按钮，即可弹出【插入超链接】对话框，在该对话框中选择链接到的位置，最后单击【确定】按钮即可，如图 6－57 所示。

方法二：也可以通过选中要设置超级链接的对象，右击该对象，在快捷菜单中选择【超链接】命令来实现超链接的设置。

完成超链接后的文本下面出现了下划线，并且颜色也改变了。放映时，鼠标若指向超链接，指针就变成小手形状，若单击，则跳转到预先设置好的位置。

2. 添加动作按钮

动作按钮是 PowerPoint 中预先设置好的一组带有特定动作的图形按钮，这些按钮被预先设置为指向前一张、后一张、第一张、最后一张幻灯片、播放声音及播放电影等链接。使用动作按钮，可以实现在放映幻灯片时跳转的目的。操作方法如下。

（1）选中要设置动作的对象，然后打开【插入】选项卡，在【链接】组中单击【动作】按钮。

（2）在弹出的【动作设置】对话框中打开【单击鼠标】选项卡，并选中【超链接到】单选项，单击其下拉按钮，即可选择要链接的对象，如图 6－58 所示。

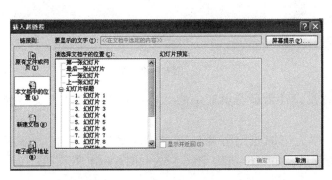

图 6－57　【插入超链接】对话框　　　　　图 6－58　【动作设置】对话框

（3）如果想设置鼠标移过时执行链接操作的话，只需在【动作设置】对话框中打开【鼠标移过】选项卡即可进行进一步设置。

! 注 意

> 通过在幻灯片中，打开【插入】选项卡，在【插图】组中选择【形状】|【动作按钮】命令，选择类别中的任何一种动作按钮也可以链接到任意位置。

◆ 6.7　实例三：美化幻灯片

◆ 任务描述

制作演示文稿的过程使用主题、背景，省去了许多设置操作，使文稿的制作过程大大加快，制作出的文稿更加美观。这里我们把前面的作品进行美化，使它具有可欣赏性。

◆ 任务分析

1. 为幻灯片设置主题。

2. 设置背景。

◆ 任务要求

1. 按照如图 6 - 59 和图 6 - 60 所示样文，设计整个演示文稿的主题背景为"行云流水"。

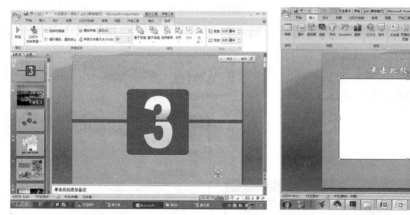 

图 6 - 59　第一张　　　　　　　　　　图 6 - 60　第十张

2. 按照样文，把第三张幻灯片背景设计为渐变填充中的"心如止水"效果，类型为"射线"，如图 6 - 61 所示。

3. 按照样文，把"蓝天 1. jpg"作为第四张幻灯片的背景，透明度 7%，把"蓝天 2. jpg"作为第八张、第九张幻灯片的背景，如图 6 - 62、图 6 - 63 和图 6 - 64 所示。

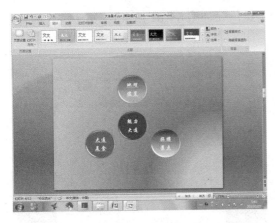

图 6-61　第三张

图 6-63　第八张

4. 按照样文，把第五张幻灯片背景设计为渐变填充中的"雨后初晴"效果；光圈 1：红色，结束位置：20%；光圈 2：橙色，结束位置：59%；光圈 3：黄色，结束位置：74%；删除光圈 4，如图 6-65 所示。

5. 按照样文，把第六张幻灯片的背景设置为水滴纹理，透明度为 12%，如图 6-66 所示。

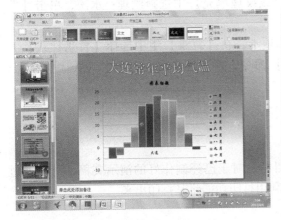

图 6-65　第五张

图 6-62　第四张

图 6-64　第九张

图 6-66　第六张

6. 按照样文，把第七张幻灯片的背景设置为绿色（如图 6-67 所示），第十一张的背景设置为黑色（如图 6-68 所示）。

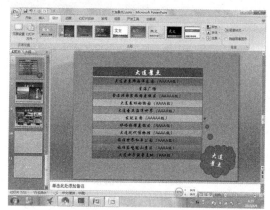

图 6-67　第七张

图 6-68　第十一张

◆ **任务实现**

1. 打开演示文稿，打开【设计】选项卡，在【主题】组中输入"行云流水"。

2. 选定第三张幻灯片，打开【设计】选项卡，在【背景】组中选择【背景样式】｜【设置背景格式】｜【填充】｜【渐变填充】命令，在【预设颜色】中选择心如止水，在【类型】中选择射线，单击【关闭】按钮。

3. 选定第四张幻灯片，打开【设计】选项卡，在【背景】组中选择【背景样式】｜【设置背景格式】｜【填充】｜【图片或纹理填充】｜【插入自文件】命令，选择背景图片位置，调整透明度为 7%，单击【关闭】按钮。同样方法设置第八张及第九张幻灯片。

4. 选定第五张幻灯片，打开【设计】选项卡，在【背景】组中选择【背景样式】｜【设置背景格式】｜【填充】｜【渐变填充】命令，在【预设颜色】中选择雨后初晴；调整光圈颜色及结束位置，光圈 1：红色，结束位置：20%；光圈 2：橙色，结束位置：59%；光圈 3：黄色，结束位置：74%；删除光圈 4，单击【关闭】按钮。

5. 选定第六张幻灯片，打开【设计】选项卡，在【背景】组中选择【背景样式】｜【设置背景格式】｜【填充】命令，在【图片或纹理填充】中选择纹理：水滴，单击【关闭】按钮。

6. 选定第七张幻灯片，打开【设计】选项卡，在【背景】组中选择【背景样式】｜【设置背景格式】｜【填充】｜【纯色填充】命令，颜色选择绿色，单击【关闭】按钮；同样方法设置第十一张幻灯片。

◆ **6.8　放映与打印演示文稿**

放映或打印演示文稿是文稿创作的最终目的。对于已经制作好的演示文稿，可以通过 PowerPoint 的放映功能演示给观众看，也可以利用打印功能将其打印出来。

6.8.1　排练计时的使用

演示文稿中幻灯片的换片方式有人工和自动两种。人工换片方式适合有人控制的情况下；如果在展览会上，要向观众反复展示公司介绍、产品广告等幻灯片，人工换片方式就不能胜任了，这时就要考虑自动换片。有的时候我们希望演示文稿能够自动播放，但每张幻灯片内容不同停留的时间不一样，为了达到较好的播放效果，可以使用排练计时功能进行设置。具体操作步骤如下。

（1）打开【幻灯片放映】选项卡，在【设置】组中单击【排练计时】，演示文稿自动进入幻灯片放映状态，从第一张幻灯片开始放映，并出现一个【预演】对话框，如图 6-69 所示。

图 6-69　【预演】对话框

- 【下一项】按钮 ➡：单击此按钮可用于切换幻灯片，如果当前幻灯片中的对象已设置了动画，则每单击一次该按钮，显示出一个动画对象，直到所有对象都显示完后才切换幻灯片。
- 【暂停】按钮 ⅠⅠ：单击此按钮暂停计时，暂停期间的时间不会被记录下来。
- 0:00:09 ：用来显示当前幻灯片已放映的时间。
- 【重复】按钮 ⤺：单击此按钮重新对当前幻灯片计时。
- 0:00:18 ：用来显示到目前为止演示文稿已经放映的时间。

（2）排练结束后，在【预演】对话框中单击【关闭】按钮，从弹出的对话框中选择是否接受此次的排练。

！注　意

1. 排练好演示文稿的放映时间后，放映时会按照排练的时间自动放映。

2. 打开【动画】选项卡，在【切换到此幻灯片】组中，选中【在此之后自动切换】复选框，并在其右侧文本框中输入时间（秒）后，则在演示文稿放映时，当幻灯片停留至设定的秒数之后，将会自动切换到下一张幻灯片。如果单击【全部应用】按钮，则可为每张幻灯片设定相同的切换时间，可以实现幻灯片的连续自动放映。

6.8.2　设置放映方式

在进行放映前和放映过程中，还可以对幻灯片进行以下设置。

1. 自定义放映

自定义放映是指用户可以自定义演示文稿放映的张数，使一个演示文稿适用于不同的观众，即可以将一个演示文稿中的多张幻灯片进行分组，以便为特定的观众放映演示文稿中的特定部分。用户可以用超链接分别指向演示文稿中的各个自定义放映，也可以在放映整个演示文稿时只放映其中的某个自定义放映。具体操作步骤如下。

（1）在【幻灯片放映】选项卡的【开始放映幻灯片】组中单击【自定义幻灯片放映】按钮，在弹出的菜单中选择【自定义放映】命令，即打开【自定义放映】对话框。

（2）在【自定义放映】对话框中单击【新建】按钮，弹出【定义自定义放映】对话框，在该对话框中设置【幻灯片放映名称】，在左侧的幻灯片列表框中，按顺序选择要放映的幻灯片，逐一添加到右侧，最后单击【确定】按钮，完成操作，如图6-70所示。

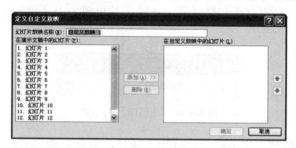

图6-70 【定义自定义放映】对话框

2. 幻灯片放映前的设置

在放映前，打开【幻灯片放映】选项卡，在【设置】组中单击【设置幻灯片放映】按钮，打开【设置放映方式】对话框（如图6-71所示），可以在该对话框中对放映方式进行一些整体性的设置。

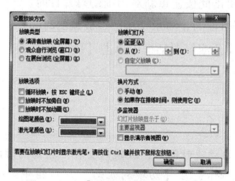

图6-71 【设置放映方式】对话框

（1）放映类型：可以在此选项组中指定演示文稿的放映方式。

● 【演讲者放映（全屏幕）】：以全屏幕形式显示，放映进程完全由演讲者控制，可用绘图笔勾画，适于会议或教学等。

● 【观众自行浏览（窗口）】：以窗口形式演示，在该方式中不能单击鼠标切换幻灯片，但可以拖动垂直滚动条或按PageDown、PageUp键进行控制，适用于人数少的场合。

● 【在展台浏览（全屏幕）】：以全屏幕形式在展台上做演示用，演示文稿自动循环放映，观众只能观看不能控制。适用于无人看管的场合。采用该方法的演示文稿应按事先预定的或通过在【幻灯片放映】选项卡的【设置】组中选择【排练计时】命令设置的时间和次序放映，不允许现场控制放映的进程。

（2）放映选项：可以在此选项组中指定放映时的选项，包括循环放映时是否允许使用 Esc 键停止放映、放映时是否播放旁白和动画等。

（3）放映幻灯片：可以在选项组中设置要放映的幻灯片的范围。如果已经设置了自定义放映，可以通过单击【自定义放映】单选按钮，选择已经创建好的自定义放映。

（4）换片方式：可以通过使用手动单击的方式切换幻灯片，也可以使用预先设置好的排练计时来自动放映幻灯片。

3. 放映演示文稿

前面讲过，放映演示文稿通常有以下 3 种操作方法。

方法一：打开【幻灯片放映】选项卡，在【开始放映幻灯片】组中选择【从头开始】【从当前幻灯片开始】或者【自定义幻灯片放映】。

方法二：按 F5 键从第一张幻灯片开始放映。

方法三：按 Shift + F5 组合键从当前幻灯片开始放映。

4. 放映过程中的控制

在演示文稿的放映过程中，PowerPoint 还提供了用户对放映进行控制的功能。

（1）翻页方式。在放映过程中，直接按键盘上的 PageDown、PageUp 键，或者在屏幕上右击，在弹出的快捷菜单中选择【上一页】【下一页】进行翻页；若准备进行幻灯片的跳转播放，可以在屏幕上右击，在弹出的快捷菜单中选择【定位至幻灯片】，再进行选择即可。

（2）绘图笔的应用。在放映过程中，在屏幕上右击，在弹出的快捷菜单中选择【指针选项】|【圆珠笔】或【毡尖笔】或【荧光笔】命令，还可以设置墨迹颜色或擦除。

选择绘图笔后，演讲者可以使用鼠标在幻灯片上做一些标注，就如同手中握有一支笔一样。标注只对当前屏幕起作用，不会对幻灯片的内容进行任何修改。

（3）放映结束。在放映过程中，在屏幕上右击，从弹出的快捷菜单中选择【结束放映】或按 Esc 键即可。

6.8.3　演示文稿的打包

为了保持演示文稿的完整性，必须将链接到演示文稿中但存放在不同路径下的其他源文件搜集在一起，手工查找这些文件非常麻烦，可以用 PowerPoint 提供的"打包"功能来实现。打包时还提供了一个 PowerPoint 的播放器，没有安装 PowerPoint 的用户也能打开此演示文稿，而且用打包程序提供的字形嵌入功能，不依赖 Windows 系统中的其他字体，可得到正确的演示结果。具体操作方法如下。

1. 打包到文件夹

（1）启动 PowerPoint 2007，打开相应的演示文稿，选择【Office 按钮】|【发布】|【CD 数据包】命令，在弹出的对话框中，单击【确定】按钮，如图 6 - 72 所示。

图 6 - 72　打包第一步提示对话框

（2）打开【打包成 CD】对话框，如图 6 – 73 所示，单击【选项】按钮。

（3）打开如图 6 – 74 所示的【选项】对话框，根据需要设置相应的选项属性，并单击【确定】按钮返回到【打包成 CD】对话框。

图 6 – 73　【打包成 CD】对话框　　　　图 6 – 74　【选项】对话框

（4）如果需要将多份演示文稿一并打包，则可以单击【添加文件】按钮，打开【添加文件】对话框，添加相应的文件即可。

（5）在【将 CD 命名为】右侧的方框中输入文件夹名称，再单击【复制到文件夹】按钮，打开【复制到文件夹】对话框，如图 6 – 75 所示。

图 6 – 75　【复制到文件夹】对话框

（6）通过单击【浏览】按钮，为打包的文件确定一个保存位置，然后单击【确定】按钮，弹出如图 6 – 76 所示的对话框，单击【是（Y）】按钮，将链接的文件打包到文件夹中。

图 6 – 76　"是否要在包中包含链接文件？"提示对话框

（7）打包完成后，返回到【打包成 CD】对话框，单击其中的【关闭】按钮退出即可。

2. 打包文件的使用

将上述打包后的文件夹复制移动到其他计算机中并进入该文件夹，如图 6 – 77 所示。双击其中的 PPTVIEW. EXE 文件，启动演示文稿查看器，选中需要放映的演示文稿，即可进入演示放映状态。

图 6 – 77　打包后的文件夹

3. 手动添加其他演示文稿

在上述打包操作过程中，通过【添加文件】按钮将其他演示文稿文件添加到播放列表中，其实在完成打包且复制到文件夹的操作后，也可以利用手动方式将其他演示文稿文件添加到播放列表中，操作方法如下。

（1）将需要添加的演示文稿文件复制到上述打包文件夹中。

（2）进入打包后的文件夹，双击其中的 playlist. txt 文件将其打开，输入其他演示文稿的文件名称，再单击【保存】按钮退出即可。

6.8.4　演示文稿的打印

演示文稿不仅可以放映，还可以打印出来。PowerPoint 在打印时，可以选择 4 种不同的打印内容，即幻灯片、讲义、备注页和大纲视图。

1. 页面设置

在打印之前，可以设计幻灯片的大小和打印方向。具体操作步骤如下。

（1）打开【设计】选项卡，在【页面设置】组中单击【页面设置】，打开【页面设置】对话框，如图 6 – 78 所示。

（2）选择幻灯片的大小，并设置打印方向，还可以调整【幻灯片编号起始值】。

（3）单击【确定】按钮。

图 6 – 78　【页面设置】对话框

2. 打印

对当前的打印设置及预览效果满意后，可以连接打印机开始打印演示文稿。具体操作步骤如下。

（1）选择【Office 按钮】｜【打印】｜【打印】命令，打开【打印】对话框，如图 6-79所示。

（2）在【打印内容】下拉列表中选择要打印的内容，并进行参数的设置。

（3）单击【确定】按钮。

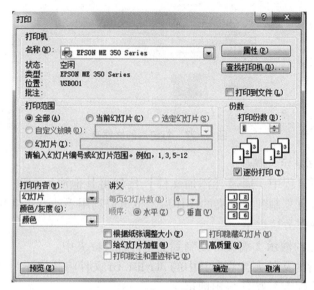

图 6-79　【打印】对话框

6.9　实例四：设置幻灯片

◆ 任务描述

演示文稿在演示前，可以给待演示的对象添加一些动作特效，以达到更好的视觉效果，下面就针对实例三中的作品进行进一步的完善。

◆ 任务分析

1. 对幻灯片对象进行自定义动画的设置。

2. 幻灯片间切换动作的设置。

◆ 任务要求

1. 按照以下顺序设置第一张幻灯片中各个对象的动画效果。

（1）艺术字"3"：进入—出现，开始—之前，动画播放后—下次单击后隐藏；

（2）艺术字"2"：进入—出现，开始—单击时，动画播放后—下次单击后隐藏；

（3）艺术字"1"：进入—出现，开始—单击时，动画播放后—下次单击后隐藏。

2. 按照以下顺序设置第二张幻灯片。

（1）"浪漫！""大连！"：退出—淡出式缩放；

（2）背景图片：进入—随机线条—水平，"从上一项之后开始"，延迟0秒；

（3）"魅力之都"：进入—缩放—放大，"从上一项开始"，延迟0秒；

（4）"中国大连"：进入—缩放—放大，"从上一项之后开始"，延迟0秒。

3. 按照以下顺序设置第四张幻灯片。

（1）"picture11. jpg"（中国地图）：进入—渐入，"从上一项开始"，延迟 0 秒；

（2）"大连，位于欧亚大陆……"：进入—出现，"从上一项开始"，延迟 0 秒；

（3）"欧亚大陆"：进入—渐入，"从上一项开始"，延迟 1 秒；

（4）"欧亚大陆"：退出—切出—到左侧，"从上一项开始"，延迟 3 秒；

（5）"picture11. jpg"（中国地图）：退出—层叠—跨越，"从上一项之后开始"，延迟 0 秒；

（6）"picture17. jpg"：进入—伸展—跨越，"从上一项之后开始"，延迟 0 秒；

（7）"辽东半岛"：进入—翻转式由远及近，"从上一项之后开始"，延迟 0 秒；

（8）"大连"：进入—光速，"从上一项之后开始"，延迟 0 秒；

（9）"大连"：强调—补色，"从上一项之后开始"，延迟 0 秒。

4. 按照如下要求设置第五张幻灯片。

图表：强调—陀螺旋，"从上一项之后开始"，延迟 0 秒。

5. 按照以下顺序设置第八张幻灯片。

（1）"星海广场占地面积……"：进入—出现，"从上一项开始"，延迟 0 秒；

（2）"星海广场"：进入—光速，"从上一项开始"，延迟 0 秒；

（3）"picture4. jpg"：进入—压缩，"从上一项开始"，延迟 0 秒；

（4）"picture4. jpg"：强调—跷跷板，"从上一项开始"，延迟 1.5 秒；

（5）"picture4. jpg"：退出—层叠—跨越，"从上一项开始"，延迟 2.5 秒；

（6）"picture15. jpg"：进入—淡出式缩放，"从上一项开始"，延迟 3 秒；

（7）"picture18. jpg"：进入—淡出式缩放，"从上一项开始"，延迟 3 秒。

6. 按照以下顺序设置第九张幻灯片。

（1）标题"老虎滩"：进入—缩放，"从上一项开始"，延迟 0 秒；

（2）"老虎滩海洋公园，……"：进入—出现，"从上一项开始"，延迟 0 秒；

（3）从左数第一幅图片：进入—放大—中速，"从上一项开始"，延迟 1 秒；

（4）图片对应的艺术字：进入—回旋，"从上一项开始"，延迟 1.5 秒；

（5）其余图片按照从左到右顺序依次设置相同的动画效果，其余图片对应文字也按照从左到右依次设置动画效果，延迟时间每项增加 0.5 秒。

7. 设置第十一张幻灯片，"end"设置为一段曲线动作路径。

8. 设置所有幻灯片的切换效果为"随机"，切换声音为"风铃"。

9. 设置第三张幻灯片，分别把"地理位置""大连美食""旅游景点"链接到对应的幻灯片上；然后分别在第四张幻灯片上添加后退动作按钮、第六张幻灯片上添加文字"返回"、第七张幻灯片上添加图片"按钮. jpg"，并链接到第三张幻灯片。

10. 设置第一张幻灯片的声音作为整个演示文稿的背景音乐，循环播放直到停止，隐藏声音图标。

◆ **任务实现**

1. 选择第一张幻灯片，选择艺术字"3"，打开【动画】选项卡，在【动画】组中单击【自定义动画】，弹出【自定义动画】任务窗格，单击【添加效果】，选择【进入】｜【其

他效果】|【出现】命令，右击自定义动画任务窗格艺术字"3"的动画效果，选择【效果选项】，打开【效果】选项卡，单击【计时】【开始】项选择："之前"。打开【计时】选项卡，【动画播放后】项选择："下次单击后隐藏"；然后按上述方法设置艺术字"2"、艺术字"1"的动画效果。

2. 选择第二张幻灯片，选择"浪漫！"，打开【动画】选项卡，在【动画】组中单击【自定义动画】，弹出【自定义动画】任务窗格，单击【添加效果】，选择【退出】|【其他效果】|【淡出式缩放】命令；同样方法设置"大连！"；选择背景图片，单击【添加效果】，选择【进入】|【其他效果】|【随机线条】命令，右击【自定义动画】列表中背景图片的自定义动画效果，然后单击【计时】，【开始】项选择："之后"，【延迟】：0 秒；选择"魅力之都"，单击【添加效果】，选择【进入】|【其他效果】|【缩放】命令，右击【自定义动画】列表中"魅力之都"的自定义动画效果，然后单击【计时】，【开始】项选择："之前"，【延迟】：0 秒；同样方法设置"中国大连"。

3. 选择第四张幻灯片，选择"picture11. jpg"，单击【添加效果】，选择【进入】|【其他效果】|【渐入】命令，右击【自定义动画】列表中"picture11. jpg"的自定义动画效果，然后单击【计时】，【开始】项选择："之前"，【延迟】：0 秒；选择"大连，位于欧亚大陆……"，单击【添加效果】，选择【进入】|【其他效果】|【出现】命令，右击【自定义动画】列表中其对应的自定义动画效果，然后单击【计时】，【开始】项选择："之前"，【延迟】：0 秒；选择"欧亚大陆"，单击【添加效果】，选择【进入】|【其他效果】|【渐入】命令，右击【自定义动画】列表中其对应的自定义动画效果，然后单击【计时】，【开始】项选择："之前"，【延迟】：1 秒；选择"欧亚大陆"，单击【添加效果】，选择【退出】|【其他效果】|【切出】命令，右击【自定义动画】列表中其对应的自定义动画效果，然后单击【计时】，【开始】项选择："之前"，【延迟】：3 秒；选择"picture11. jpg"，单击【添加效果】，选择【退出】|【其他效果】|【层叠】命令，右击【自定义动画】列表中其对应的自定义动画效果，然后单击【计时】，【开始】项选择："之后"，【延迟】：0 秒；选择"picture17. jpg"，单击【添加效果】，选择【进入】|【其他效果】|【伸展】命令，右击【自定义动画】列表中其对应的自定义动画效果，然后单击【计时】，【开始】项选择："之后"，【延迟】：0 秒；选择"辽东半岛"，单击【添加效果】，选择【进入】|【其他效果】|【翻转式由远及近】命令，右击【自定义动画】列表中其对应的自定义动画效果，然后单击【计时】，【开始】项选择："之后"，【延迟】：0 秒；选择【大连】，单击【添加效果】，选择【进入】|【其他效果】|【光速】命令，右击【自定义动画】列表中其对应的自定义动画效果，然后单击【计时】，【开始】项选择："之后"，【延迟】：0 秒；选择"大连"，单击【添加效果】，选择【强调】|【其他效果】|【补色】命令，右击【自定义动画】列表中其对应的自定义动画效果，然后单击【计时】，【开始】项选择："之后"，【延迟】：0 秒。

4. 选择第五张幻灯片，选择图表，单击【添加效果】，选择【强调】|【其他效果】|【陀螺旋】命令，右击【自定义动画】列表中其对应的自定义动画效果，然后单击【计时】，【开始】项选择："之后"，【延迟】：0 秒。

5. 选择第八张幻灯片，选择"星海广场……"，单击【添加效果】，选择【进入】|【其他效果】|【出现】命令；选择艺术字"星海广场"，单击【添加效果】，选择【进入】|

【其他效果】│【光速】命令；选择"picture4"，单击【添加效果】，选择【进入】│【其他效果】│【压缩】命令；选择"picture4"，单击【添加效果】，选择【强调】│【其他效果】│【跷跷板】命令；选择"picture4"，单击【添加效果】，选择【退出】│【其他效果】│【层叠】命令，【方向】：跨越；选择"picture15"，单击【添加效果】，选择【进入】│【其他效果】│【淡出式缩放】命令；选择"picture18"，单击【添加效果】，选择【进入】│【其他效果】│【淡出式缩放】命令。延迟时间的设置方法与前面幻灯片设置方法一样，这里不再详述。

6. 选择第九张幻灯片，选择标题艺术字"老虎滩"，单击【添加效果】，选择【进入】│【其他效果】│【缩放】命令；选择"老虎滩海洋公园……"，单击【添加效果】，选择【进入】│【其他效果】│【出现】命令；选择"picture5"，单击【添加效果】，选择【进入】│【其他效果】│【放大】，【速度】命令：中速；选择"老虎滩"，单击【添加效果】，选择【进入】│【其他效果】│【回旋】命令；同样方法设置其余的图片和艺术字。延迟时间的设置方法与前面幻灯片设置方法一样，这里不再详述。

7. 选择第十一张幻灯片，选择"end"，单击【添加效果】，选择【动作路径】│【绘制自定义路径】│【自由曲线】命令，绘制一段曲线。

8. 打开【动画】选项卡，在【切换到此幻灯片】组中选择【切换声音】为"风铃"，【切换效果】为"随机"。

9. 选择第三张幻灯片，选择"地理位置"，右击，在快捷菜单中选择【超链接】，打开【插入超链接】对话框，在左侧列表中选择【本文档的位置】，在【请选择文档中的位置】列表框中选择"幻灯片 4"；选择"大连美食"，右击，在快捷菜单中选择【超链接】，打开【插入超链接】对话框，在左侧列表中选择【本文档的位置】，在【请选择文档中的位置】列表框中选择"幻灯片 6"；选择"旅游景点"，右击，在快捷菜单中选择【超链接】，打开【插入超链接】对话框，在左侧列表中选择【本文档的位置】，在【请选择文档中的位置】列表框中选择"幻灯片 7"；选择第四张幻灯片，打开【插入】选项卡，在【插图】组中选择【形状】│【动作按钮】│【动作按钮：后退或前一项】命令，在第四张幻灯片中插入动作按钮，在打开的【动作设置】对话框中选择【超链接到】│【幻灯片】│【幻灯片 3】命令，单击【确定】按钮。选择第六张幻灯片，打开【插入】选项卡，在【文本】组选择【文本框】│【横排文本框】命令，插入文本框，输入文字"返回"，右击，在快捷菜单中选择【超链接】，打开【插入超链接】对话框，在左侧列表中选择【本文档的位置】，在【请选择文档中的位置】列表框中选择"幻灯片 3"；选择第七张幻灯片，打开【插入】选项卡，在【插图】组中单击【图片】，插入图片"按钮·jpg"，右击图片，在快捷菜单中选择【超链接】，打开【插入超链接】对话框，在左侧列表中选择【本文档的位置】，在【请选择文档中的位置】列表框中选择"幻灯片 3"。

10. 选择第一张幻灯片，选择声音图标，右击【自定义动画】列表中声音的动画效果，选择【效果选项】，打开【效果】选项卡，"停止播放"选择第三项"在 12 张幻灯片后"；在【声音设置】选项卡中，选择"幻灯片放映时隐藏声音图标"，单击【确定】按钮。

！注　意

如果想让声音播放持续到最后一张，可以把声音的动画效果中"停止播放"项的最后一项的数字设置为最后一张幻灯片的序号加1。

◆ 6.10　理论习题

一、单选题

1. PowerPoint 2007 运行于（　　　）环境下。

A. UNIX 　　　　　　　B. DOS 　　　　　　　C. Macintosh 　　　　　D. Windows

2. PowerPoint 系统是一个（　　　）软件。

A. 文字处理 　　　　　B. 图形处理 　　　　　C. 表格处理 　　　　　D. 文稿演示

3. PowerPoint 2007 新添加的界面组件为（　　　）。

A. 任务菜单 　　　　　B. 功能区 　　　　　　C. 备注窗格 　　　　　D. 快速访问工具条

4. PowerPoint 2007 演示文档的扩展名是（　　　）。

A. . ppt 　　　　　　　B. . pptx 　　　　　　C. . xsl 　　　　　　　D. . doc

5. 下列操作中，不是退出 PowerPoint 2007 的操作为（　　　）。

A. 选择【Office 按钮】|【关闭】命令

B. 选择【Office 按钮】|【退出 PowerPoint】命令

C. 按组合键 Alt + F4

D. 双击 PowerPoint 窗口的【Office 按钮】图标

6. PowerPoint 2007 中，执行了插入新幻灯片的操作，被插入的幻灯片将出现在（　　　）。

A. 当前幻灯片之前 　　B. 当前幻灯片之后 　　C. 最前 　　　　　　　D. 最后

7. 使用【复制】和【粘贴】命令来处理文字，在功能区的（　　　）位置可以找到它们。

A【插入】选项卡 　　　B. 【开始】选项卡 　　C. 快速访问工具栏 　　D. 【文件】菜单

8. 要添加一张新幻灯片，并且要在该幻灯片上插入图片，最好选择以下（　　　）版式。

A. 空白 　　　　　　　B. 标题和内容 　　　　C. 仅标题 　　　　　　D. 两栏内容

9. PowerPoint 2007 的四种主要视图包括（　　　）。

A. 普通视图、大纲视图、幻灯片浏览视图、讲义母版视图

B. 普通视图、备注页视图、幻灯片浏览视图、幻灯片放映视图

C. 普通视图、大纲视图、幻灯片浏览视图、备注页视图

D. 大纲视图、备注页视图、幻灯片浏览视图、幻灯片母版视图

10. 演示文稿中的每一张演示的单页称为（　　　），它是演示文稿的核心。

A. 版式 　　　　　　　B. 模板 　　　　　　　C. 母版 　　　　　　　D. 幻灯片

11. 用户编辑演示文稿时的主要视图是（　　　）。

A. 普通视图 　　　　　B. 幻灯片浏览视图 　　C. 备注页视图 　　　　D. 幻灯片放映视图

12. 选择不连续的多张幻灯片，借助（　　）键。

A. Shift　　　　　　　B. Ctrl　　　　　　　C. Tab　　　　　　　D. Alt

13. 在演示文稿放映过程中，可随时按（　　）键终止放映，返回到原来的视图中。

A. Enter　　　　　　　B. Esc　　　　　　　C. Pause　　　　　　D. Ctrl

14. PowerPoint 中放映幻灯片的功能键为（　　）。

A. F1　　　　　　　　B. F5　　　　　　　　C. F7　　　　　　　　D. F8

15. 幻灯片中占位符的作用是（　　）。

A. 表示文本长度　　　　　　　　　　B. 限制插入对象的数量

C. 表示图形大小　　　　　　　　　　D. 为文本、图形预留位置

16. 在幻灯片中插入艺术字，需要单击【插入】选项卡，在功能区的（　　）工具组中，单击【艺术字】按钮。

A. 【文本】　　　　　B. 【表格】　　　　　C. 【图形】　　　　　D. 【插画】

17. 下列（　　）不属于【插图】选项卡。

A. 【图片】　　　　　B. 【表格】　　　　　C. 【剪贴画】　　　　D. 【Smartart】

18. Smart 图形不包含下面的（　　）。

A. 【图表】　　　　　B. 【流程图】　　　　C. 【循环图】　　　　D. 【层次结构图】

19. 绘制图形时按（　　）键图形为正方形。

A. Shift　　　　　　　B. Ctrl　　　　　　　C. Delete　　　　　　D. Alt

20. 当新插入的剪贴画遮挡住原来的对象时，下列（　　）说法不正确。

A. 可以调整剪贴画的大小

B. 可以调整剪贴画的位置

C. 只能删除这张剪贴画，更换大小合适的剪贴画

D. 调整剪贴画的叠放次序，将被遮挡的对象提前

21. PowerPoint 2007 中是通过（　　）的方式来插入 .AVI 视频的。

A. 插入 ActivX 控件　　B. 插入影片　　　　C. 插入声音　　　　D. 插入插图

22. 改变演示文稿外观可以通过（　　）实现。

A. 修改主题　　　　　B. 修改背景样式　　　C. 修改母版　　　　D. 以上三种都可以

23. 下列说法正确的是（　　）。

A. 通过背景命令只能为一张幻灯片添加背景

B. 通过背景命令只能为所有幻灯片添加背景

C. 通过背景命令既可以为一张幻灯片添加背景，也可以为所有幻灯片添加背景

D. 以上说法都不对

24. 如果要在某一张幻灯片中设置不同元素的动画效果，应该使用【动画】组中的（　　）按钮。

A. 自定义动画　　　　B. 幻灯片切换　　　　C. 动作设置　　　　D. 自定义放映

25. 在 PowerPoint 2007 中设置幻灯片放映时的换页效果为垂直百叶窗，应进行（　　）设置。

A. 动作按钮　　　　　B. 幻灯片切换　　　　C. 预设动画　　　　D. 自定义动画

26. 在 PowerPoint 2007 的【切换到此幻灯片】组中，允许的设置是（　　）。

A. 设置幻灯片切换时的视觉效果和听觉效果

B. 只能设置幻灯片切换时的听觉效果

C. 只能设置幻灯片切换时的视觉效果

D. 只能设置幻灯片切换时的定时效果

27. 下面的对象中，不可以设置链接的是（　　　）。

A. 文本上　　　　　　　B. 背景上　　　　　　C. 图形上　　　　　　D. 插剪贴画上

28. 在演示文稿中，在插入超级链接中所链接的目标，不能是（　　　）。

A. 另一个演示文稿　　　　　　　　　B. 同一演示文稿的某一张幻灯片

C. 其他应用程序的文档　　　　　　　D. 幻灯片中的某个对象

29. 在 PowerPoint 2007 中，下列说法错误的是（　　　）。

A. PowerPoint 和 Word 文稿一样，也有页眉与页脚

B. 用大纲方式编辑设计幻灯片，可以使文稿层次分明、条理清晰

C. 幻灯片的版式是指视图的预览模式

D. 在幻灯片的播放过程中，可以用 Esc 键停止退出

30. 参加 PowerPoint 幻灯片制作比赛的一件作品内容编排得非常不错，可是制作时使用的颜色太杂乱，使用的字体、字号也很多，给人以非常凌乱的视觉感受。应采取以下（　　　）方法进行修改。

A. 统一使用宋体字体，字体颜色尽量少

B. 每张幻灯片采用预先制作的同一张图片做背景

C. 制作幻灯片模板并应用

D. 推翻原方案，重新设计

二、填空题

1. ＿＿＿＿＿＿＿位于窗口的左上角，取代了以往版本的【文件】菜单。

2. PowerPoint 2007 将菜单栏和工具栏进行了重新设计，按照面向任务的方式重新排列，相关的任务组织成一个＿＿＿＿＿＿＿。

3. 在 PowerPoint 2007 中的"状态栏"中 2/7 是指＿＿＿＿＿＿＿。

4. PPT 默认第一张幻灯片采用文字版式的＿＿＿＿＿＿＿幻灯片。

5. 普通视图由＿＿＿＿＿＿＿窗格、＿＿＿＿＿＿＿窗格及＿＿＿＿＿＿＿窗格 3 个窗格组成。

6. 从当前幻灯片进行放映的组合键为＿＿＿＿＿＿＿。

7. ＿＿＿＿＿＿＿是一种带有虚线边缘的框，绝大部分幻灯片版式中都有这种框。

8. 在 PowerPoint 2007 编辑状态，要在幻灯片中添加符号★，应当使用＿＿＿＿＿＿＿选项卡中的命令。

9. PowerPoint 2007 中，创建表格时，从＿＿＿＿＿＿＿选项卡中选择相应命令。

10. 当我们需要非标准样式的表格时，可以通过＿＿＿＿＿＿＿功能，修改表格的样式。

11. 一个幻灯片内包含的文字、图形、图片等称为＿＿＿＿＿＿＿。

12. 关于影片的放映方式：＿＿＿＿＿＿＿表示进入本幻灯片即开始播放，＿＿＿＿＿＿＿表示单击鼠标后再开始播放。

13. ＿＿＿＿＿＿＿是一组格式选项，包括一组主题颜色、一组主题字体（包括标题字体和正文字体）和一组主题效果（包括线条和填充效果）。

14. 在一个演示文稿中_____（能、不能）同时使用不同的模板。

15. 自定义动画的操作应该在_____选项卡中选择【自定义动画】。

16. 如果用户希望只更改演示文稿的背景，则应选择其他_____。

17. 动作按钮可以在【插入】选项卡上的_____组的形状列表中找到。

18. 在【自定义动画】窗格中，有 4 种类型的特效可供选择：_____、_____、_____ 和 _____。

19. 绘制路径时，如果要结束任意多边形或曲线路径并保持开放状态，可以在任何时候_____鼠标左键。

20. 在 PowerPoint 2007 中，对于已创建的多媒体演示文档可以用【Office 按钮】中的_____命令将所有相关的内容集中，以方便移动或播放。

三、思考题

1. 在 PowerPoint 中，有哪几种视图？各适用于何种情况？

2. 写出 PowerPoint2007 中获得帮助的几种途径。

3. 如何显示【开发工具】选项卡？

4. 怎样在幻灯片 2 与幻灯片 3 之间插入新幻灯片？

5. 写出插入表格的常用方法？

6. 在幻灯片中插入文本的方法有哪些？

7. 创建的超链接可跳到哪几个位置？

8. 如何在幻灯片中设置文本超链接？

9. 如何更改设置好的动画效果？

10. 在 PowerPoint 2007 版本下制作的演示文稿不能在低版本 Office 软件下运行，如何解决这个问题？

◆ 6.11　上机实训

一、制作漫画《向左走，向右走》演示文稿

1）幻灯片中所有的文字都是幼圆字体，大小颜色可根据情况自己调整。

2）第一张幻灯片（如图 6 – 80 所示）。

（1）将所有页面的背景设置为黑色。

（2）插入背景音乐 KISS THE RAIN，声音效果设置为自动播放，循环播放，播放到第 7 张幻灯片后停止。

（3）按照样图画出两条直线，录入文字，插入图片（图片在所发素材图片文件夹中）。

（4）设置自定义动画，顺序分别为：声音作为第一个播放的动画，接下来播放以下动画。

①上边的直线：进入——向左擦除。

②"向左走"：进入——挥舞；强调——忽明忽暗。

③下边的直线：进入——向右擦除。

④"向左走"：进入——挥舞；强调——忽明忽暗。

⑤"几米"：进入——颜色打字机，设定效果声音为打字机声音。

⑥图片：进入——渐变。

⑦所有动画效果中，开始设置为上一动画之后，延迟 1s。

⑧幻灯片切换设置为从全黑中淡出，自动播放，每隔 5s 换片。

3）第二张幻灯（如图 6-81 所示）。

图 6-80　第一张　　　　　　　　　　图 6-81　第二张

（1）按照样图插入图片。

（2）按照样图将图标模板中的图标复制过来，添加内容。

（3）对小头巾图片设置文件链接，链接文件是漫画发展介绍。

（4）对小蘑菇图片设置超级链接，链接到第六张幻灯片。

（5）幻灯片切换设置为从全黑中淡出，单击鼠标换片（默认）。

4）第三张幻灯片（如图 6-82 所示）。

（1）按照样图插入图片（图片在图片文件夹中）。

（2）按照样图复制文字过来（文字在插图文字中）。

（3）设置文字的自定义动画为：进入——颜色打字机。

（4）幻灯片切换设置为从全黑中淡出，自动播放，每隔 5s 换片。

5）第四张幻灯片（如图 6-83 所示）。

图 6-82　第三张　　　　　　　　　　图 6-83　第四张

（1）按照样图 A 插入图片，画出竖线，调整图片大小，设置线条粗细为 6 磅。

（2）按照样图 A 输入文字（位置在插图文字中）。

（3）按照样图 B 插入图片，调整图片大小（覆盖在之前样图 A 的图片上）。

（4）按照样图 B 输入文字（位置在插图文字中）。

（5）设置自定义动画（按以下设置顺序播放，其中样图 A 图片无进入动画）。

① 样图 A 文字：进入—颜色打字机（先左后右）。

② 样图 B 文字：进入—颜色打字机（先左后右）。

③ 样图 A 组图片：退出—渐变（先左后右）。

④ 样图 B 组图片：进入—渐变（先左后右）。

⑤ 样图 A 组文字：退出—渐变。

⑥ 样图 B 组文字：进入—颜色打字机。

⑦ 所有动画效果中，开始设置为上一动画之后。

⑧ 幻灯片切换设置为从全黑中淡出，自动播放，每隔 5s 换片。

6）第五张幻灯片（如图 6 - 84 所示）。

（1）按照样图输入标题和说明文字。

（2）插入视频文件。

（3）幻灯片切换设置为从全黑中淡出，单击鼠标换片（默认）。

7）第六张幻灯片（如图 6 - 85 所示）。

图 6 - 84　第五张　　　　　　　　　图 6 - 85　第六张

（1）将背景更换为样图所示图片（素材在图片文件夹中）。

（2）按照样图输入标题。

（3）将标题模板中的自选图形复制过来并按照样图输入文字。

（4）插入图片（两个表情）。

（5）设置自定义动画（按以下顺序播放）。

①自选图形：进入—渐变。

②图片：进入—光速（先左后右）。

（6）设置超级链接。

①自选图形 A 部分没有超级链接。

②自选图形 B 部分超级链接到第二张幻灯片。

（7）设置按钮声音。图片（表情）分别设置播放声音（请选择相应声音文件—鼓掌声、29. wav），并设置单击时突出显示。

（8）幻灯片切换设置为从全黑中淡出，单击鼠标换片（默认）。

8）第七张幻灯片（如图 6 – 86 所示）。

（1）将背景更换为样图所示图片（素材在图片文件夹中）。

（2）按照样图使用文本框输入文字，并调整文字位置。

（3）按照样图绘制出箭头，并调整位置。

（4）将第九张图的两个表情图片复制过来。

（5）设置自定义动画（按以下顺序播放）。

①上箭头：进入—擦除，自左侧。

②中箭头：进入—擦除，自左侧。

③下箭头：进入—擦除，自左侧。

（6）幻灯片切换设置为从全黑中淡出，单击鼠标换片（默认）。

9）第八张幻灯片（如图 6 – 87 所示）。

（1）将背景更换为样图所示图片（素材在图片文件夹中）。

（2）按照样图输入"谢谢观看"及作者姓名。

（3）设置自定义动画：输入的文字：进入—渐变，强调—忽明忽暗，动作路径—向下。

（4）幻灯片切换设置为从全黑中淡出，单击鼠标换片（默认）。

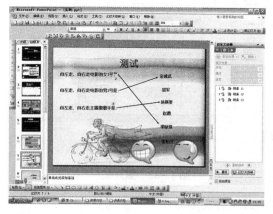

图 6 – 86　第七张

图 6 – 87　第八张

二、制作电子相册

（1）进行自由创作，围绕一个主题准备素材，创建演示文稿。

（2）幻灯片中包含各种对象，如文本、图片、形状、艺术字、文本框、声音或视频等。

（3）设置各种动画效果及切换效果。

（4）包含超链接效果。

（5）包含自动播放效果。

（6）设计合理美观。

【说明】

制作电子相册步骤如下。

（1）启动 PowerPoint 2007，新建一个空白文档。

（2）打开【插入】选项卡，在【插图】组中选择【相册】|【新建相册】命令，单击【插入文件来自】区域中的【文件/磁盘】按钮，打开【插入新图片】对话框，找到事先准备要插入 PowerPoint 2007 中的图片，然后单击【插入】按钮返回【相册】对话框，相片文件名便加入到【相册中的图片】列表框中。

（3）单击【相册中的图片】列表框中的图片文件名，可以对各张图片进行预览。如果对图片显示效果不太满意，可通过预览图下面的按钮对图片的方向、对比度和亮度等作适当调整。

（4）设置好后，单击【创建】按钮，图片被一一插入到演示文稿中，并在第一张幻灯片中留出相册的标题，输入相册标题等内容。

（5）切换到每一张幻灯片中，为相应的相片配上标题，并设置动画效果及切换效果。

（6）准备一个音乐文件，打开【插入】选项卡，在【媒体剪辑】组中选择【声音】|【文件中的声音】命令，打开【插入声音】对话框，选中相应的音乐文件，将其插入到第一张幻灯片中（幻灯片中出现一个小喇叭标记），设置声音的动画效果将其作为背景音乐。

第 7 章

计算机网络应用基础

知 识 点 导 读

◆ 基础知识

　　Internet 的定义及主要功能

　　IP 地址定义及格式

　　网址、域名的概念

◆ 重点知识

　　浏览器的使用方法

　　常用的搜索引擎，通过搜索引擎搜索指定信息及保存的方法

　　常见的网上娱乐方式

　　申请免费电子邮箱及收发电子邮件

◆ 7.1　初识计算机网络

　　目前计算机网络的应用遍布世界各个领域，并已成为人们社会生活中不可缺少的重要组成部分。从某种意义上讲，计算机网络的发展水平不仅反映了一个国家的计算机科学和通信技术的水平，也是衡量其国力及现代化程度的重要标志之一。可以说，网络社会化、社会网络化已经成为当今社会发展的必然趋势。

7.1.1　计算机网络的基本概念

　　计算机网络是计算机技术与通信技术相结合的产物，它的诞生使计算机的体系结构发生了巨大变化。

　　1. 计算机网络的定义

　　计算机网络简称网络，其基本含义是将处于不同地理位置且具有独立功能的计算机、终端及附属设备用通信线连接起来，按照一定的规则实现彼此之间的通信，以达到资源共享的目的。计算机网络是由传输介质连接在一起的一系列设备（网络节点）组成。一个节点可以是一台计算机、打印机或是任何发送或接收由网络上其他节点产生数据的设备。由多台计算机组成的计算机网络系统模型如图 7 - 1 所示。

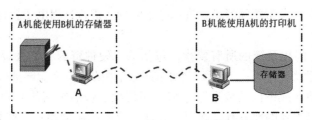

图 7-1 计算机网络系统模型

2. 计算机网络的发展

随着计算机技术和通信技术的蓬勃发展，计算机网络的发展也经历了从简单到复杂，从单机到多机的发展过程，其发展大致可划分为 4 个阶段。

（1）第一阶段：诞生阶段。20 世纪 60 年代中期之前的第一代计算机网络是以单个计算机为中心的远程联机系统。典型应用是由一台计算机和全美范围内 2 000 多个终端组成的飞机订票系统。终端是一台计算机的外部设备，包括显示器和键盘，无 CPU 和内存。随着远程终端的增多，在主机前增加了前端机（FEP）。当时，人们把计算机网络定义为"以传输信息为目的而连接起来，实现远程信息处理或进一步达到资源共享的系统"，但这样的通信系统已具备了网络的雏形。

（2）第二阶段：形成阶段。20 世纪 60 年代中期至 70 年代的第二代计算机网络是将多台主机通过通信线路互联起来，为用户提供服务。典型代表是美国国防部高级研究计划局协助开发的 ARPANET。主机之间不是直接用线路相连，而是由接口报文处理机（IMP）转接后互联的。IMP 和它们之间互联的通信线路一起负责主机间的通信任务，构成了通信子网。通信子网互联的主机负责运行程序，提供资源共享，组成了资源子网。这个时期，网络概念为"以能够相互共享资源为目的互联起来的具有独立功能的计算机之集合体"，形成了计算机网络的基本概念。

（3）第三阶段：互联互通阶段。20 世纪 70 年代末至 90 年代的第三代计算机网络是具有统一的网络体系结构并遵循国际标准的开放式和标准化的网络。ARPANET 兴起后，计算机网络发展迅猛，各大计算机公司相继推出自己的网络体系结构及实现这些结构的软硬件产品。由于没有统一的标准，不同厂商的产品之间互联很困难，人们迫切需要一种开放性的标准化实用网络环境，这样应运而生了两种国际通用的最重要的体系结构，即 TCP/IP 体系结构和国际标准化组织的 OSI 体系结构。

（4）第四阶段：高速网络技术阶段。20 世纪 90 年代末至今的第四代计算机网络，由于局域网技术发展成熟，出现了光纤及高速网络技术、多媒体网络、智能网络，使得整个网络就像一个对用户透明的大的计算机系统，最终发展为以 Internet 为代表的互联网。

7.1.2 计算机网络的功能

计算机网络有很多用处，其中最重要的功能是：数据通信、资源共享、分布式处理、提高系统的可靠性和可用性。

1. 数据通信

数据通信是计算机网络最基本的功能。它用来快速传送计算机与终端、计算机与计算机之间的各种信息，包括文字信件、新闻消息、咨询信息、图片资料和报纸版面等。用户可以在网上传送电子邮件、发布新闻消息、进行电子购物、进行远程电子教育等。

2. 资源共享

"资源"指的是构成系统的所有要素,包括软、硬件资源,如大容量硬盘、高速打印机、绘图仪、数据库及文件等;"共享"指的是网络中的用户都能够部分或全部地享受这些资源。例如,某些地区或单位的数据库(如飞机机票、饭店客房等)可供全网使用;某些单位设计的软件可供需要的地方有偿调用或办理一定手续后调用;一些外部设备如打印机,可面向用户,使不具有这些设备的地方也能使用这些硬件设备。如果不能实现资源共享,各地区都需要有完整的一套软、硬件及数据资源,则将大大地增加全系统的投资费用。

3. 分布式处理

分布式处理是将大型信息处理问题分散到网络中的多台计算机中协同完成,以解决单机无法完成的信息处理任务。

4. 提高系统的可靠性和可用性

在单机使用的情况下,如果没有备用机,则计算机发生故障便会引起停机;如果有备用机,则费用会大大增加。建立计算机网络后,重要的资源可以通过网络在多个地点互做备份,用户可以通过几条路由来访问网内的资源,从而可以有效地避免单个部件、计算机等的故障影响用户的使用。

7.1.3　计算机网络的分类

计算机网络的分类,有多种不同的方法。下面介绍两种常用的分类方法。

1. 按网络的分布范围分类

根据计算机网络的覆盖范围可以分为局域网、城域网、广域网等。

(1)局域网(local area network)。LAN 是指将小区域内的各种通信设备互联在一起所形成的网络,覆盖范围一般局限在几千米内,如小型办公室网络、智能大厦、校园或园区网络等。局域网的特点是:距离短、延迟小、速度快、传输可靠。

(2)城域网(metropolitan area network)。MAN 的覆盖范围就是城市区域,一般是在方圆 10~60km 范围内,最大不超过 100km。它的规模介于局域网与广域网之间,人们既可以使用广域网的技术去构建城域网,也可以使用局域网的技术去构建城域网。

(3)广域网(wide area network)。WAN 连接地理范围较大,一般跨度超过 100km,常常是指一个国家、一个洲甚至全球范围内的远程计算机通信网络。中国公用分组交换网(ChinaPAC)、中国公用数字数据网(ChinaDDN)及中国教育和科研计算机网(CERNET)等都属于广域网。Internet 是全球最大的广域网。

2. 按网络的拓扑结构分类

计算机网络的拓扑结构就是指计算机网络中的通信线路和节点相互连接的几何排列方法和模式。拓扑结构影响着整个网络的设计、功能、可靠性和通信费用等许多方面,是决定网络性能优劣的重要因素之一。构成网络的拓扑结构有很多种,主要有总线状拓扑、星状拓扑、环状拓扑、树状拓扑和网状拓扑。

(1)总线状拓扑结构。总线状拓扑结构是指所有节点共享一根传输总线,所有的节点都通过硬件接口连接在这根传输线上。总线状网络结构简单,价格低廉,安装使用方便,但是一旦总线发生故障,将导致整个网络瘫痪,如图 7-2 所示。

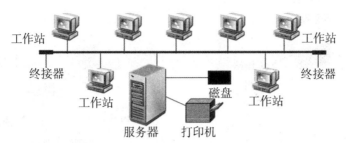

图 7 - 2　总线状拓扑结构示意图

（2）星状拓扑结构。星状拓扑结构是以中央节点为中心，把若干外围节点连接起来的辐射式互联结构。星状网络结构容易安装，便于管理，但是通信线路总长度较长，费用较大，而且对中央节点的可靠性要求高，如图 7 - 3 所示。

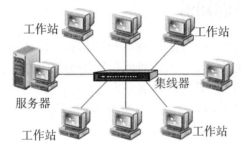

图 7 - 3　星状拓扑结构示意图

（3）树状拓扑结构。树状拓扑结构是星状拓扑结构的扩展，它由根节点和分支节点所构成。树状拓扑结构网络连接比较简单，容易进行扩展和故障隔离，但网络结构复杂，而且对根节点的依赖性太大，如图 7 - 4 所示。

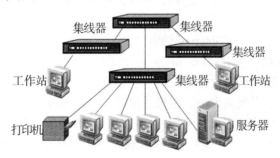

图 7 - 4　树状拓扑结构示意图

（4）环状拓扑结构。环状拓扑结构将所有网络节点通过点到点通信线路连接成闭合环路，数据将沿一个方向逐站传送。环状拓扑结构的显著特点是每个节点用户都与两个相邻节点用户相连。环状拓扑结构网络比较简单，实时响应好，可靠、耐用，但单环结构的网络仅适用于数据信息量小和节点少的场合，如图 7 - 5 所示。

（5）网状拓扑结构。网状拓扑结构中所有节点之间的连接是任意的，没有规律。广域网基本上都采用网状拓扑结构。网状拓扑结构网络具有较高的可靠性，但通信线路长，硬件成本较高，如图 7 - 6 所示。

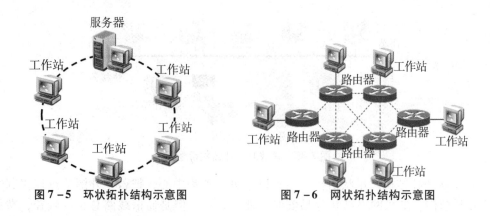

图 7-5　环状拓扑结构示意图　　　　图 7-6　网状拓扑结构示意图

◆ 7.2　Internet 基础知识

在现代社会中，人们需要快速了解世界各地的信息，因特网（Internet）作为一种崭新的信息交流工具，顺应了这种需要。因特网是一个全球性的网络，代表着全球范围内一组无限增长的信息资源，入网的用户既可以是信息的消费者，也可以是信息的提供者。因特网将人们带入了一个完全信息化的时代，它正改变着人们的生活和工作方式，可以毫不夸张地说：Internet 是人类文明史上的一个重要里程碑。

7.2.1　Internet 简介

Internet 也叫互联网或因特网。它是在美国 20 世纪 60 年代末至 20 世纪 70 年代初使用的军用计算机网 ARPANET 的基础上经过不断发展变化而形成的。Internet 计算机网络是一个巨大的信息海洋，涉及书籍、教育、电影、时事、运动、艺术、文化以及技术开发等内容。

1. 什么是 Internet

可以从以下 3 个观点来了解 Internet 的定义。

（1）从网络通信的观点来看。Internet 是一个采用 TCP/IP 协议把各个国家、各个部门、各种机构的内部网络连接起来的数据通信网。它将许许多多各种各样的网络通过主干网络互联在一起，而不论其网络规模的大小、主机数量的多少、地理位置的异同，这些网络使用相同的通信协议和标准，彼此之间可以通信和交换数据，并且有一套完整的编址和命令系统。这些网络的互联最终构成一个统一的、可以看成是一个整体的"大网络"。通过这种互联，Internet 实现了网络资源的组合，这也是 Internet 的精华所在和迅速发展的原因。

（2）从信息资源的观点来看。Internet 是一个集各个部门、各个领域内各种信息资源为一体的信息资源网。它是一个庞大的、实用的、可享受的、全球性的信息源。Internet 上有着大量的不同种类、不同性质的信息资料库，如学术信息、科技成果、产品数据、图书馆书刊目录、文学作品、新闻、天气预报及各种各样不同专题的电子论坛等。

（3）从经营管理的观点来看。Internet 是一个用户的网络。Internet 是一个开放管理、形式自由的网络集合，网络上的所有用户可以共享信息源，免费享用大量的软件资源；可以发送或接收电子邮件；可以与别人建立联系并互相索取信息；可以在网上发布公告，宣传信息；可以参加各种专题小组讨论等。

2. Internet 的发展

20 世纪 60 年代的美国，当时正处于美苏冷战时代，根据当时的国际局势，考虑到现代战争的特点，美国国防部 DOD（Department of Defence）所属的高级研究计划署 ARPA（The Advanced Research Projects Agency）开始致力于计算机网络和通信技术的研究。他们设计一套用于网络互联的协议软件（TCP/IP）并建立了实验性军用计算机网络 ARPANET，ARPA 网的成功使得很多机构都希望连入 ARPANET，但由于 ARPANET 是一个军用网络，无法满足他们的要求。

美国国家科学基金会 NSF（National Science Foundation，United States）认识到 Internet 的发展对社会的推动作用，同时，为了使美国在未来的信息社会中保持优势地位，于 1986 年资助建立了 NSFNet 主干网，从此 Internet 在美国迅速发展并获得巨大成功。之后连入 Internet 的用户飞速增长，形成了一个全世界范围的庞大网络。所以，Internet 就是将世界各个地方已有的各种广域网和局域网连接起来，形成的一个跨越国界范围的庞大的互联网络。这个网络还在不断地扩大，最终将覆盖全世界各个角落，连接各行各业甚至每家每户，使得人们彼此不论在何时何地均可以进行各种信息的共享。例如，世界各地的学生坐在家里就可以听哈佛大学教授的讲课并可随时提出自己的问题；边远地区的病人不用到大医院就能享受各地专家的会诊等，从而真正实现用"信息高速公路"连接全球的设想。

3. Internet 在中国的发展

1988 年，由中国科学院主持，联合北大、清华共同建设了中关村地区教育科研示范网（NCFC），率先与 Internet 连通。1994 年，我国正式进入 Internet，是接入 Internet 的全球第 71 个国家级网。

目前，我国通过国内 4 个主干网实现与 Internet 的连接，这 4 个主干网是：中国科技网（CSTNet）、中国公用计算机互联网（CHINANet）、金桥网（CHINAGBN）和中国教育和科研计算机网（CERNet）。

7.2.2　Internet 的组成

Internet 主要由通信线路、路由器、主机与信息资源等部分组成。

1. 通信线路

通信线路是 Internet 的基础设施，负责连接 Internet 中的路由器与主机。Internet 中的通信线路可以分为两大类：有线通信线路与无线通信线路。

2. 路由器

路由器是 Internet 中最重要的设备之一，负责连接 Internet 中的各个局域网或广域网。

3. 主机

主机是 Internet 中不可缺少的成员，是信息资源与服务的载体。Internet 中的主机既可以是大型计算机，也可以是普通的微型机。

4. 信息资源

信息资源是用户最关心的问题，WWW 服务的出现使信息资源的组织方式更加合理，而搜索引擎的出现使信息的检索更加快捷。

7.2.3　TCP/IP 协议

Internet 是由众多的计算机网络交错联结而形成的国际网，作为其成员的各种网络在通信中分别执行自己的协议。所谓 Internet 的协议，是指在 Internet 的网络之间及各成员网内部交换信息时要求遵循的通信协议。TCP/IP（Transmission Control Protocol/Internet Protocol，传输控制协议和网际协议）是 Internet 上使用的通用协议。TCP/IP 协议是一系列协议的总集，其中 TCP 协议和 IP 协议是 TCP/IP 协议族中两个最主要的协议。

7.2.4 IP 地址、域名和网址

在 Internet 上连接的所有计算机，从大型机到微型计算机都是以独立的身份出现，称它为主机。为了实现各主机间的通信，每台主机都必须有一个唯一的网络地址，才不至于在传输信息时出现混乱，这个地址就叫作 IP（Internet Protocol）地址，即用 Internet 协议语言表示的地址。

1. IP 地址的表示方法

IP 地址由网络标识和主机标识两部分组成，其中网络标识用于标识网络，主机标识用于标识该网络中的主机。IP 地址由 32 位二进制数组成，为了便于记忆，将它们分为 4 组，每组 8 位（用 4 个字节来表示），中间用小数点分开。用小数点分开的每个字节的数值范围是 0~255，这种书写方法叫作点数表示法。例如，IP 地址 202.102.134.68 中，202.102.134 是网络标识，68 是主机标识。

2. IP 地址分类

一般将 IP 地址按节点计算机所在网络规模的大小分为 A、B、C 三类，分别适用于大、中、小型网络。它们表示的范围分别为：

- A 类地址：1.0.0.0~127.255.255.255
- B 类地址：128.0.0.0~191.255.255.255
- C 类地址：192.0.0.0~223.255.255.255

全世界 IP 地址由 NIC（Network Information Center，网络信息中心）负责管理，我国由 CNNIC（China Internet Network Information Center，中国互联网网络信息中心）负责，总部在北京。

Internet 因特网中最基本的 IP 地址分为 A、B、C 类，我国采用 C 类 IP 地址，如北京大学的 IP 地址为 202.96.51.2。

！注 意

1. 一般个人用户使用的是动态 IP 地址，集团用户使用的是静态 IP 地址。动态 IP 地址是指用户每次登录时由服务器自动分配一个 IP 地址；静态 IP 地址是指用户登录时每次使用相同的 IP 地址。

2. 实际上，还存在着 D 类地址和 E 类地址。但这两类地址用途比较特殊，不常使用：D 类地址称为广播地址，供特殊协议向选定的节点发送信息时用；E 类地址保留给将来使用。

3. 查看本机 IP 地址

查看本机 IP 地址通常有以下两种方法。

方法一：

（1）选择【开始】|【运行】命令，在弹出的【运行】对话框中，输入"command"或者"cmd"命令，单击【确定】按钮。

（2）在打开的命令窗口光标处输入"ipconfig"命令，按 Enter 键，即可看到本机的 IP 地址。

方法二：

（1）右击桌面上的【网上邻居】图标。

（2）在弹出的快捷菜单中，单击【属性】。

（3）在弹出的窗口中，右击【本地连接】，在弹出的快捷菜单中单击【属性】。

（4）在弹出的对话框中，双击【Internet 协议（TCP/IP）】，在弹出的【Internet 协议（TCP/IP）属性】对话框中，便可以看到本机的 IP 地址了。

4. 域名

由于 IP 地址使用和记忆都不太方便，因此 Internet 使用域名系统（Domain Name System，DNS）来解决这个问题，即让每台机器的 IP 地址都对应一个通俗易记的域名地址。例如，清华大学的域名是"www. tsinghua. edu. cn"。

用户既可以使用该主机的 IP 地址来表示这台主机，也可以使用主机的域名来表示这台主机。若输入的是 IP 地址，则负责管理的计算机将立即通过对应的二进制数和该主机联系；若输入的是域名，则负责管理的计算机首先把这个域名送到域名服务器，在该服务器上找到对应的 IP 地址与该主机联系。域名是 IP 地址的字符形式，DNS 服务器负责将域名转换成相应的 IP 地址，也可将 IP 地址转换成域名。

域名格式为：机器名. 网络名. 机构名. 最高域名。排在最后的最高域名省略时大多为美国的域名。例如，"cn"代表中国，"fr"代表法国，"uk"代表英国等。常见的机构名及含义为："com"代表商业机构，"edu"代表教育机构，"gov"代表政府机构，"mil"代表军事组织，"net"代表网络组织，"org"代表非营利性组织，"int"代表国际组织。又例如，清华大学域名中，WWW 是为用户提供服务的主机类型，tsinghua 代表清华大学，edu 代表教育科研网，cn 代表中国。

一个单位、组织或个人要想在 Internet 上得到一个确定的名称或位置，需要进行域名登记。域名登记工作也需在经过授权的注册中心完成。

5. 网址

网址是网络地址的简称，也叫统一资源定位器 URL（Uniform Resource Locator），它是在 WWW 上信息资源的存放地址。URL 格式为：协议名称：//主机名/路径/文件名。

例如，http：//www. hao123. com/tianqi，其中 http 是协议名称，//表示后面是 Internet 站点的主机名，/tianqi 是路径。

7.2.5 Internet 的功能

Internet 之所以能够吸引众多的用户，来源于它强大的服务功能，人们可以利用它进行电子商务、查询信息、网上购物等，这里仅介绍几种常用的服务。

（1）电子邮件（E-mail）：是一种通过计算机网络与其他用户进行联系的快捷、方便、廉价的现代化通信手段。不论用户是否开机，电子邮件都会自动送入用户的电子邮箱中；用户还可以对收到的邮件进行编辑、存储和转发等操作。

（2）文件传输（FTP）：通过文件传输协议 FTP，用户可以把文件从一台机器传送到另一台机器（上传或下载）。用户有时不希望在远程联机的情况下浏览存放在计算机上的文件，而是先将这些文件下载到自己的计算机中，在闲暇时阅读和处理这些文件，从而可以节省时间和费用。

（3）远程登录（Telnet）：为实现资源共享，一台机器可以使用本机命令，通过 Internet，到达另一台机器，该过程称为登录；一旦一台机器登录到某台机器上，它就成为那台机器的"终端"，与那台机器本身的终端享有同样的待遇，在它的权限范围内，共享那台机器的资源。例如，有许多大学图书馆都通过 Telnet 对外提供联机检索服务。

（4）万维网（World Wide Web，WWW）：是以超文本标记语言（Hyper Text Markup Language，HTML）和超文本传输协议（Hyper Text Transfer Protocol，HTTP）为基础，向用户提供包含文本、图像、声音、动画等在内的信息浏览系统。

（5）网络新闻组（Netnews）：又称为 Usenet（网络论坛），是为了人们针对有关的专题进行讨论而设计的，是人们共享信息、交换意见和传播知识的地方。通常每个专题都有常见问题和解答（FAQ），用户的问题通常可以在 FAQ 中找到答案。

（6）其他：例如信息搜索、网上交流、网上娱乐、网络电话、电子商务等。

7.2.6 接入 Internet

用户浏览、使用网络资源的前提条件是用户的计算机必须接入 Internet。

1. Internet 服务商 ISP

要享受 Internet 上的各种服务，也是需要付费的，那钱应该付给谁呢？当然是谁提供服务就付钱给谁了，提供网络服务的是 ISP。ISP 是 Internet 服务提供商（Internet Server Provider）的缩写，是 Internet 服务的提供者，是用户接入 Internet 的桥梁。要想接入 Internet，就必须在 ISP 那里申请上网账号，得到上网账号就好像得到了 Internet 的通行证。

2. 接入 Internet 的方法

申请上网账号后，就可以上网了。第一次上网，必须创建新连接，以后就可以直接使用这个连接。

（1）右击【网上邻居】，在弹出的快捷菜单中选择【属性】，打开【网络连接】窗口，如图 7-7 所示。

（2）在左侧【网络任务】列表中单击【创建一个新的连接】，打开【新建连接向导】对话框，如图 7-8 所示。

（3）单击【下一步】按钮，选择【连接到 Internet】单选项，如图 7-9 所示。

（4）单击【下一步】按钮，选择【手动设置我的连接】单选项，如图 7-10 所示。

（5）单击【下一步】按钮，选择【用要求用户名和密码的宽带连接来连接】单选项，如图 7-11 所示。

（6）单击【下一步】按钮，在【ISP 名称】文本框中输入一个便于记忆的连接名称，如图 7-12 所示。

图7-7　【网络连接】窗口　　　　　　　　图7-8　【新建连接向导】对话框

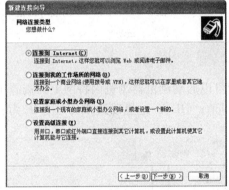

图7-9　网络连接类型

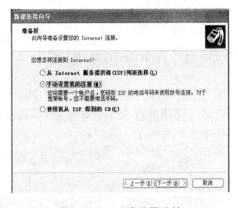

图7-10　手动设置连接

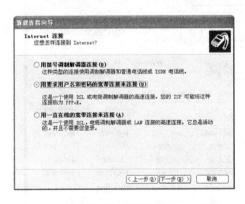

图7-11　宽带连接

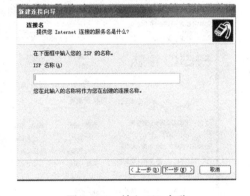

图7-12　输入 ISP 名称

　　（7）单击【下一步】按钮，在【Internet 账户信息】对话框中输入运营商提供给用户的用户名、密码等信息，如图7-13 所示。

　　（8）单击【下一步】按钮，在【正在完成新建连接向导】对话框中选择【在我的桌面上添加一个到此连接的快捷方式】复选框。

　　（9）单击【完成】按钮，就完成了 Internet 连接设置并在桌面上出现了对应的图标，双击该图标就会打开 Internet 连接对话框（如图7-14 所示），输入用户名和密码就可以上网了。

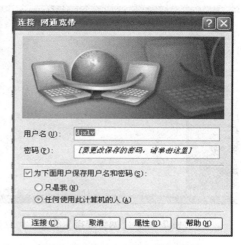

| 图 7 - 13 输入 Internet 账户信息 | 图 7 - 14 Internet 连接对话框 |

7.3 进入 Internet 世界

当用户创建了拨号连接，并拨号上网后，就可以启动浏览器浏览因特网上的资源了。浏览器有很多，常用的有 360 浏览器和 Internet Explorer（IE），这里以微软公司的 IE 为例进行介绍，如图 7 - 15 所示。

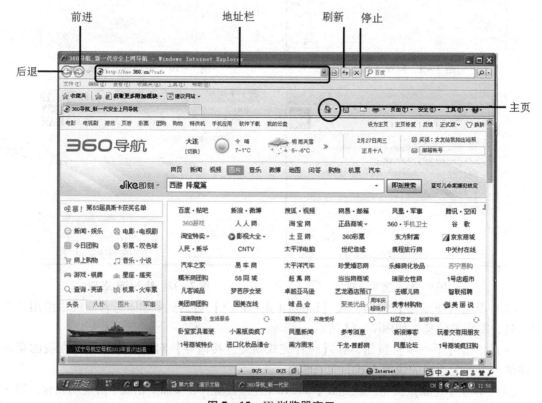

图 7 - 15 IE 浏览器窗口

7.3.1　启动 IE 浏览器

启动 IE 有以下 4 种常操作方法。

方法一：在 Windows 桌面上双击 Internet Explorer 快捷方式图标。

方法二：在任务栏的"快速启动"工具栏上，单击【启动 Internet Explorer 浏览器】按钮。

方法三：选择【开始】|【程序】|【Internet Explorer】命令。

方法四：在【我的电脑】或【资源管理器】或其他文件夹窗口的地址栏中输入网址，然后按 Enter 键也可启动 Internet Explorer。例如，输入 http：//www. sina. com. cn 后，按 Enter 键，即可进入新浪网的主页。

7.3.2　浏览网页

启动 IE 后，就可以浏览 Internet 资源了。在网页上有许多超链接，超链接就是存在于网页中的一段文字或图像，通过单击这段文字或图像，可以跳转到其他网页或网页中的另一个位置。超链接广泛地应用在网页中，提供了方便、快捷的访问手段。当光标停留在有超链接功能的文字或图像上时，会变为小手形状，单击就可进入链接目标。万维网就是用这些链接，把存放在世界各地、各种服务器中的成千上万的文件连接在一起的。

1. 直接访问网址

直接访问网址操作方法有以下两种。

（1）使用菜单命令：选择【文件】|【打开】命令，输入网址，单击【确定】按钮。

（2）使用地址栏：如果已经知道要浏览的网站地址，可以在地址栏直接输入要访问的网址就能打开其网站。

2. 使用导航按钮

Internet Explorer 浏览器的工具栏上有 5 个按钮是导航按钮，它们是【后退】【前进】【停止】【刷新】【主页】按钮，如图 7 – 15 所示。

（1）【后退】按钮：查看上一个打开的网页。

（2）【前进】按钮：查看下一个打开的网页。

（3）【停止】按钮：停止对当前网页的载入。

（4）【刷新】按钮：重新访问当前网页。

（5）【主页】按钮：打开默认主页。

！注　意

主页是指每次打开浏览器时所看到的起始页面。设置默认主页的方法如下。

启动 IE 浏览器，选择【工具】|【Internet 选项】命令，打开【常规】选项卡，在【地址】文本框中输入主页网址，单击【确定】按钮。

- 【使用当前页】：表示使用当前正在浏览的网页作为主页。
- 【使用默认页】：表示使用浏览器默认设置的 Microsoft 公司的网页作为主页。
- 【使用空白页】：表示不使用任何网页作为主页。

3. 收藏夹的使用

当浏览网页时，遇到喜欢的网页可以把它放到收藏夹里，以后再打开该网页时，只需在收藏夹列表中选择，就可以快速访问到该网页。

（1）向收藏夹中添加地址。打开要收藏的网页，然后选择【收藏夹】|【添加到收藏夹】命令，在弹出的【添加到收藏夹】对话框中选择或输入所需的内容，单击【确定】按钮。

（2）访问收藏夹中的网址。单击工具栏上的【收藏夹】按钮，在左侧【收藏夹】窗格内选择所需的网页名称，该网页就会显示在桌面上。

4. 用历史记录再次访问网页

若要打开曾经访问过的网页，可以从地址栏的下拉列表框中选择已有的网址，还可以使用"历史记录"。操作方法如下。

选择【查看】|【浏览器栏】|【历史记录】命令，在浏览区的左侧出现【历史记录】窗格，选择历史记录的排序方式，如"按日期查看"等。

◆ 7.4 搜索与保存网上资源

Internet 是一个巨大的信息库，用户可以利用搜索功能在 Internet 中查找需要的信息，并通过下载功能将其下载到本地计算机中以便使用。

7.4.1 搜索网上资源

互联网中的信息太多了，查找信息就好比大海捞针，没有好的方法是不行的，很多人用到了百度、谷歌，这类网站有一个专业术语，叫搜索引擎。

1. 搜索引擎简介

搜索引擎是指根据一定的策略、运用特定的计算机程序从互联网上搜集信息，在对信息进行组织和处理后，为用户提供检索服务，将用户检索相关的信息展示给用户的系统。其工作原理是定期搜录网站，存入数据库，利用你输入的关键词在自己的数据库中检索记录，根据一定的算法排列结果。常用的搜索引擎有百度、谷歌（Google）、雅虎等。

2. 搜索引擎使用方法

如何来使用搜索引擎呢？常用的操作方法有以下几种。

（1）基本搜索——确定类型，选取关键词。

【例 7-1】　查询有关国歌的信息。

首先对要查询的信息进行准确定位，确定要找的信息是国歌歌词、歌曲、作者还是诞生过程等，准确定位后，再选择对应查找类型（网页、图片、MP3、视频、地图等），最后筛选关键字输入后进行查找。

（2）关键字的筛选与使用。

【例 7-2】　查询端午节的来历信息。

此例的关键词可以是"端午节来历"，或查找与"端午节"和"来历"同时有关的信息，当你要使用多关键字进行搜索时，各个关键字之间需用空格分开，表示"并且"的意思。搜索引擎会提供符合全部查询条件的资料，并把最相关的网页排在前列。

（3）并行搜索。

【例 7 - 3】　要查询"中国新年"或"外国新年"的相关信息。

使用"A｜B"来搜索"或者包含词语 A，或者包含词语 B"的网页，无须分两次查询，只要输入"中国新年｜外国新年"搜索即可。

（4）减除无关资料。

【例 7 - 4】　要搜寻关于"武侠小说"，但不含"金庸"的资料。

有时候，排除含有某些词语的资料有利于缩小查询范围。例如，百度支持"－"功能，用于有目的地删除某些无关网页，但减号之前必须留一空格。本例中可使用如下查询："武侠小说－金庸"。

（5）双引号与书名号的使用。

【例 7 - 5】　要查询大连理工大学的相关信息。

当关键字较长时搜索引擎会进行拆分查询，可能会使查询结果不理想，使用双引号可让搜索引擎对关键词不拆分查询。此例中的关键词"大连理工大学"如果不加双引号，搜索结果被拆分，效果不是很好；但加上双引号后，获得的结果就全是符合要求的了。

7.4.2　保存网上资源

当找到所需的资源后，往往需要把找到的资料保存到本地计算机上。

1. 保存网页

启动 IE，找到要保存的那个网页，选择【文件】菜单中的【另存为】命令，起个名字并选择保存路径，单击【保存】按钮。

2. 保存图片

在图片上右击，在快捷菜单中选择【图片另存为】命令，起个名字并选择保存路径，单击【保存】按钮。

3. 保存文字

在网页上选中要保存的文字，右击，在快捷菜单中选择【复制】，然后建一个文本文件，打开文本文件后，右击，在快捷菜单中选择【粘贴】或【选择性粘贴】，最后把这个文本文件保存起来。

4. 下载软件

实际生活中，经常需要一些计算机中并没有安装的软件，这个时候往往就需要到网上去寻找相应的软件并下载到本地计算机上进行安装，这里以下载免费的 360 解压缩软件为例讲解下载软件的方法。

（1）在 IE 浏览器地址栏中输入一个搜索引擎的地址，如"www.baidu.com"。

（2）在搜索文本框中输入"免费解压缩软件官方下载"，单击【百度一下】按钮，打开搜索结果列表。

（3）在搜索后的列表中单击 360 解压缩软件的下载页面，进入如图 7 - 16 所示的窗口。

（4）单击【3.0 正式版下载】，打开如图 7 - 17 所示的【新建下载任务】对话框。

（5）在【下载到】列表框中选择下载的位置，单击【下载】按钮。

图 7 – 16　360 解压缩软件下载页面

图 7 – 17　【新建下载任务】对话框

7.5　实例一：搜索并保存网上资料

◆ 任务描述

每个人都不可能知道世界上的所有事情，如今 Internet 的出现使地球变小了，通过网络可以让你及时了解世界上发生的各种事情，通过它也使你有机会知道更多的知识。

◆ 任务分析

通过使用搜索引擎搜索用户需要的信息并进行保存。

◆ 任务要求

使用搜索引擎搜索下列信息，搜索到的结果按题号保存到桌面"练习"文件夹中以学生姓名命名的 Word 文档中。

1. 凤凰传奇所唱的流行歌曲《最炫民族风》的歌词内容。
2. 2016 年夏季奥运会在哪个国家举办？
3. 世界最重要的 IT 高科技产业基地硅谷位于美国的哪个州？
4. 2012 年诺贝尔奖各领域的获得者分别是哪些人？
5. "举头望明月，低头思故乡。"出自哪位诗人的哪首诗？

6. 求除了诗人杜甫以外的五首唐诗作品。

7. 求大连理工大学的历史。

8. 中国人和西方人的姓氏命名有何区别？

9. 求徐志摩的《再别康桥》英文稿。

◆ **任务实现**

双击浏览器，在地址栏中输入网址 www. baidu. com。

1. 在文本框中输入"《最炫民族风》歌词"，进入相关网页保存信息。

2. 在文本框中输入"2016 年夏季奥运会举办国家"，进入相关网页保存信息。

3. 在文本框中输入"美国硅谷"，进入相关网页保存信息。

4. 在文本框中输入"2012 年诺贝尔奖各领域的获得者"，进入相关网页保存信息。

5. 在文本框中输入"唐诗 - 杜甫"，进入相关网页保存信息。

6. 在文本框中输入"大连理工大学历史"，进入相关网页保存信息。

7. 在文本框中输入"中国人和西方人的姓氏命名区别"，进入相关网页保存信息。

8. 在文本框中输入"《再别康桥》英文稿"，进入相关网页保存信息。

9. 保存 Word 文档步骤略。

7.6　网上娱乐与生活

Internet 的诞生，在各个方面不断改变着人们的生活方式，使人们足不出户也能获取各种信息、寻求帮助、进行交流和接受各种服务。

7.6.1　网上聊天

如今 Internet 提供了多款与远方朋友进行信息交流的软件，使用它们最大的好处就是与远方朋友进行交流只需支付上网流量的费用即可，既节约又方便快捷。下面向大家介绍几款常用的即时沟通软件。

1. 腾讯 QQ 软件的使用

QQ 原名 OICQ，是 ICQ 的中文版软件，ICQ 即 I Seek You（我在找你）。QQ 也称为网络寻呼机。QQ 是深圳市腾讯计算机系统有限公司开发的一款基于 Internet 的即时通信（IM）软件。腾讯 QQ 支持在线聊天、视频电话、点对点断点续传文件、共享文件、网络硬盘、自定义面板、QQ 邮箱等多种功能，并可与移动通信终端等多种通信方式相连。

1999 年 2 月，腾讯正式推出第一个即时通信软件——腾讯 QQ，QQ 在线用户由 1999 年的 2 人到发展到现在上亿用户，是目前使用最广泛的聊天软件之一。

（1）申请免费 QQ 号码。启动 QQ 软件，在【注册账号】中输入昵称、密码等，单击【立即注册】按钮。

（2）查找网友并加为好友。选择【查找】｜【精确查找】命令，输入要查的 QQ 账号或昵称，单击【查找】按钮，选择好友名称，单击【加为好友】按钮，等待对方接受，当对方接受你的请求后，她（他）的 QQ 头像就会在你的好友框中以彩色方式显示。

2. MSN Messenger

MSN Messenger 是微软公司推出的即时消息软件，使用 MSN Messenger 可以与他人进行文字聊天、语音对话、视频会议等即时交流，还可以通过此软件来查看联系人是否联机，它在信息沟通方面的快捷性、便利性备受用户推崇，目前已有越来越多的人开始通过 MSN 进行在线即时沟通。

（1）注册 MSN。注册 MSN 账号的操作步骤如下。

①启动 MSN，单击【注册】按钮，如图 7 - 18 所示。

②打开注册界面（如图 7 - 19 所示），按照提示填写注册信息，其中"您希望以什么方式登录？"项，可以用默认的 hotmail 邮箱，如果没有也可以使用现有的邮箱注册，最后单击【接受】按钮，注册成功。

图 7 - 18　MSN 登录界面

图 7 - 19　注册界面

（2）MSN 的使用。MSN 的使用方法与 QQ 相似，这里不再进行介绍。

3. Skype

Skype，是一个由爱沙尼亚的软件开发人员于 2003 年设计的、支持语音通信的即时通讯软件，采用点对点技术与其他用户连接，具备如视频聊天、多人语音会议、多人聊天、传送文件、文字聊天等功能。它可以免费高清晰地与其他用户语音对话，也可以拨打国内国际电话，无论固定电话、移动电话、小灵通均可直接拨打，并且可以实现调用转移、短信发送等功能。连接双方的网络顺畅时，音质可能超过普通电话。2011 年 10 月，Skype 正式被微软公司收购。

（1）Skype 的下载安装。访问 Skype 的官网 http：//Skype. tom. com/，下载最新版的 Skype pc 客户端进行安装。安装时跟随安装向导直至安装结束即可。

（2）Skype 账号注册。使用 Skype 通话时必须使用 Skype 账号。单击【创建账户】进行注册，注册界面如图 7 - 20 所示。

（3）Skype 添加联系人。

①用刚刚注册的账户登录 Skype，如图 7 - 21 所示。

②单击左侧的【添加联系人】，弹出【查找 Skype 用户】对话框，如图 7 - 22 所示。

③在弹出的对话框中输入朋友的账户进行查找，然后单击【添加联系人】即可。此时添加的联系人就在左侧栏中显示，在得到对方确认后才可以添加成功。

图 7－20　Skype 注册界面

图 7－21　Skype 界面

图 7－22　【查找 Skype 用户】对话框

（4）Skype 呼叫单一联系人。

①客户端点对点呼叫。当联系人在线时，单击左侧的联系人，则右侧会显示相应的功能界面。若为语音电话，则单击【拨打】按钮；若为视频通话，则单击【视频通话】按钮即可，如图 7 - 23 所示。

图 7 - 23　客户端点对点呼叫

②呼叫任意普通电话（付费功能）。单击左侧的【拨打普通电话】，在右侧的电话面板中输入普通电话号码或者手机号码，等待对方接听即可，如图 7 - 24 所示。

图 7 - 24　呼叫任意普通电话

（5）Skype 呼叫多方联系人（适于电话会议，多方视频通话需付费）。

方法一：在呼叫单一联系人的同时，单击添加人名即可把其他联系人加到现在通话中实现多方通话。

方法二：也可以创建组的方式加入多方联系人实现多方通话。单击左侧的【创建组】，然后将左侧的联系人拖到右上方的联系人中，然后单击【呼叫组】或者【视频通话】，即可实现多方通话，如图 7 – 25 所示。

官方建议多方视频通话最多 5 人比较适宜。

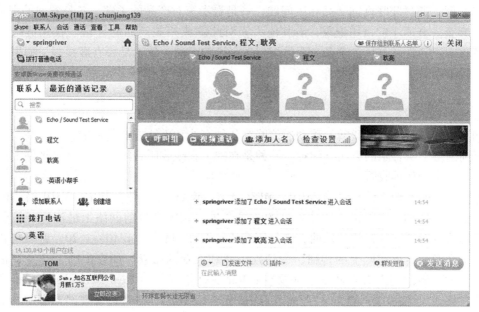

图 7 – 25　Skype 呼叫多方联系人

7.6.2　网上购物

通过网络足不出户即可实现购物。下面介绍一下网上购物的方法及注意事项。

1. 网上购物步骤

这里以淘宝网为例进行讲述。

（1）注册淘宝。首先启动浏览器，在地址栏中输入"www. taobao. com"，登录淘宝主页，在淘宝主页上单击【免费注册】，注册淘宝账号。

（2）申请支付宝。有了淘宝的账号，下一步就要申请一个支付宝的账号，因为支付宝就相当于现实购物交钱的地方，所以一定要有一个支付宝账号，这样才可以在网上买卖商品。这个支付宝账号要与一个银行卡关联，任何开通了网上银行功能的卡都可以，这样就可以实现网上支付了。

（3）购物。具体步骤就是先寻找要购买的物品，然后下订单，在下订单之前可以和卖家沟通关于产品方面的问题，没有疑问后就可以下订单进行网上银行支付，支付后这个钱会打进支付宝的账号，然后支付宝会通知卖家已收到货款可以发货了。等你收到货后，再确认收货，这样钱才打到卖家的银行卡里。

（4）支付成功后，确认信息即可，还可以对此次购物进行评价，给以后的用户购物提供参考。

2. 网上购物的技巧

网上物品、商家良莠不齐，如何能淘到好的物品呢？

（1）找。首先要寻找一些知名的大型购物网站及信誉好的卖家进行商品的选择。

（2）看。仔细看商品图片，分辨是商业照片还是店主自己拍的实物，而且还要注意图片上的水印和店铺名。

（3）问。通过旺旺询问产品相关问题，一是看卖家对产品的了解，二是看他的态度。

（4）查。查店主的信用记录，看其他买家对此款或相关产品的评价。收到货时，不要急于签收，一定要当面开包检查一下是否与卖家说的产品一致，是否有破损等，如果货不对版，可以拒收。

7.6.3　网络音乐

网络音乐是指通过互联网、移动通信网等各种有线和无线方式传播的音乐作品。

目前网络上听音乐的方法有两种：一种是在网上在线收听音乐，另一种是把网上的音乐下载到本地硬盘后再收听。

网上常见的音频文件格式有 MIDI、MP3、RM、WAV 等几种，其中，MIDI 格式的音乐文件，因为文件小，所以常被用作网站的背景音乐；MP3 是目前网络上最流行、最受欢迎的音乐格式，对于同等时间的乐曲，它的压缩比是 WAV 格式的 1/10～1/20，音质也相当不错，最适合商业音乐在网上的传播，受到娱乐业和大众的推崇。如今市场上已经有很多种 MP3 播放器，专门用来播放 MP3 音乐文件；RM 文件格式是由 Real Networks 公司推出的音视频文件格式，同样的 WAV 文件压缩成 RM，比 MP3 还小，非常适合在网上实时广播，因此许多广播电台、电视台的声音传播都是以 RM 格式传送的。

从网络下载需要的 MP3 歌曲目前是一件比较容易的事情，下面通过在百度下载一首 MP3 格式的歌曲"菊花台"说明如何把网络上的歌曲保存到本地指定的文件夹上。

（1）打开百度搜索引擎，在搜索的文本框中输入要下载的音乐名称（本例中输入"菊花台"）后，单击【百度一下】按钮。

（2）进入搜索结果界面，找到格式为 MP3 的音乐后，单击歌曲名，打开如图 7-26 所示的下载地址页面。

（3）单击【下载】按钮，弹出【新建下载任务】对话框（如图 7-27 所示），选择保存音乐的位置，单击【下载】按钮，则可以将该 MP3 音乐从网上下载到本地计算机。

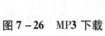

图 7-26　MP3 下载　　　　　　　图 7-27　【新建下载任务】对话框

通过网络还可以欣赏视频，在网上搜索视频、下载视频的方法与搜索、下载音频文件的方法相似，这里不再做详细介绍，常用的视频网站有百度、优酷、土豆等。

7.7　收发电子邮件

电子邮件类似于日常邮政邮件的服务，只是它的传输是发生在 Internet 上，而不是邮政局之间。电子邮件除了可以传送用户的文本，还可以通过 Internet 把声音、图像甚至动画等以文件的形式发送到指定的收件人。除此以外，电子邮件还可以把一封邮件同时发送给一组人，或者把一封收到的邮件转发给其他用户。

7.7.1　电子邮件基础知识

电子邮件又称 E-mail，是利用计算机的通信功能实现普通信件传输的一种技术。它具有快捷高效、费用低、安全、灵活及功能多样等特点。

1．邮件地址的格式

每个电子邮箱都有一个邮箱地址，称为电子邮件地址。电子邮件地址的格式是固定的，并且在全球范围内是唯一的。

电子邮件的地址格式为：用户名@ 主机名。其中，用户名就是在申请电子邮箱时所取的名字；@ 表示 at（"在"的意思），主机名就是电子邮箱所在主机域名。例如 smpx @ 163. com，表示在 163. com 主机上，有一个名为 smpx 的用户。

2．电子邮件的格式

电子邮件的格式大体可分为 3 种：邮件头、邮件体和附件。

（1）邮件头：邮件头相当于传统邮件的信封，它的基本项包括收件人地址、发件人地址和邮件主题。

（2）邮件体：邮件体就相当于传统邮件的信纸，用户在这里输入邮件的正文。

（3）附件：附件是传统邮件所没有的东西，它相当于在一封信之外，还附带一个"包裹"。这个"包裹"是一个或多个计算机文件，可以是数据文件、声音文件、图像文件或者是程序软件。

7.7.2　申请免费的电子邮箱

下面以在"网易"网站上申请免费的电子信箱为例，向读者介绍申请免费电子信箱的操作步骤。

（1）启动 IE，在地址栏中输入网易网站的网址：www. 163. com，按 Enter 键，打开网易首页。

（2）单击【免费邮箱】（如图 7 - 28 所示），选择一种邮箱单击进入（如图 7 - 29 所示）。

（3）单击【注册】按钮，进入注册界面（如图 7 - 30 所示），输入注册信息，单击【立即注册】，邮箱申请成功，进入邮箱界面（如图 7 - 31 所示）。

图 7 – 28　网易的【免费邮箱】按钮

图 7 – 29　邮箱登录界面

图 7 – 30　注册界面

图 7 – 31　邮箱界面

！注　意

1. 因特网遵循先注册，先拥有的原则，如果用户拟注册的用户名与已有的用户名重名，那么你需要改换名字。

2. 申请成功后，用户将拥有一个电子邮箱，其 E-mail 地址是：用户名@163.com，其中用户名是你注册时输入的名字，163.com 是邮件服务器的网址。一定要记住自己的 E-mail 地址和密码。

7.7.3　收发电子邮件

收发电子邮件大致分为写邮件、发邮件、收邮件和读邮件等操作。这些操作既可以通过登录电子信箱网页完成（Web 方式），也可以通过专门的电子邮件收发软件如 Outlook Express、Foxmail 等来实现。前者操作简便，无须设置，但要求整个收发电子邮件的操作过程必须在连接因特网的状态下进行；后者需要先安装软件，并做相应的软件设置才可以使用，使用时可以先把邮件从邮件服务器上下载到本地计算机后再阅读，只有收邮件与发邮件时要连接因特网，写邮件与读邮件可以离线完成。这里主要介绍用网页收发电子邮件。

1. Web 方式收发电子邮件

（1）主要组成。

●收件箱：存储接收到的邮件，并列出包含的邮件总数、新邮件数及总容量。

●发件箱：存储发送过的邮件，并列出包含的邮件总数及总容量。

●草稿箱：可浏览保存于草稿箱内的邮件，并可以进行删除、发送、移动。

●垃圾箱：存储从其他文件夹删除的邮件，如果按清空键，则为永久性删除。

（2）发邮件。

①单击【写信】按钮，右边的部分页面跳转到发邮件的页面，如图 7 – 32 所示为发邮件的填写界面。

图 7 – 32　发邮件界面

②输入收件人地址、主题、附件和邮件内容，单击【发送】按钮。

③信件已经发送，单击【返回】按钮即回到主页。

（3）收邮件。

①单击【收件箱】，出现该邮箱的收信列表，如图 7 – 33 所示。

②单击想查看的邮件进入信件正文界面进行阅读，如图 7 – 34 所示。

! 注　意

在邮件正文界面，单击【回复】按钮，可以给该信件的发件人直接回复邮件。

单击【转发】按钮，可以把该信件发送给其他的收件人。

图 7-33　邮箱收件夹列表

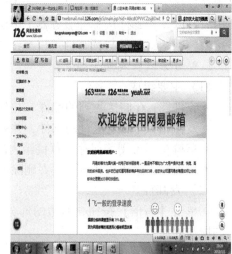

图 7-34　邮件正文

（4）通信录。向通信录添加联系人的方法如下。

方法一：

①进入免费邮箱后，单击【通信录】，然后单击【新建联系人】，打开【新建联系人】对话框（如图 7-35 所示）。

②在打开的对话框输入指定信息，单击【确定】按钮，联系人添加成功。

方法二：

①进入邮件正文界面，单击收件人右侧的【+】按钮，如图 7-36 所示。

②单击【添加联系人】，弹出【快速添加联系人】对话框，输入联系人信息，单击【确定】按钮。

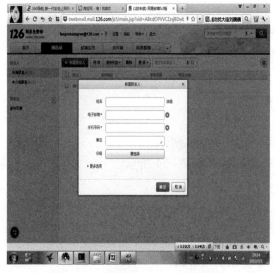

图 7-35　【新建联系人】对话框

图 7-36　添加联系人

◆ 7.8　实例二：创建并收发电子邮件

◆ 任务描述

暑假要到了，让我们以最快捷最经济的方式，向友人详细介绍大连的旅游景点，邀请他假期来大连旅游吧！

◆ 任务分析

当今社会发送电子邮件是最快捷最经济的沟通方式，要完成该任务需要我们拥有一个电子邮箱，然后把找到的信息资料保存到本地计算机，最后以附件的形式发送电子邮件。

◆ 任务要求

1. 利用搜索引擎搜索有关大连某一个景点的文字和图片介绍保存下来。（文字保存在Word 文档中，命名为"景点介绍"，图片单独保存，分别以 1，2……等数字序号命名。）

2. 登录网易，申请免费的电子邮箱。

3. 给好友发送电子邮件，在电子邮件中除了正文内容还需要包括两个附件，一个是Word 文档，另一个是图片附件。

◆ 任务实现

1. 双击桌面浏览器图标，在地址栏中输入 www. baidu. com。

2. 在搜索文本框中输入"大连发现王国"，单击【百度一下】按钮。

3. 单击【大连发现王国　百度百科】，进入网页。

4. 选择文字，复制，保存到 Word 中，命名为"景点介绍"。

5. 右击图片，在快捷菜单中选择【图片另存为】，然后保存到指定位置。

6. 登录网易，申请免费电子邮箱。

7. 电子邮箱申请成功后，登录电子邮箱，单击【写信】按钮。

8. 在【收件人】文本框中输入对方电子邮箱的地址。

9. 在【主题】文本框中输入信件主题。

10. 单击【添加附件】按钮，依次选择 Word 文档和图片所在的位置，插入附件。

11. 在【正文】文本框中输入信件的正文信息。

12. 单击【发送】按钮。

◆ 7.9　理论习题

一、单选题

1. Internet 是一个（　　　）。

A. 国际标准　　　　　　B. 网络协议　　　　C. 网络集合　　　　　D. 国际组织

2. 以下不是 ISP 提供的服务为（　　　）。

A. 为用户提供 Internet 接入服务　　　　　B. 信息发布代理服务

C. 电子邮件服务　　　　　　　　　　　　D. 为用户构建网站

3. IP 地址是由多少位二进制数组成的 （　　　　）。

A. 4　　　　　　　　B. 12　　　　　　　　C. 32　　　　　　　　D. 36

4. 下列代表中国的域名后缀是 （　　　　）。

A. com　　　　　　B. cn　　　　　　　　C. ca　　　　　　　　D. edu

5. 收藏夹中记录的是 （　　　　）。

A. 网页的内容　　　B. 上网的时间　　　C. 上网的历史记录　D. 网页的地址

6. 以下单词代表远程登录的是 （　　　　）。

A. WWW　　　　　　B. FTP　　　　　　　C. Gopher　　　　　　D. Telnet

7. 根据计算机网络覆盖地理范围的大小，网络可分为局域网和 （　　　　）。

A. WAN　　　　　　B. LAN　　　　　　　C. Internet　　　　　　D. 以太网

8. 计算机网络的最大优点是 （　　　　）。

A. 进行可视化通信　B. 资源共享　　　　C. 发送电子邮件　　D. 使用更多的软件

9. 在 Internet 中，用户通过 FTP 可以 （　　　　）。

A. 发送和接收电子邮件　　　　　　　　B. 上传和下载任何文件

C. 游览远程计算机上的资源　　　　　　D. 进行远程登录

10. 在 Internet 域名中，gov 表示 （　　　　）。

A. 军事机构　　　　B. 政府机构　　　　C. 教育机构　　　　D. 商业机构

11. 下列可以用作 IP 地址的是 （　　　　）。

A. 202. 110. 0. 256　B. 128. 98. 0. 1　　C. 273. 56. 78. 0　　D. 33. 112. 300. 255

12. 用户的电子邮件信箱是 （　　　　）。

A. 通过邮局申请的个人信箱　　　　　　B. 邮件服务器内存中的一块区域

C. 邮件服务器硬盘上的一块区域　　　　D. 用户计算机硬盘上的一块区域

13. 在发送电子邮件时，不能作为附件发送的是 （　　　　）。

A. 压缩文件　　　　B. 二进制文件　　　C. 文件目录　　　　D. 图像文件

14. 与 Web 站点和 Web 页面密切相关的一个概念称为 "URL"，它的中文意思是 （　　　　）。

A. 用户申请语言　　B. 超文本置标语言　C. 超级资源链接　　D. 统一资源定位器

15. 目前，Internet 为人们提供信息查询的最主要的服务方式是 （　　　　）。

A. Telnet 服务　　　B. FTP 服务　　　　C. WWW 服务　　　　D. WAIS 服务

16. （　　　　）集合了多样化的内容和服务，它正成为许多网民浏览 Web 的起始页面。

A. 搜索引擎　　　　B. 游戏站点　　　　C. 个人主页　　　　D. 门户网站

17. 关于 Internet 的认识，错误的是 （　　　　）。

A. Internet 是目前世界上最大的计算机网络

B. Internet 的前身是 ARPANET 网

C. Internet 采用的协议是 TCP/IP 协议

D. Internet 中，DNS 的功能是将 IP 地址转换为域名

18. 浏览器用户最近刚刚访问过的若干站点及其他 Internet 文件的列表叫作 （　　　　）。

A. 历史列表　　　　B. 个人收藏夹　　　C. 地址簿　　　　　D. 主页

19. Internet 采用域名地址是因为（　　　）。

A. 一台主机必须用域名地址标识

B. 一台主机必须用 IP 地址和域名地址共同标识

C. IP 地址不能唯一标识一台主机

D. IP 地址不便于记忆

20. TCP/IP 协议指的是（　　　）。

A. 文件传输协议　　　　B. 网际协议　　　　　C. 超文本传输协议　　D. 一组协议的统称

21. 在互联网上所指的 WWW 服务中，三个 W 是指（　　　）。

A. Wide，World，Web　　　　　　　　　B. World，Wide，Web

C. Web，World，Wide　　　　　　　　　D. Wide，Web，World

22. CHINANet 的意思是（　　　）。

A. 中国教育和科研计算机网　　　　　　B. 中国科学技术网

C. 中国金桥网　　　　　　　　　　　　D. 中国公用网

23. Internet 上信息资源如同汪洋大海，利用（　　　），可以找到你所需要的信息。

A. 搜索引擎　　　　　B. E-Mail　　　　　　C. Modem　　　　　　D. 超链接

24. 如果你想要刷新一个浏览过的页面，只需单击工具栏上的（　　）按钮。

A. 　　　　　　　B. 后退　　　　　C. 　　　　　D.

25. 通过 IE 提供的（　　），可用来保存网站地址以便快速打开相应网页。

A. 地址夹　　　　　　B. 收藏夹　　　　　C. 保存按钮　　　　D. 工具夹

26. 网页上有一段文字，正是你要用到的，下列（　　　）方法，可最方便地把它插入到 Word 文档中。

A. 在网页上选择，然后复制，再在 Word 中粘贴

B. 另存网页，在 Frontpage 中粘贴

C. 另存网页，导入到 Word 中

D. 在网页上选择，然后在 Word 中粘贴

27. 刘亮上初一了，他想在网上查找一些关于三国时期的名人名言，搜索的关键词最佳的是（　　　）。

A. 三国名言　　　　B. 三国时期的名言　　C. 名人名言　　　　D. 三国的名人名言

28. 上午小敏用 IE 浏览了一个学习辅导网站，忘记收入收藏夹，现在他要重新进入该网站，最快捷的方法是（　　　）。

A. 用百度搜索引擎搜索　　　　　　　　B. 询问同学

C. 查询 IE 浏览器历史记录　　　　　　D. 在资源管理器中查找

29. 在浏览网页时看到喜欢的图片可以把它下载到自己的计算机上，最快捷的方法是（　　　）。

A. 右击图片后，在快捷菜单中单击【图片另存为…】

B. 右击图片后，在快捷菜单中单击【复制】

C. 单击菜单【文件】，再单击【另存为】

D. 单击菜单【文件】，再单击【保存】

30. 在浏览网页时，要想回到上一页浏览过的网页，单击工具栏上的（　　）按钮。

A. 向上　　　　　　　B. 前进　　　　　　　C. 后退　　　　　　　D. 撤销

二、填空题

1. 局域网常用的拓扑结构有_____。

2. 有一个 URL 是：http：//www. tongji. edu. cn/，表示这台服务器属于_____机构，该服务器的顶级域名是_____，表示_____。

3. Internet 中访问远程站点，浏览器使用最普遍的协议为_____。

4. 我国_____年初正式加入 Internet。

5. 通过_____可以把自己喜欢的、经常要上的 Web 页或站点地址保存下来，这样以后就可以快速打开这些网站。

6. HTML _____构成了 Internet 应用程序的基础，用来编写 Web 网页。

7. 我国四大 Internet 网络服务提供商指的是_____。

8. TCP/IP 协议指的是_____。

9. 接收 E-mail 所用的网络协议_____。

10. 某人想要在电子邮件中传送一个或多个文件，他可借助_____。

11. 按网络的作用范围和计算机之间互联的距离划分，网络可分为_____网和_____网及_____网。

12. 电子信箱的地址是 shanghai@ cctv. com. cn，其中 cctv. com. cn 表示_____。

13. IP 地址 10. 29. 124. 9 属于_____类 IP 地址。

14. _____是一个提供信息"检索"服务的网站，它使用某些程序把 Internet 上的所有信息归类，以帮助人们在茫茫网海中搜寻到所需要的信息。

15. Internet 上，访问 Web 网站时用的工具是浏览器。_____是目前常用的 Web 浏览器之一。

16. 当个人计算机以拨号方式接入 Internet 网时，必须使用的设备是_____。

17. 通过 Internet 发送或接收电子邮件（E-mail）的首要条件是应该有一个电子邮件 E-mail地址，它的正确形式是_____。

18. HTTP 是一种_____。

19. 连接到 Internet 的计算机中，必须安装的协议是_____。

20. 中国教育和科研计算机网的英文简称是_____。

三、思考题

1. 简述计算机网络的定义和功能。

2. 简述计算机网络的分类。

3. 简述 Internet 的组成。

4. 简述 Internet 的常用功能。

5. 我国的四大骨干网是哪些？

6. 什么是 IP 地址和域名？

7. 简述 IP 地址的分类。

8. 简述查看本地计算机 IP 地址的方法。

9. 什么是搜索引擎? 举例说明常用的搜索引擎有哪些。

10. 简述电子邮件的特点及地址格式。

◆ 7.10　上机实训

1. Internet 基本操作

(1) 查看本地计算机的 IP 地址, 以图片的形式保存显示 IP 地址的界面, 图片以 "IP 地址" 命名保存到桌面 "练习" 文件夹中。

(2) 根据教师提供的联网数据 (ISP 名称, 用户名, 密码) 设置 Internet 连接。

2. 使用 IE 浏览器

(1) 在 IE 浏览器中, 将主页设置为空白页。

(2) 在 IE 浏览器中, 将主页更改为网页 www.hao123.com。

(3) 通过 IE 浏览器访问中国大学生在线 http://www.univs.cn/, 收藏该网址。

(4) 通过 IE 浏览器访问 http://www.huanqiu.com/, 在收藏夹中创建一个名为 "新闻" 的文件夹, 把该网址收藏到 "新闻" 文件夹中, 名称是 "环球网"。

(5) 通过历史列表访问 "中国大学生在线"。

3. 搜索并下载网上资源

(1) 访问 "中国大学生在线", 并把该网站主页保存到桌面的 "练习" 文件夹中以 "中国大学生在线" 命名。

(2) 利用百度搜索引擎, 搜索有关第十二届全运会的文字介绍, 并把内容保存到桌面的 "练习" 文件夹 "全运会.doc" 文档中。

(3) 利用百度搜索引擎, 搜索有关第十二届全运会的图片, 并把图片保存到桌面的 "练习" 文件夹中 (下载三幅图片)。

(4) 利用百度搜索引擎, 搜索有关第十二届全运会的吉祥物图片, 并把该图片设置为计算机桌面背景。

(5) 利用百度搜索引擎搜索王菲的歌曲 "当时的月亮", 之后再到 "土豆网" 上搜索其视频, 把搜索到的两个文件保存到桌面 "练习" 文件夹中。

4. 网上生活

(1) 网上交流: 下载安装 Skype, 注册账号, 同学间互加好友进行交流。

(2) 网上购物: 注册淘宝, 购买一件物品。

(3) 网上收发邮件: 同时向下列两个 E-mail 地址发送一个电子邮件, 并将 "练习" 文件夹下的 "全运会.doc" 及相关图片作为附件一起发出。

具体内容如下:

【收件人】Sujy@163.com 和 Gouhj@sina.com

【主题】全运会

【邮件内容】"第十二届全运会相关介绍, 具体见附件"。

(4) 把第 (3) 题的两个收件人地址添加到通信录中。

参考文献

[1] 李春桃.大学计算机应用基础.北京：科学出版社，2006.

[2] 王诚君.最新微机操作培训教程.北京：清华大学出版社，2000.

[3] 赵素华，王金祥.Office 2007 中文信息办公实用教程.北京：清华大学出版社，2011.

[4] 肖华，刘美琪.精通 Office 2007.北京：清华大学出版社，2007.

[5] 王健南.计算机应用基础教程.北京：航空工业出版社，2010.

[6] 董亚谋.新概念计算机应用基础案例实训.北京：中国人民大学出版社，2008.

[7] 晋华菊.最新 Photoshop CS3 入门与提高.北京：兵器工业出版社，2008.

[8] 施博资讯.Photoshop CS3 图像设计教程与上机指导.北京：清华大学出版社，2008.

[9] 凤舞视觉.Photoshop CS5 数码照片修饰完全手册.北京：人民邮电出版社，2011.

[10] 贺凯，焦超.Flash 8 完美动画设计与制作.北京：中国青年出版社，2007.

[11] 杜秋磊，郭莉.Flash CS5 完全自学一本通.北京：电子工业出版社，2012.

[12] 李玉红，王韦伟.Flash 动画制作.2 版.北京：地质出版社，2009.

[13] 喻湘宁，张晟，等.Flash、Fireworks 与 Dreamweaver UltraDev 三合一疑难问答.北京：北京大学出版社，2001.

[14] 黎文锋.个性化电脑打造.北京：清华大学出版社，2012.

[15] 天绍文化.6 步精通 Windows 系统安装与重装：98/2k/xp/2003.成都：四川电子音像出版中心，2005.